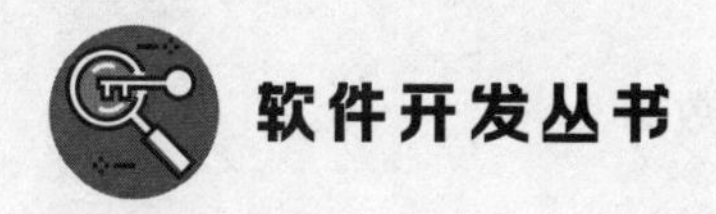

C#开发案例精粹

明日科技 ◉ 编著

人民邮电出版社

北京

图书在版编目（CIP）数据

C#开发案例精粹 / 明日科技编著. -- 北京 : 人民邮电出版社, 2024.3
（软件开发丛书）
ISBN 978-7-115-63274-6

Ⅰ. ①C… Ⅱ. ①明… Ⅲ. ①C语言－程序设计 Ⅳ. ①TP312.8

中国国家版本馆CIP数据核字(2023)第234139号

内 容 提 要

本书紧密围绕软件开发人员在编程中遇到的实际问题和开发中应该掌握的技术，以实例的形式，全面介绍应用 C#进行软件开发的技术和技巧。本书共 16 章，包括窗体与界面设计，控件应用，图形技术，多媒体技术，文件系统，操作系统与 Windows 相关应用，数据库技术，SQL 查询相关技术，LINQ 查询技术，打印技术，图表技术，网络开发技术，加密、安全与软件注册，C#操作硬件，人工智能应用，游戏开发。

本书所有实例的源代码都经过精心调试，在 Windows 7、Windows 10 等操作系统下测试通过，均能够正常运行。

本书适合软件开发人员阅读，也适合大、中专院校师生阅读。

◆ 编　　著　明日科技
　责任编辑　赵祥妮
　责任印制　陈　犇
◆ 人民邮电出版社出版发行　　北京市丰台区成寿寺路 11 号
　邮编　100164　　电子邮件　315@ptpress.com.cn
　网址　https://www.ptpress.com.cn
　三河市祥达印刷包装有限公司印刷
◆ 开本：787×1092　1/16
　印张：19.5　　　　2024 年 3 月第 1 版
　字数：550 千字　　　　2024 年 3 月河北第 1 次印刷

定价：89.90 元

读者服务热线：(010)81055410　印装质量热线：(010)81055316
反盗版热线：(010)81055315
广告经营许可证：京东市监广登字 20170147 号

软件开发从来不是一件容易的事，即使是非常有经验的开发人员，也经常会遇到一些技术难题。要成为一名合格的程序员，必须不断吸取和借鉴其他开发人员的成功经验。阅读别人设计的程序，从中提取编程思想的精华，这是学习程序设计最好的方法之一。

作者有幸参加过十几个项目的开发工作，对编程有深刻的体会。编程是一项复杂的创造性工作，它需要开发人员掌握各方面的知识并积累丰富的开发经验。程序开发中的某个问题可能会占用团队几天甚至十几天的时间，但是如果开发人员遇到过类似的问题，也许几分钟就可以解决。这就是编程经验的重要性，也是许多企业用人时选择有软件开发经验者的主要原因。这也是本书成书的主要原因之一！

本书内容

本书精选 146 个典型实例，所选实例覆盖 C# 软件开发中的热点问题和关键问题。全书按实际应用进行分类，可以使读者在短时间内掌握更多的实用技术，快速提高软件开发水平。所选实例均来源于实际项目，有的实例来源于作者的开发实践，有的实例来源于公司的开发项目，还有的实例来源于明日科技读者群的提问。通过对这些实例进行详细分析和讲解，可以让读者迅速掌握程序设计的开发技巧，短时间内提高软件开发的综合水平。

在实例讲解上，全书采用统一的编排方式，每个实例都包括“实例说明”“技术要点”“实现过程”“举一反三”这 4 个部分。在“实例说明”中，以图文结合的方式给出实例的功能说明及运行结果。在“技术要点”中给出实例的重点、难点技术和相关编程技巧。在“实现过程”中介绍该实例的设计过程和主要代码。在“举一反三”中给出相关实例的扩展应用。

本书特色

◇ 所有实例都以解决读者在编程中遇到的实际问题和开发中应该掌握的技术为中心，每个实例都可以独立解决某一方面的问题：有的可以解决工作中的难题，有的可以提高工作效率，还有的可以提升工作价值。

◇ 所选实例具有极强的扩展性，能够给读者以启发，使读者能举一反三进行相关操作，达到非常实用的效果。

◇ 所选实例具有广泛的代表性。

本书的约定

◇ 书中涉及数据库的实例，在实例对应文件夹中均提供了用于保存数据库文件的文件夹。

◇ 因篇幅限制，本书实例只给出了关键代码，其他代码参见源代码。

◇ 本书的源代码和案例拓展获取方式：关注微信公众号“明日 IT 部落”，回复“C# 开发案例精粹”，根据引导即可下载。

本书的服务

本书由明日科技有限公司组织编写，参与编写的人员有王小科、王国辉、张鑫、周佳星、赛奎春、高春艳、杨丽等。由于 C# 涉及范围比较广泛，书中疏漏之处在所难免，敬请广大读者批评指正。

为便于读者和本书作者沟通，我们将通过明日科技有限公司服务网站全面为读者提供网上服务和支持。读者在使用本书的过程中遇到的问题，我们承诺在 5 个工作日内给您提供及时答复。

服务网站：www.mingrisoft.com。

企业客服 QQ：4006751066。

服务 QQ 群：162973740。

企业客服电话：0431-84978981/84978982。

本书编写组

2023 年 10 月

资源与支持

提交勘误

作者和编辑尽最大努力来确保书中内容的准确性，但难免会存在疏漏。欢迎您将发现的问题反馈给我们，帮助我们提升图书的质量。

当您发现错误时，请登录异步社区（https://www.epubit.com/），按书名搜索，进入本书页面，单击“发表勘误”，输入错误信息，单击“提交勘误”按钮即可（见下图）。本书的作者和编辑会对您提交的错误信息进行审核，确认并接受后，您将获赠异步社区的 100 积分。积分可用于在异步社区兑换优惠券、样书或奖品。

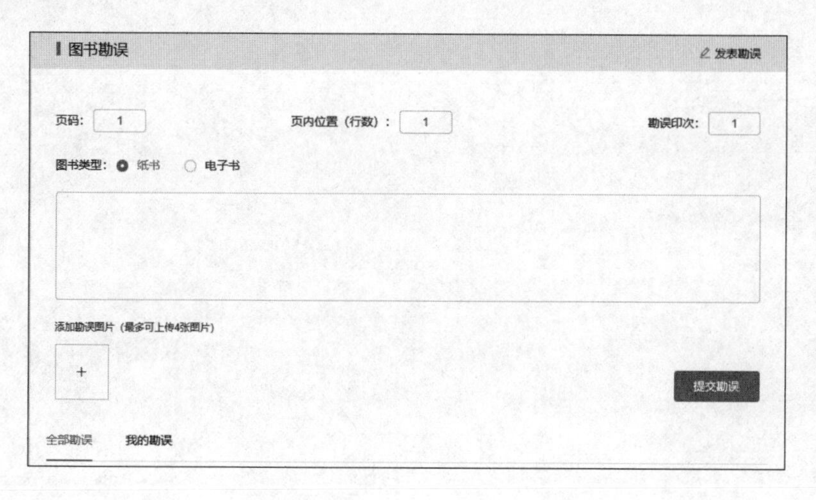

与我们联系

我们的联系邮箱是 contact@epubit.com.cn。

如果您对本书有任何疑问或建议，请您发邮件给我们，并请在邮件标题中注明本书书名，以便我们更高效地做出反馈。

如果您有兴趣出版图书、录制教学视频，或者参与图书翻译、技术审校等工作，可以发邮件给我们。

如果您所在的学校、培训机构或企业，想批量购买本书或异步社区出版的其他图书，也可以发邮件给我们。

如果您在网上发现有针对异步社区出品图书的各种形式的盗版行为，包括对图书全部或部分内容的非授权传播，请您将怀疑有侵权行为的链接发邮件给我们。您的这一举动是对作者权益的保护，也是我们持续为您提供有价值的内容的动力之源。

关于异步社区和异步图书

“异步社区”(www.epubit.com) 是由人民邮电出版社创办的 IT 专业图书社区，于 2015 年 8 月上线运营，致力于优质内容的出版和分享，为读者提供高品质的学习内容，为作译者提供专业的出版服务，实现作者与读者在线交流互动，以及传统出版与数字出版的融合发展。

“异步图书”是异步社区策划出版的精品 IT 图书的品牌，依托于人民邮电出版社在计算机图书领域 40 余年的发展与积淀。异步图书面向 IT 行业以及各行业使用 IT 技术的用户。

目录

CONTENTS

第1章 窗体与界面设计

第2章 控件应用

第3章 图形技术

第 4 章 多媒体技术

第 5 章 文件系统

第 6 章 操作系统与 Windows 相关应用

第 7 章 数据库技术

第 8 章 SQL 查询相关技术

第 9 章 LINQ 查询技术

第 10 章 打印技术

第 11 章 图表技术

第 12 章 网络开发技术

第 13 章 加密、安全与软件注册

第 14 章 C# 操作硬件

第 15 章 人工智能应用

第 16 章 游戏开发

窗体与界面设计

实例001 带历史信息的菜单

实例说明

在开发图纸管理软件时，要求在菜单上记录用户最近打开的档案或图纸文件，以方便下次使用。如图1.1所示，单击“文件”菜单下的“打开”菜单项，可打开需要查阅的图纸文件。下次运行该软件时，上次打开的图纸文件的文件名已经被记录到“文件”菜单的历史菜单项中，选择该菜单项，即可打开相应的图纸文件。

图1.1 带历史信息的菜单

技术要点

将在菜单中最近打开的文件的路径保存到事先建立的INI文件中，软件启动时读取INI文件中的数据建立数组菜单，即可实现显示带历史信息的菜单的功能。

注意：要建立一个带历史信息的菜单，必须首先添加一个MenuStrip控件，并将主窗体的IsMdiContainer属性设为true。

实现过程

01 新建一个项目，将其命名为MenuHistory，默认窗体为Form1。

02 向Form1窗体添加MenuStrip控件，同时向Form1窗体添加OpenFileDialog控件。创建一个“文件”主菜单，在其下面创建“打开”“关闭所有”“退出”等菜单项。

03 主要代码。

将打开的文件的路径写入 INI 文件的实现代码如下：

```
01    private void 打开 ToolStripMenuItem_Click(object sender, EventArgs e)
02    {
03        openFileDialog1.FileName = "";              // 设定打开文件对话框的初始内容为空
04        this.openFileDialog1.ShowDialog();          // 显示打开文件对话框
05        // 定义一个以一种特定编码向流中写入数据的对象
06        StreamWriter s = new StreamWriter(address + "\\Menu.ini", true);
07        s.WriteLine(openFileDialog1.FileName);  // 写入 INI 文件
08        s.Flush();            // 清理当前编写器的所有缓冲区，并使所有缓冲数据写入基础流
09        s.Close();                                  // 关闭当前的 StreamWriter 对象和基础流
10        ShowWindows(openFileDialog1.FileName);  // 调用自定义方法 ShowWindows
11    }
```

读取 INI 文件并将信息加入菜单的实现代码如下：

```
01    private void Form1_Load(object sender, EventArgs e)
02    {
03        // 定义一个以一种特定编码从字节流中读取字符的对象
04        StreamReader sr = new StreamReader(address + "\\Menu.ini");
05        // 定义一个 int 型变量 i 并为其赋值
06        int i = this. 文件 ToolStripMenuItem.DropDownItems.Count - 2;
07        while (sr.Peek() >= 0)                          // 读取 INI 文件
08        {
09            // 定义一个 ToolStripMenuItem 对象
10            ToolStripMenuItem menuitem = new ToolStripMenuItem(sr.ReadLine());
11            // 向菜单中添加内容
12            this. 文件 ToolStripMenuItem.DropDownItems.Insert(i, menuitem);
13            i++;                                //int 型变量 i 递增
14            // 为菜单中的菜单项生成处理程序
15            menuitem.Click += new EventHandler(menuitem_Click);
16                }
17                sr.Close();                             // 关闭当前的 StreamReader 对象和基础流
18            }
```

举一反三

根据本实例，读者可以开发以下程序。

◇ 记录用户操作菜单日志的程序。在用户单击菜单项时，把用户、菜单命令和菜单对应功能写入保存菜单日志的 INI 文件。如果需要查看日志，只需打开 INI 文件。

◇ 通过数据库保存菜单历史信息的程序。

实例 002 带下拉菜单的工具栏

实例说明

本实例实现一个带下拉菜单的工具栏，效果如图 1.2 所示。

技术要点

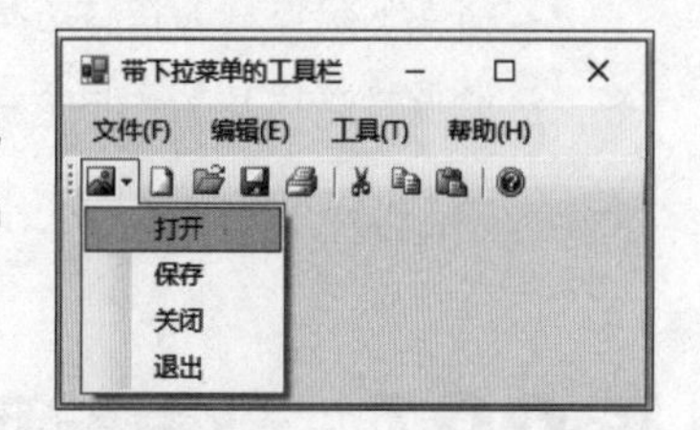

图 1.2 带下拉菜单的工具栏

带下拉菜单的工具栏在其他开发环境中实现比较复杂，但 .NET 已经提供了这个功能，只需将工具栏按钮的类型设置为 DropDownButton 即可。

实现过程

01 新建一个项目，将其命名为 DropDownTool，默认窗体为 Form1。

02 向 Form1 窗体中添加 ToolStrip 控件用来设计工具栏，并为工具栏添加相应的按钮，在按钮的下拉选项中选择 DropDownButton 类型。

03 为工具栏 DropDownButton 类型的按钮设置相应的下拉菜单，就可以轻松实现带下拉菜单的工具栏。

举一反三

根据本实例，读者可以实现以下功能。

◇ 制作一个带快捷菜单的工具栏。

◇ 制作一个带复选框的工具栏。

实例003 在状态栏中加入图标

实例说明

本实例实现在状态栏中加入图标，这样程序的主界面将更有特色。实例运行结果如图 1.3 所示。

技术要点

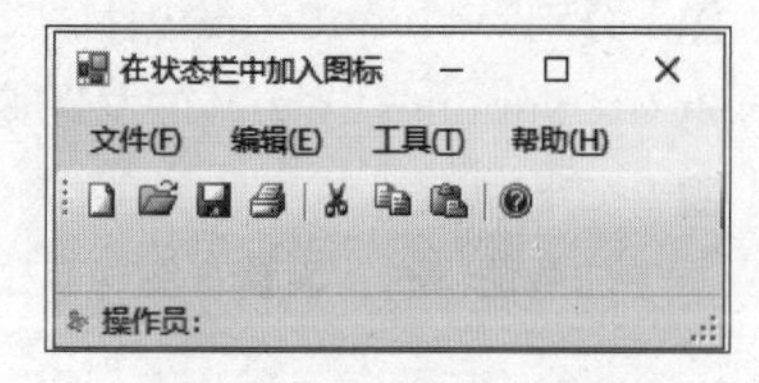

图 1.3 在状态栏中加入图标

在状态栏中加入图标在 .NET 中非常容易实现，只需将对应状态栏面板的 Image 属性设置为要显示的图片即可。

实现过程

01 新建一个项目，将其命名为 ImageProgressBar，默认窗体为 Form1。

02 向 Form1 窗体中添加 StatusStrip 控件用来设计状态栏，并为状态栏添加相应的按钮，设置按钮的 Image 属性为要显示的图片。

举一反三

根据本实例，读者可以实现以下功能。

◇ 将其他控件放置在状态栏中，例如进度条。

◇ 将其他控件放置在状态栏中，例如复选框。

实例 004 带导航菜单的主界面

实例说明

在窗体中，菜单栏是不可缺少的重要组成部分。本实例使用其他控件来制作一个模拟菜单栏。运行本实例后，单击窗体上面的按钮，将会在按钮的下面显示一个下拉列表，如图 1.4 所示。

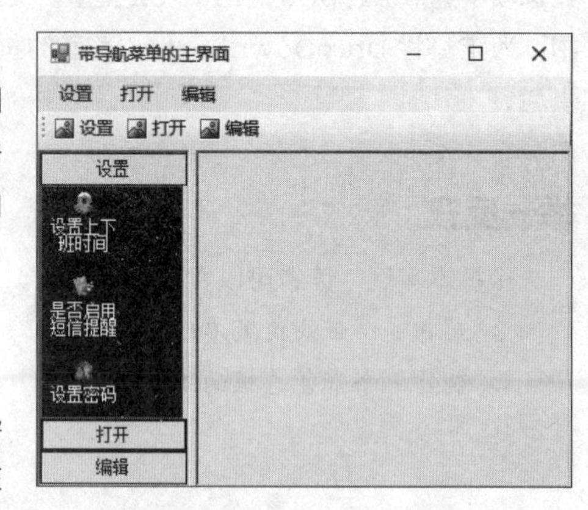

图 1.4 带导航菜单的主界面

技术要点

该实例主要使用 Button 控件和 ListView 控件制作导航菜单界面。在对 ListView 控件添加菜单信息时，必须在前面写入添加语句，例如 ListView.Items.Add，否则添加的菜单信息将替换前一条信息。单击相应的按钮时，应首先对 ListView 控件进行清空，否则在 ListView 控件中将显示上一次的菜单信息。

实现过程

01 新建一个项目，将其命名为 Navigation，默认窗体为 Form1。

02 在 Form1 窗体上添加 MenuStrip 控件，用来设计菜单栏；添加 ToolStrip 控件，用来设计工具栏；添加 SplitContainer 控件、ImageList 控件、3 个 Button 控件和 ListView 控件，用来设计左侧的导航栏。

03 分别为 MenuStrip 控件、ToolStrip 控件添加子项，将 3 个 Button 控件和 ListView 控件加入 SplitContainer1.panel 的左侧部分。

04 主要代码。

加载窗体时，设置左侧导航栏内容的实现代码：

```
01  private void Form1_Load(object sender, EventArgs e)
02  {
03      listView1.Clear();// 清空 listView1 中的原有内容
04      listView1.LargeImageList = imageList1;// 设置当前项以大图标形式显示时用到的图像
05      // 向 listView1 中添加项 " 设置上下班时间 "
06      listView1.Items.Add(" 设置上下班时间 ", " 设置上下班时间 ", 0);
07      // 向 listView1 中添加项 " 是否启用短信提醒 "
08      listView1.Items.Add(" 是否启用短信提醒 ", " 是否启用短信提醒 ", 1);
09      listView1.Items.Add(" 设置密码 ", " 设置密码 ", 2);// 向 listView1 中添加项 " 设置密码 "
10  }
```

添加“打开”按钮的 ListView 控件显示内容的实现代码如下：

```
01  private void button2_Click_1(object sender, EventArgs e)
02  {
03      listView1.Dock = DockStyle.None; //设置 listView1 的绑定属性为未绑定
04      button2.Dock = DockStyle.Top; //设置 button2 的绑定属性为上端绑定
05      button1.SendToBack();//将 button1 控件设置为最底层显示
06      button1.Dock = DockStyle.Top; //设置 button1 的绑定属性为上端绑定
07      button3.Dock = DockStyle.Bottom; //设置 button3 的绑定属性为底端绑定
08      listView1.Dock = DockStyle.Bottom;//设置 listView1 的绑定属性为底端绑定
09      listView1.Clear();//清空 listView1 中的原有内容
10      //向 listView1 中添加项"近期工作记录"
11      listView1.Items.Add("近期工作记录", "近期工作记录", 3);
12      //向 listView1 中添加项"近期工作计划"
13      listView1.Items.Add("近期工作计划", "近期工作计划", 4);
14  }
```

举一反三

根据本实例，读者可以实现以下功能。

◇ 制作一个系统菜单。

◇ 制作大型系统的导航界面。

实例 005 隐藏式窗体

实例说明

一般情况下，当一个窗体被打开后会处于一个默认位置，如果此时进行其他操作，就必须关闭、移动或者最小化当前窗体。当该窗体再次被应用时，又要对其进行上述的一系列操作，这样就显得有些麻烦。本实例可以解决这个问题。实例运行结果如图 1.5 和图 1.6 所示。

图 1.5　隐藏式窗体之登录结果

图 1.6　隐藏式窗体之登录成功结果

技术要点

本实例主要用到 Windows 的 API 函数，它们是 WindowFromPoint 函数、GetParent 函数和 GetSystemMetrics 函数。

（1）WindowFromPoint 函数。该函数用来获取当前鼠标指针下的控件。其语法如下：

```
[DllImport("user32.dll")]
public static extern int WindowFromPoint(int xPoint,int yPoint);
```

参数说明如下。

◇ xPoint：表示当前状态下鼠标指针的 *x* 坐标。

◇ yPoint：表示当前状态下鼠标指针的 *y* 坐标。

◇ 返回值：当前鼠标指针下控件的句柄。

（2）GetParent 函数。该函数用来获取指定窗体的父窗体。其语法如下：

```
[DllImport("user32.dll",ExactSpelling = true,CharSet = CharSet.Auto)]
public static extern IntPtr GetParent(IntPtr hWnd);
```

参数说明如下。

◇ hWnd：表示当前窗体的句柄。

◇ 返回值：当前窗体的父级句柄。

（3）GetSystemMetrics 函数。该函数用来获取当前工作区的大小。其语法如下：

```
[DllImport("user32.dll",EntryPoint = "GetSystemMetrics")]
private static extern int GetSystemMetrics(int mVal);
```

参数说明如下。

◇ mVal：表示将进行的操作类型。

◇ 返回值：取决于参数值。

注意：在调用 Windows 的 API 函数时必须引用命名空间 System.Runtime.InteropServices，后文遇到这种情况将不再提示。

实现过程

01 新建一个项目，将其命名为 HideToolBar，默认窗体为 HideToolBar。

02 在 HideToolBar 窗体上添加 1 个 ProgressBar 控件、2 个 Label 控件和 3 个 Timer 组件。设置 ProgressBar 控件的 Style 属性为 Marquee，设置 3 个 Timer 组件的 Interval 属性分别为 3000、1、1。

03 主要代码。

运行本实例，需要进行的变量定义及声明如下：

```
01    #region 声明本实例中用到的 API 函数
02    //获取当前鼠标指针下可视化控件的函数
```

```
03  [DllImport("user32.dll")]
04  public static extern int WindowFromPoint(int xPoint,int yPoint);
05  //获取指定句柄的父级函数
06  [DllImport("user32.dll",ExactSpelling = true,CharSet = CharSet.Auto)]
07  public static extern IntPtr GetParent(IntPtr hWnd);
08  //获取屏幕的大小
09  [DllImport("user32.dll",EntryPoint = "GetSystemMetrics")]
10  private static extern int GetSystemMetrics(int mVal);
11  #endregion
```

本实例在加载窗体时，窗体默认位于屏幕的右上侧。代码如下：

```
01  private void HideToolBar_Load(object sender,EventArgs e)
02  {
03      this.DesktopLocation = new Point(794,0);// 为当前窗体定位
04      Tip.Visible = false;                    // 设置 Label 控件为不可见状态
05      progressBar1.Minimum = 0;               // 设置 ProgressBar 控件的最小值为 0
06      progressBar1.Maximum = 10;              // 设置 ProgressBar 控件的最大值为 10
07      Counter.Start();                        // 计时器 Counter 开始工作
08      // 设置 ProgressBar 控件的滚动块在进度条内滚动所用的时间段
09      progressBar1.MarqueeAnimationSpeed = 100;
10      this.MaximizeBox = false;               // 设置最大化窗体为不可用状态
11  }
```

当窗体与屏幕边缘的距离小于 3px 时，如果此时鼠标指针在窗体外，那么窗体自动隐藏。代码如下：

```
01  private void JudgeWinMouPosition_Tick(object sender,EventArgs e)
02  {
03      if(this.Top < 3)                        // 当窗体与屏幕的上边缘的距离小于 3px 时
04      {
05      // 当鼠标指针在该窗体上时
06          if(this.Handle == MouseNowPosition(Cursor.Position.X,Cursor.Position.Y))
07          {
08              WindowFlag = 1;                 // 设定当前的窗体状态
09              HideWindow.Enabled = false;     // 设定计时器 HideWindow 为不可用状态
10              this.Top = 0;                   // 设定窗体上边缘与容器工作区上边缘之间的距离
11          }
12          else                                // 当鼠标指针未在窗体上时
13          {
14              WindowFlag = 1;                 // 设定当前的窗体状态
15              HideWindow.Enabled = true;      // 启动计时器 HideWindow
16          }
17      }
18      else                                    // 当窗体与屏幕的上边缘的距离大于 3px 时
19      {
20          // 当窗体处于屏幕的最左端、最右端或者最下端时
21          if(this.Left < 3 || (this.Left + this.Width) > (GetSystemMetrics(0) - 3) ||
                (this.Top + this.Height) > (Screen.AllScreens[0].Bounds.Height - 3))
22          {
23              if(this.Left < 3)  // 当窗体左边缘与容器工作区左边缘的距离小于 3px 时
24              {
```

```
25              if(this.Handle == MouseNowPosition(Cursor.Position.X,Cursor.
                            Position.Y)) // 当鼠标指针在该窗体上时
26              {
27                  WindowFlag = 2;              // 设定当前的窗体状态
28                  HideWindow.Enabled = false;// 设定计时器 HideWindow 为不可用状态
29                  this.Left = 0;  // 设定窗体左边缘与容器工作区左边缘之间的距离
30              }
31              else                           // 当鼠标指针未在该窗体上时
32              {
33                  WindowFlag = 2;              // 设定当前的窗体状态
34                  HideWindow.Enabled = true;// 设定计时器 HideWindow 为可用状态
35              }
36          }
37          // 当窗体处于屏幕的最右端时
38          if((this.Left + this.Width) > (GetSystemMetrics(0) - 3))
39          {
40              if(this.Handle == MouseNowPosition(Cursor.Position.X,Cursor.
                            Position.Y))// 当鼠标指针处于该窗体上时
41              {
42                  WindowFlag = 3;                // 设定当前的窗体状态
43                  HideWindow.Enabled = false;  // 设定计时器 HideWindow 为不可用状态
44                  // 设定该窗体与容器工作区左边缘之间的距离
45                  this.Left = GetSystemMetrics(0) - this.Width;
46              }
47              else                             // 当鼠标指针离开该窗体时
48              {
49                  WindowFlag = 3;              // 设定当前的窗体状态
50                  HideWindow.Enabled = true;  // 设定计时器 HideWindow 为可用状态
51              }
52          }
53          // 当窗体与屏幕的下边缘的距离小于 3px 时
54          if((this.Top + this.Height) > (Screen.AllScreens[0].Bounds.
                                Height - 3))
55          {
56              if(this.Handle == MouseNowPosition(Cursor.Position.X,Cursor.
                            Position.Y)) // 当鼠标指针在该窗体上时
57              {
58                  WindowFlag = 4;              // 设定当前的窗体状态
59                  HideWindow.Enabled = false;// 设定计时器 HideWindow 为不可用状态
60                  // 设定该窗体与容器工作区上边缘之间的距离
61                  this.Top = Screen.AllScreens[0].Bounds.Height - this.Height;
62              }
63              else                           // 当鼠标指针未在该窗体上时
64              {
65                  WindowFlag = 4;            // 设定当前的窗体状态
66                  HideWindow.Enabled = true;// 设定计时器 HideWindow 为可用状态
67              }
68          }
69      }
70    }
71  }
```

当窗体处于应该隐藏的区域时，窗体自动消失，在消失的地方露出窗体的一部分；当与鼠标指针接触时，窗体自动显示。代码如下：

```
01  private void HideWindow_Tick(object sender,EventArgs e)
02  {
03      switch(Convert.ToInt32(WindowFlag.ToString())) //判断当前窗体处于哪个状态
04      {
05          case 1:              //当窗体处于最上端时
06              if(this.Top < 5)    //当窗体与容器工作区上边缘的距离小于5px时
07                  this.Top = -(this.Height - 2);//设定当前窗体距容器工作区上边缘的值
08              break;
09          case 2:              //当窗体处于最左端时
10              if(this.Left < 5)//当窗体与容器工作区左边缘的距离小于5px时
11                  this.Left = -(this.Width - 2); //设定当前窗体距容器工作区左边缘的值
12              break;
13          case 3:              //当窗体处于最右端时
14              //当窗体与容器工作区右边缘的距离小于5px时
15              if((this.Right + this.Width) > (GetSystemMetrics(0) - 5))
16                  //设定当前窗体距容器工作区右边缘的值
17                  this.Right = GetSystemMetrics(0) - 2;
18              break;
19          case 4:              //当窗体处于最下端时
20              if((this.Bottom + this.Height) > (Screen.AllScreens[0].Bounds.
                    Height - 5)) //当窗体与容器工作区下边缘的距离小于5px时
21                  //设定当前窗体距容器工作区下边缘的值
22                  this.Bottom = Screen.AllScreens[0].Bounds.Height - 2;
23              break;
24      }
25  }
```

当鼠标指针在窗体上移动时，需要判断鼠标指针当前所处的窗体是否是隐藏的窗体。代码如下：

```
01  public IntPtr MouseNowPosition(int x,int y)
02  {
03      IntPtr OriginalHandle;//声明保存原始句柄的变量
04      OriginalHandle = ((IntPtr)WindowFromPoint(x,y));//获取原始的句柄
05      CurrentHandle = OriginalHandle;//保存原始的句柄
06      while(OriginalHandle != ((IntPtr)0))//循环判断鼠标指针是否移动
07      {
08          CurrentHandle = OriginalHandle;//记录当前的句柄
09          OriginalHandle = GetParent(CurrentHandle);//更新原始的句柄
10      }
11      return CurrentHandle; //返回当前的句柄
12  }
```

举一反三

根据本实例，读者可以实现以下功能。

◇ 在屏幕的任何位置隐藏新建的窗体。

◇ 模拟腾讯QQ的登录。

实例 006 非矩形窗体

实例说明

大部分 Windows 窗体都是一个矩形区域，读者可能已经厌倦了这种中规中矩的矩形窗体。本实例中的窗体是一个异形窗体，运行本实例会看到一个非常可爱的窗体，单击窗体右上角的×就会使其关闭。实例运行结果如图 1.7 所示。

图 1.7 非矩形窗体

技术要点

以前创建非矩形窗体是一个既费时又费力的过程，其中涉及 API 调用和大量的编程工作。在 .NET 4.5 框架中，我们可以不调用 API 而非常轻松地实现这一功能。只要重写窗体的 OnPaint 方法，在该方法中重新绘制窗体，然后将窗体设置为透明即可。

Form.OnPaint 方法重写 Control.OnPaint 方法，用来重新绘制窗体。其语法如下：

```
protected override void OnPaint (PaintEventArgs e)
```

参数说明如下。

◇ PaintEventArgs：为 Paint 事件提供数据。

实现过程

01 新建一个项目，将其命名为 SpecialSharpWindows，默认窗体为 Form1。

02 在 Form1 窗体中添加 Label 控件，并将 BackColor 属性设为透明，将 Text 属性设为空。

03 将 Form1 窗体的 TransparencyKey 属性设为窗体的背景色。

04 主要代码。

设置图片透明颜色的实现代码如下：

```
01    private void Form1_Load(object sender, EventArgs e)
02    {
03        //从指定的图片初始化 System.Drawing.Bitmap 类的新实例
04        bit = new Bitmap("heart.bmp");
05        //使用透明颜色对 System.Drawing.Bitmap 类进行透明设置
06        bit.MakeTransparent(Color.Transparent);
07    }
```

重写基类方法。代码如下：

```
01    protected override void OnPaint(PaintEventArgs e)
02    {
03        e.Graphics.DrawImage((Image)bit, new Point(0, 0));//将图片画出
04    }
```

举一反三

根据本实例，读者可以实现以下功能。

◇ 将窗体制作成各种卡通图形。

◇ 将窗体制作成桌面“小精灵”。

实例 007 任务栏通知窗体

实例说明

在日常上网的过程中，有时候会发现任务栏的右下角有一个图标在闪烁，单击后会弹出一条提示信息。本实例模拟该过程的实现效果。实例运行结果如图 1.8 所示。

图 1.8 任务栏通知窗体

技术要点

本实例主要通过 Timer 组件的时间事件来实现窗体状态的判断，在显示的过程中借助 Windows 提供的 API 函数 ShowWindow。

ShowWindow 函数用来显示窗体。其语法如下：

```
[DllImportAttribute("user32.dll")]
private static extern Boolean ShowWindow(IntPtr hwnd,Int32 cmdShow);
```

参数说明如下。

◇ hwnd：将要显示的窗体的句柄。

◇ cmdShow：将要显示的窗体的类型。

◇ 返回值：返回 true，表示窗体显示成功；返回 false，表示窗体显示失败。

实现过程

01 新建一个项目，将其命名为 TaskMessageWindow，修改默认窗体为 TaskMessageWindow；添加一个 Windows 窗体，将其命名为 MainForm。

02 在 TaskMessageWindow 窗体中添加 2 个 Button 控件、3 个 Label 控件以及 1 个 TextBox 控件和 RichTextBox 控件，设置该窗体的 StartPosition 属性为 CenterScreen。在 MainForm 窗体中添加 2 个 Label 控件、3 个 Timer 组件、1 个 PictureBox 控件、1 个 ImageList 控件和 1 个 NotifyIcon 控件，修改 displayCounter 组件中的 Interval 属性为 1000，修改 iconCounter 组件中的 Interval 属性为 400。

03 主要代码。

在 TaskMessageWindow 窗体中需要定义及声明一些变量。代码如下：

```
01    public static string MainFormTitle = "";  //通知窗体的标题内容
02    public static string MainFormContent = "";//通知窗体的文本内容
03    MainForm InformWindow = new MainForm();   //实例化类MainForm的一个对象
```

在 TaskMessageWindow 窗体中，当用户输入完通知标题和通知内容后，单击“通知”按钮，在任务栏中会出现一个闪烁图标。代码如下：

```
01    private void informButton_Click(object sender,EventArgs e)
02    {
03        MainForm.IconFlickerFlag = true;      //设置图标闪烁标识
04        InformWindow.IconFlicker();           //调用闪烁图标方法
05    }
```

在上面的代码中，闪烁图标用到 IconFlicker 方法和 iconCounter 计时器的 Tick 事件。代码如下：

```
01    public void IconFlicker()//自定义方法用来使托盘图标闪烁
02    {
03        if(MainForm.IconFlickerFlag != false)     //当托盘闪烁图标为真时
04        {
05            taskBarIcon.Icon = Properties.Resources._1;//托盘图标显示为图片
06            iconCounter.Enabled = true;//启动托盘图标的Timer
07            //在titleInform中显示通知标题
08            titleInform.Text = TaskMessageWindow.MainFormTitle;
09            //在contentInform中显示通知内容
10            contentInform.Text = TaskMessageWindow.MainFormContent;
11        }
12    }
13    private void iconCounter_Tick(object sender,EventArgs e)
14    {
15        if(IconFlag)  //当该值为真时
16        {
17            taskBarIcon.Icon = Properties.Resources._1;  //设定托盘控件的图标
18             IconFlag = false;                           //修改该值为假
19        }
20        else                                             //当该值为假时
21        {
22             taskBarIcon.Icon = Properties.Resources._2; //设定托盘控件的图标
23            IconFlag = true;                             //修改该值为真
24        }
25    }
```

当阅读完提示信息后，单击“关闭”按钮，任务栏中的闪烁图标消失。代码如下：

```
01    private void closeInform_Click(object sender,EventArgs e)
02    {
03        InformWindow.CloseNewWindow(); //关闭新显示的窗体
04    }
```

在上面的代码中，让闪烁图标消失用到 CloseNewWindow 方法。代码如下：

```
01    public void CloseNewWindow()
02    {
03        base.Hide();// 隐藏该窗体
04        iconCounter.Enabled = false;// 设定计时器 iconCounter 不可用
05        taskBarIcon.Icon = Properties.Resources._2;// 设定托盘图标
06        MainForm.IconFlickerFlag = false;// 更改静态变量 IconFlickerFlag 的值
07    }
```

在 MainForm 窗体中需要显示通知标题和通知内容，因此在 TaskMessageWindow 窗体中需要保存通知的标题和内容。代码如下：

```
01    private void title_TextChanged(object sender,EventArgs e)
02    {
03        MainFormTitle = title.Text;             // 记录通知的标题
04    }
05    private void content_TextChanged(object sender,EventArgs e)
06    {
07        MainFormContent = content.Text;         // 记录通知的内容
08    }
```

在 MainForm 窗体的加载过程中，应该在它的构造函数中定义窗体的工作区。代码如下：

```
01    public MainForm()
02    {
03        InitializeComponent();
04        // 开启显示提示窗体的计时器
05        displayCounter.Start();
06        // 初始化工作区的大小
07        System.Drawing.Rectangle rect = System.Windows.Forms.Screen.GetWorkingArea
                                          (this);// 实例化一个当前窗体的对象
08        this.Rect = new System.Drawing.Rectangle(rect.Right - this.Width - 1,rect.
                  Bottom - this.Height - 1,this.Width,this.Height); // 创建工作区
09    }
```

在 MainForm 窗体中需要定义和声明一些变量。代码如下：

```
01    public static int SW_SHOWNOACTIVATE = 4;// 该变量决定窗体的显示方式
02    public static int CurrentState;// 该变量标识当前窗体状态
03    public static bool MainFormFlag=true ;
04    private System.Drawing.Rectangle Rect;// 定义一个存储矩形框的区域
05    private FormState InfoStyle = FormState.Hide;// 定义变量为隐藏
06    public static bool MouseState; // 该变量标识当前鼠标指针状态
07    bool IconFlag = true;// 用来标识图标闪烁
08    public static bool IconFlickerFlag;// 运用本标识避免单击 " 关闭 " 按钮时弹出信息框
09    protected enum FormState
10    {
11        // 隐藏窗体
12        Hide = 0,
13        // 显示窗体
14        Display = 1,
15        // 隐藏窗体中
```

```
16        Hiding=3,
17        //显示窗体中
18        Displaying = 4,
19    }
20    protected FormState FormNowState
21    {
22        get { return this.InfoStyle; }    //返回窗体的当前状态
23        set { this.InfoStyle = value; }  //设定窗体当前状态的值
24    }
```

如果要使 MainForm 窗体处于运行状态，那么必须触发 NotifyIcon 控件的 MouseDoubleClick 事件。代码如下：

```
01    private void taskBarIcon_MouseDoubleClick(object sender,MouseEventArgs e)
02    {
03        iconCounter.Enabled = false;//停止闪烁托盘图标计时器
04        taskBarIcon.Icon = Properties.Resources._2;//清空托盘中原有的图片
05        ShowNewWindow();//调用显示窗体方法
06    }
```

运行 MainForm 窗体时，需要调用 ShowNewWindow 方法。代码如下：

```
01    public void ShowNewWindow()
02    {
03        switch(FormNowState) //判断当前窗体处于哪种状态
04        {
05            case FormState.Hide:// 当提示窗体的状态为隐藏时
06                this.FormNowState = FormState.Displaying;// 设置提示窗体的状态为显示中
07                //显示提示窗体，并把它放在屏幕底端
08                this.SetBounds(Rect.X,Rect.Y + Rect.Height,Rect.Width,0);
09                ShowWindow(this.Handle,4);        //显示提示窗体
10                displayCounter.Interval = 100;   //设定时间事件的频率为 100ms 一次
11                displayCounter.Start();          //启动计时器 displayCounter
12                break;
13            case FormState.Display:              //当提示窗体的状态为显示时
14                displayCounter.Stop();           //停止计时器 displayCounter
15                displayCounter.Interval = 5000; //设定时间事件的频率为 5000ms 一次
16                displayCounter.Start();          //启动计时器 displayCounter
17                break;
18        }
19        taskBarIcon.Icon = Properties.Resources._1;//设定托盘图标
20    }
```

MainForm 窗体显示时从桌面的右下角出现，本过程通过 displayCounter 计时器的 Tick 事件完成。代码如下：

```
01    private void displayCounter_Tick(object sender,EventArgs e)
02    {
03        switch(this.FormNowState)    //判断当前窗体的状态
04        {
05            case FormState.Display: //当窗体处于显示状态时
```

```
06            this.displayCounter.Start();                        //启动计时器 displayCounter
07            this.displayCounter.Interval = 100;                 //设定计时器的时间事件间隔
08            if(!MouseState)                                     //当鼠标指针不在窗体上时
09            {
10                this.FormNowState = FormState.Hiding;           //隐藏当前窗体
11            }
12            this.displayCounter.Start();                        //启动计时器 displayCounter
13            break;
14        case FormState.Displaying:                              //当窗体处于显示中状态时
15            if(this.Height <= this.Rect.Height - 12)            //如果窗体没有完全显示
16            {
17                this.SetBounds(Rect.X,this.Top - 12,Rect.Width,this.Height + 12);
                                                                  //设定窗体的边界
18            }
19            else                                                //当窗体完全显示时
20            {
21                displayCounter.Stop();                          //停止计时器 displayCounter
22                //设定窗体的边界
23                this.SetBounds(Rect.X,Rect.Y,Rect.Width,Rect.Height);
24                this.FormNowState = FormState.Display;          //修改当前窗体所处的状态
25                this.displayCounter.Interval = 5000;            //设定计时器的时间事件间隔
26                this.displayCounter.Start();                    //启动计时器 displayCounter
27            }
28            break;
29        case FormState.Hiding:                                  //当窗体处于隐藏中状态时
30            if(MouseState)                                      //当鼠标指针在窗体上时
31            {
32                this.FormNowState = FormState.Displaying;//修改窗体的状态为显示中
33            }
34            else                                                //当鼠标指针离开窗体时
35            {
36                if(this.Top <= this.Rect.Bottom - 12)           //当窗体没有完全隐藏时
37                {
38                    this.SetBounds(Rect.X,this.Top + 12,Rect.Width,this.Height - 12);
                                                                  //设定窗体的边界
39                }
40                else                                            //当窗体完全隐藏时
41                {
42                    this.Hide();                                //隐藏当前窗体
43                    this.FormNowState = FormState.Hide;         //设定当前的窗体状态
44                }
45            }
46            break;
47    }
48 }
```

在 MainForm 窗体的隐藏与显示的过程中需要判断鼠标指针是否在窗体中。代码如下：

```
01 private void MainForm_MouseEnter(object sender,EventArgs e)
02 {
03     MouseState = true;       //设定 bool 型变量 MouseState 的值为真
04 }
```

```
05  private void MainForm_MouseLeave(object sender,EventArgs e)
06  {
07      MouseState = false;    //设定 bool 型变量 MouseState 的值为假
08  }
```

举一反三

根据本实例，读者可以实现以下功能。

◇ 制作任务栏弹出窗体。

◇ 实现类似腾讯 QQ 的闪烁图标提示。

实例 008 设置窗体在屏幕中的位置

实例说明

通过设置窗体的 Left 属性和 Top 属性可以准确设置窗体的位置。实例运行结果如图 1.9 所示。

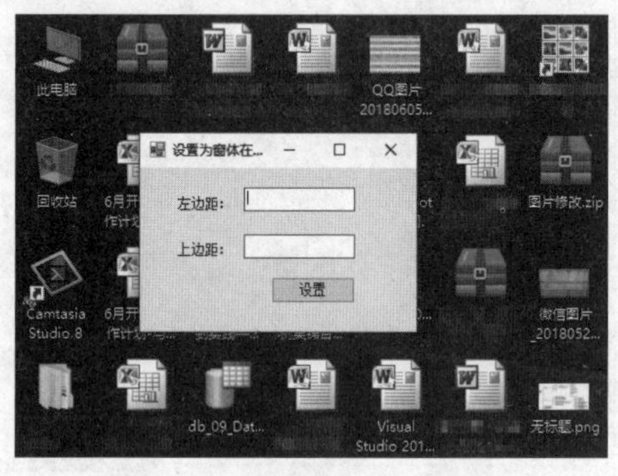

图 1.9 设置窗体在屏幕中的位置

技术要点

设置窗体在屏幕中的位置，可以通过设置窗体的属性来实现。窗体的 Left 属性表示窗体距屏幕左侧的距离，Top 属性表示窗体距屏幕上方的距离。

实现过程

01 新建一个项目，将其命名为 SetLocation，默认窗体为 Form1。

02 在 Form1 窗体上添加 Label 控件，添加 TextBox 控件用来输入距屏幕的距离，添加 Button 控件用来设置窗体在屏幕中的位置。

03 主要代码。

```
01  private void button1_Click(object sender, EventArgs e)
02  {
03      //设置窗体左边缘与屏幕左边缘的距离
04      this.Left = Convert.ToInt32(textBox1.Text);
05      //设置窗体上边缘与屏幕上边缘的距离
06      this.Top = Convert.ToInt32(textBox2.Text);
07  }
```

举一反三

根据本实例，读者可以实现以下功能。

◇ 根据分辨率的变化动态设置窗体位置。

◇ 用 Timer 控件实时显示窗体位置。

实例 009 获取桌面分辨率

实例说明

获取桌面分辨率可以使用 API 函数 GetDeviceCaps，但该函数参数较多，使用不方便。如何更方便地获取桌面分辨率呢？在本实例中，通过读取 Screen 对象的属性来获取桌面分辨率（以 px 为单位）。实例运行结果如图 1.10 所示。

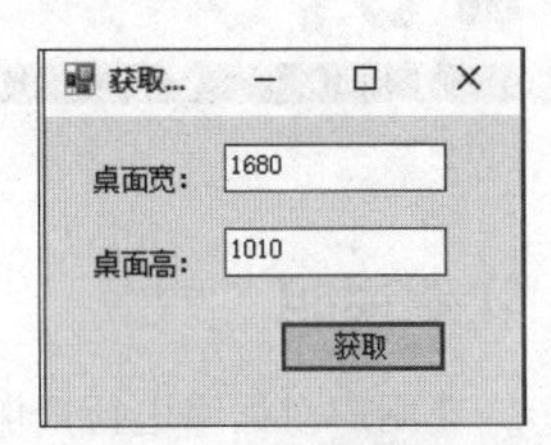

图 1.10 获取桌面分辨率

技术要点

C# 中提供了 Screen 对象，在该对象中封装了屏幕相关信息。可以通过读取 Screen 对象的相关属性来获取屏幕的信息，其中 Screen.PrimaryScreen.WorkingArea.Width 属性用于获取桌面宽度，Screen.PrimaryScreen.WorkingArea.Height 属性用于获取桌面高度。

Screen.PrimaryScreen.WorkingArea 属性用于获取显示器的工作区。工作区是显示器的桌面区域，不包括任务栏、停靠窗体和停靠工具栏。其语法如下：

```
public Rectangle WorkingArea { get; }
```

属性值为一个 Rectangle，表示显示器的工作区。

实现过程

01 新建一个项目，将其命名为 DeskSize，默认窗体为 Form1。

02 在 Form1 窗体上添加一个 Button 控件，用来获取桌面分辨率；添加两个 TextBox 控件，用来输出所获取的桌面分辨率。

03 主要代码。

```
01    private void button1_Click(object sender, EventArgs e)
02    {
03        //在 textBox2 中显示桌面的高度
04        textBox2.Text = Screen.PrimaryScreen.WorkingArea.Height.ToString();
05        //在 textBox1 中显示桌面的宽度
```

```
06        textBox1.Text = Screen.PrimaryScreen.WorkingArea.Width.ToString();
07    }
```

举一反三

根据本实例，读者可以实现以下功能。

◇ 根据显示器的分辨率设置窗体大小及位置。

◇ 根据显示器的分辨率调整窗体。

实例 010 在窗体关闭之前加入确认对话框

实例说明

用户对程序进行操作时，难免会有错误操作的情况，例如不小心关闭程序，如果尚有许多资料没有保存，那么损失将非常严重，因此最好使程序具有灵活的交互性。人机交互过程一般都是通过对话框来实现的，对话框中有提示信息，并且提供按钮让用户选择，例如“是”或“否”。这样用户就能对所做的动作进行确认。正如前面所说的不小心关闭程序，如果在关闭程序之前提示用户将要关闭程序，并且提示用户选择是否继续下去，这样可大大减少误操作现象。本实例中的窗体在关闭时会显示一个确认对话框，该对话框中有两个按钮“是”与“否”，代表是否同意关闭窗体的操作。实例运行结果如图 1.11 所示。

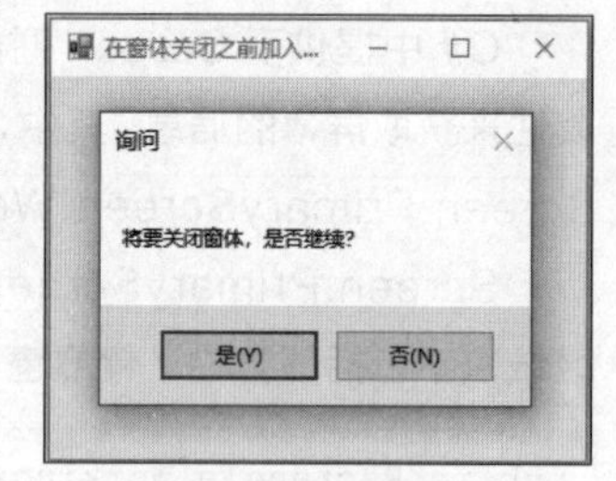

图 1.11 在窗体关闭之前加入确认对话框

技术要点

窗体正要关闭但是没有关闭时会触发 FormClosing 事件，该事件中的参数 FormClosing EventArgs e 中包含 Cancel 属性，如果设置该属性为 true，窗体将不会被关闭。因此在该事件处理代码中可以提示用户是否关闭窗体，如果用户不想关闭窗体，则设置该属性为 true。利用 MessageBox 参数的返回值可以知道用户所选择的按钮。下面详细介绍一下相关属性。

CancelEventArgs.Cancel 属性用来获取或设置指示是否应取消事件的值。其语法如下：

```
public bool Cancel { get; set; }
```

如果应取消事件，属性值为 true，否则为 false。

实现过程

01 新建一个项目，将其命名为 QueryClose，默认窗体为 Form1。

02 主要代码。

```
01  private void Form1_FormClosing(object sender, FormClosingEventArgs e)
02  {
03      //当单击"是"按钮时
04      if(MessageBox.Show("将要关闭窗体，是否继续？ ", "询问", MessageBoxButtons.YesNo) ==
                        DialogResult.Yes)
05      {
06          e.Cancel = false;                     //不取消事件的值
07      }
08      else//当单击"否"按钮时
09      {
10          e.Cancel = true;                      //取消事件的值
11      }
12  }
```

举一反三

根据本实例，读者可以实现以下功能。

◇ 使窗体的关闭按钮无效。

◇ 在系统托盘菜单中显示关闭按钮。

实例 011 禁用窗体上的关闭按钮

实例说明

一般情况下，在窗体的右上角都有最大化、最小化和关闭按钮。在多文档界面（Multiple-Document Interface，MDI）中，有时候为了避免重复打开同一个窗体，需要禁用窗体上的关闭按钮。本实例可以解决这个问题。实例运行结果如图 1.12 所示。

技术要点

本实例主要用到窗体处理函数 WndProc 的重写方法，在该方法内部截获单击关闭窗体的信息，从而实现禁用关闭按钮的功能。

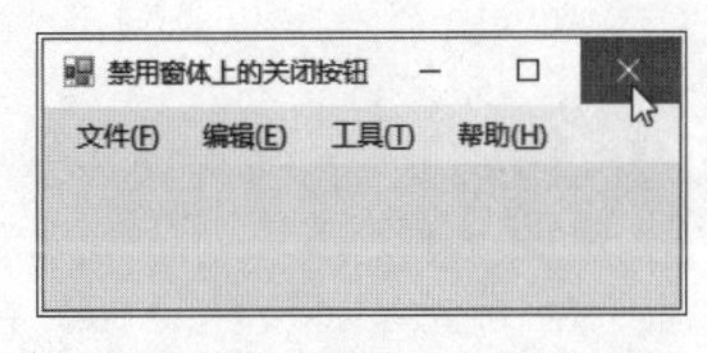

图 1.12　禁用窗体上的关闭按钮

实现过程

01 新建一个项目，将其命名为 ForbidCloseButton，修改默认窗体为 ForbidCloseButton。

02 在 ForbidCloseButton 窗体上添加一个 MenuStrip 控件。

03 主要代码。

通过 WndProc 的重写方法截获单击关闭窗体的信息实现禁用关闭按钮的功能。代码如下：

```
01    protected override void WndProc(ref Message m)
02    {
03        const int WM_SYSCOMMAND = 0x0112;  //定义将要截获的消息类型
04        const int SC_CLOSE = 0xF060;       //定义关闭按钮对应的消息值
05        //当单击关闭按钮时
06        if((m.Msg == WM_SYSCOMMAND) && ((int)m.WParam == SC_CLOSE))
07        {
08            return;                        //直接返回，不进行处理
09        }
10        base.WndProc(ref m);               //传递下一条消息
11    }
```

举一反三

根据本实例，读者可以实现以下功能。

◇ 禁用窗体最大化按钮。

◇ 禁用窗体最小化按钮。

控件应用

实例 012 只允许输入数字的 TextBox 控件

实例说明

在开发一些应用软件时，要求用户录入数据，再根据录入数据的类型和具体情况对数据进行处理。例如，在录入商品数量时，要求录入的数据必须是数字。为了防止用户录入错误的数据，提高工作效率，这时就需要在文本框中对录入的数据进行限制，如果录入的数据不符合要求，则给出信息提示。实例运行结果如图 2.1 所示。

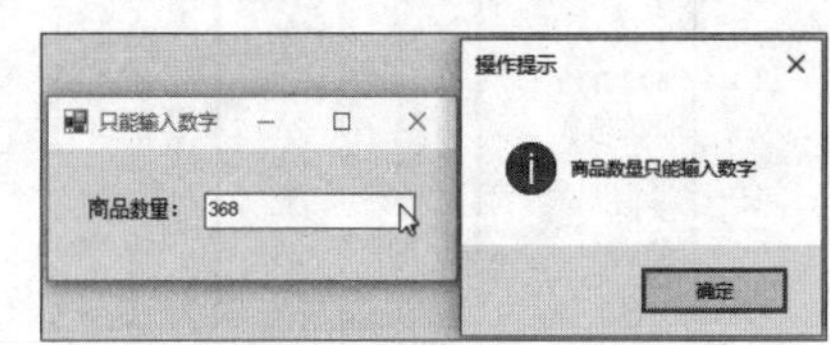

图 2.1　控制文本框中只能输入数字

技术要点

控制文本框中只能输入数字主要是通过 TextBox 控件的 KeyPress 事件实现的。KeyPress 事件在控件有焦点的情况下按键盘中的键时发生。其语法如下：

```
public event KeyPressEventHandler KeyPress
```

其中，KeyPressEventHandler 表示将要处理 Control 的 KeyPress 事件的方法。其语法如下：

```
public delegate void KeyPressEventHandler(Object sender,KeyPressEventArgs e)
```

参数说明如下。

◇ sender：事件源。

◇ e：包含事件数据的 KeyPressEventArgs 对象。

KeyPressEventArgs 对象有 Handled 属性和 KeyChar 属性。

（1）Handled 属性。此属性用于获取或设置一个值，该值指示是否处理过 KeyPress 事件。其语法如下：

```
public bool Handled { get; set; }
```

如果处理过 KeyPress 事件，则属性值为 true，否则为 false。

（2）KeyChar 属性。此属性用于获取或设置与按的键对应的字符。其语法如下：

```
public char KeyChar { get; set; }
```

属性值为键盘中的键所对应的 ASCII 字符。

例如，用户可以使用 KeyChar 属性获取或设置以下键：a ~ z、A ~ Z、Ctrl、标点符号、键盘顶部的键、数字键盘上的数字键以及 Enter 键。下面的示例判断用户是否按了 Enter 键。

```
01    private void textBox1_KeyPress(object sender, KeyPressEventArgs e)
02    {
03        if(e.KeyChar == 13)
04        { MessageBox.Show("您按了<Enter>键"); }
05    }
```

目前计算机中用得最广泛的字符集及其编码是由美国国家标准学会（American National Standards Institude，ANSI）制定的 ASCII（American Standard Code for Information Interchange，美国信息交换标准码），它已被国际标准化组织（International Organization for Standardization，ISO）定为国际标准，称为 ISO 646 标准。键盘所对应的 ASCII 字符集如图 2.2 所示。

十进制	字符	十进制	字符	十进制	字符	十进制	字符	十进制	字符	十进制	字符	十进制	字符	十进制	字符
0	空	32	(space)	64	@	96	`	128	Ç	160	á	192	└	224	α
1	文头	33	!	65	A	97	a	129	ü	161	í	193	┴	225	β
2	正文开始	34	"	66	B	98	b	130	é	162	ó	194	┬	226	Γ
3	正文结束	35	#	67	C	99	c	131	â	163	ú	195	├	227	π
4	文尾	36	$	68	D	100	d	132	ä	164	ñ	196	─	228	Σ
5	查询	37	%	69	E	101	e	133	à	165	Ñ	197	┼	229	σ
6	确认	38	&	70	F	102	f	134	å	166	ª	198	╞	230	μ
7	振铃	39	’	71	G	103	g	135	ç	167	º	199	╟	231	γ
8	退格	40	(	72	H	104	h	136	ê	168	¿	200	╚	232	Φ
9	水平制表符	41	)	73	I	105	i	137	ë	169	⌐	201	╔	233	θ
10	换行	42	*	74	J	106	j	138	è	170	¬	202	╩	234	Ω
11	垂直制表符	43	+	75	K	107	k	139	ï	171	½	203	╦	235	δ
12	换页	44	‘	76	L	108	l	140	î	172	¼	204	╠	236	∞
13	回车	45	–	77	M	109	m	141	ì	173	¡	205	═	237	φ
14	移出	46	.	78	N	110	n	142	Ä	174	«	206	╬	238	∈
15	移入	47	/	79	O	111	o	143	Å	175	»	207	╧	239	∩
16	数据链路转义	48	0	80	P	112	p	144	É	176	░	208	╨	240	≡
17	设备控制 1	49	1	81	Q	113	q	145	æ	177	▒	209	╤	241	±
18	设备控制 2	50	2	82	R	114	r	146	Æ	178	▓	210	╥	242	≥
19	设备控制 3	51	3	83	S	115	s	147	ô	179	│	211	╙	243	≤
20	设备控制 4	52	4	84	T	116	t	148	ö	180	┤	212	╘	244	⌠
21	反确认	53	5	85	U	117	u	149	ò	181	╡	213	╒	245	⌡
22	同步空闲	54	6	86	V	118	v	150	û	182	╢	214	╓	246	÷
23	传输块结束	55	7	87	W	119	w	151	ù	183	╖	215	╫	247	≈
24	取消	56	8	88	X	120	x	152	ÿ	184	╕	216	╪	248	°
25	媒体结束	57	9	89	Y	121	y	153	Ö	185	╣	217	┘	249	•
26	替换	58	:	90	Z	122	z	154	Ü	186	║	218	┌	250	-
27	溢出	59	;	91	[	123	{	155	¢	187	╗	219	█	251	√
28	文件分隔符	60	<	92	\	124	¦	156	£	188	╝	220	▄	252	n
29	组分隔符	61	=	93	]	125	}	157	¥	189	╜	221	▌	253	z
30	记录分隔符	62	>	94	ˆ	126	~	158	₧	190	╛	222	▐	254	■
31	单元分隔符	63	?	95	–	127	⌂	159	ƒ	191	┐	223	▀	255	blank ‘FF’

图 2.2　键盘所对应的 ASCII 字符集

实现过程

01 新建一个 Windows 应用程序，将其命名为 HardlyEnableFigure，默认窗体为 Form1。

02 在 Form1 窗体中添加一个 TextBox 控件，用于输入要验证的数字。

03 主要代码。

```
01   private void txtSum_KeyPress(object sender, KeyPressEventArgs e)
02   {
03       if((e.KeyChar != 8 && !char.IsDigit(e.KeyChar)) && e.KeyChar != 13)
04       {
05           MessageBox.Show("商品数量只能输入数字", "操作提示", MessageBoxButtons.OK,
                     MessageBoxIcon.Information);    //弹出信息提示
06           e.Handled = true;    //表示已经处理过KeyPress事件
07       }
08   }
```

举一反三

根据本实例，读者可以实现以下功能。

◇ 只允许文本框中输入汉字。

◇ 只允许文本框中输入日期。

◇ 只允许文本框中输入小数。

实例 013 美化 ComboBox 控件下拉列表

实例说明

在上网时，浏览器的地址栏中会显示当前浏览网站的网址，并且在它的前面会出现该网站的图标，这样的效果给用户的感觉很好。本实例模拟该过程的实现。实例运行结果如图 2.3 所示。

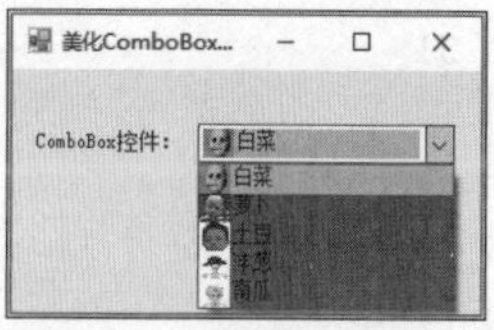

图 2.3　美化 ComboBox 控件下拉列表

技术要点

本实例主要用到 ComboBox 控件的 DrawItem 事件，该事件在所有者描述的 ComboBox 控件的可视方位更改时发生，并且该事件由所有者描述的 ComboBox 控件使用。可以使用该事件来执行在 ComboBox 控件中绘制项所需的任务。如果具有大小可变的项（当 ComboBox.DrawMode 属性设置为 System.Windows.FormsDrawMode 的 OwnerDrawVariable 值时），在绘制项前，会引发 MeasureItem 事件。可以为 MeasureItem 事件创建事件处理程序，以在 DrawItem 事件的事件处理程序中指定要绘制的项的大小。

实现过程

01 新建一个项目，将其命名为 PrettifyListedBelow，修改默认窗体为 PrettifyListedBelow。

02 在 PrettifyListedBelow 窗体上添加一个 Label 控件和一个 ComboBox 控件。

03 主要代码。

```
01  private void beautyComboBox_DrawItem(object sender,DrawItemEventArgs e)
02  {
03      Graphics gComboBox = e.Graphics;// 声明一个 GDI+ 绘图对象
04      Rectangle rComboBox = e.Bounds;// 声明一个表示矩形的位置和大小类的对象
05      Size imageSize = imageList1.ImageSize;// 声明一个有序整数对的对象
06      FontDialog typeFace = new FontDialog();// 定义一个字体类对象
07      Font Style = typeFace.Font;// 定义一个特定的文本格式类对象
08      if(e.Index >= 0)// 当绘制的索引项存在时
09      {
10          // 获取 ComboBox 控件索引项下的文本内容
11          string temp = (string)beautyComboBox.Items[e.Index];
12          // 定义一个封装文本布局信息类的对象
13          StringFormat stringFormat = new StringFormat();
14          stringFormat.Alignment = StringAlignment.Near;// 设定文本的布局方式
15          if(e.State == (DrawItemState.NoAccelerator | DrawItemState.NoFocusRect))
                            // 当绘制项没有键盘加速键和焦点可视化提示时
16           {
17               // 用指定的颜色填充自定义矩形的内部
18               e.Graphics.FillRectangle(new SolidBrush(Color.Red),rComboBox);
19               // 在指定位置绘制指定索引的图片
20               imageList1.Draw(e.Graphics,rComboBox.Left,rComboBox.Top,e.Index);
21               // 在指定的位置并且用指定的 Font 对象绘制指定的文本字符串
22               e.Graphics.DrawString(temp,Style,new SolidBrush(Color.Black),
                        rComboBox.Left + imageSize.Width,rComboBox.Top);
23               e.DrawFocusRectangle();// 在指定的边界范围内绘制聚焦框
24           }
25           else // 当绘制项有键盘加速键或者焦点可视化提示时
26           {
27               e.Graphics.FillRectangle(new SolidBrush(Color.LightBlue),rComboBox);
                            // 用指定的颜色填充自定义矩形的内部
28               // 在指定位置绘制指定索引的图片
29               imageList1.Draw(e.Graphics,rComboBox.Left,rComboBox.Top,e.Index);
30               // 在指定的位置并且用指定的 Font 对象绘制指定的文本字符串
31               e.Graphics.DrawString(temp,Style,new SolidBrush(Color.Black),
                        rComboBox.Left + imageSize.Width,rComboBox.Top);
32              e.DrawFocusRectangle();// 在指定的边界范围内绘制聚焦框
33          }
34      }
35  }
```

举一反三

根据本实例，读者可以实现以下功能。

◇ 修改 ComboBox 控件的背景颜色。

◇ 禁用 ComboBox 控件的下拉选项。

实例014 在RichTextBox控件中添加超链接文字

实例说明

在浏览网页的过程中，用户经常会遇到在网页中嵌套超链接，当用户单击该超链接时，就自动打开该超链接对应的网站。本实例模拟该过程的实现。实例运行结果如图2.4所示。

图2.4 在RichTextBox控件中添加超链接文字

技术要点

本实例主要用到类Process，该类可以提供对本地和远程进程的访问并使用户能够启动和停止本地系统进程。类Process包含一个Start方法，该方法用来启动进程资源并将其与Process组件关联。

注意：本实例用到类Process，该类位于命名空间System.Diagnostics下。

实现过程

01 新建一个项目，将其命名为AddHyperLink，修改默认窗体为AddHyperLink。

02 在AddHyperLink窗体上添加一个Label控件和一个RichTextBox控件。

03 主要代码。

当单击RichTextBox控件中的超链接时，触发RichTextBox控件的LinkClicked事件。代码如下：

```
01  private void richTextBox1_LinkClicked(object sender,LinkClickedEventArgs e)
02  {
03      this.Text = e.LinkText;// 设置与窗体关联的文本
04      Process.Start("iexplore",e.LinkText);// 在IE浏览器中浏览单击的超链接
05  }
```

举一反三

根据本实例，读者可以实现以下功能。

◇ 在RichTextBox控件中显示图片。

◇ 使RichTextBox控件显示为一条下画线。

实例 015 在 ListBox 控件间交换数据

实例说明

本实例实现的是在ListBox控件间进行数据交换。运行本实例，单击“>>”按钮，可将“数据源”列表框中的所有数据项添加到“选择的项”列表框中；单击“>”按钮，可将“数据源”列表框中的选中项添加到“选择的项”列表框中；单击“<<”按钮，可将“选择的项”列表框中的所有数据项添加到“数据源”列表框中；单击“<”按钮，可将“选择的项”列表框中的选中项添加到“数据源”列表框中。实例运行结果如图 2.5 所示。

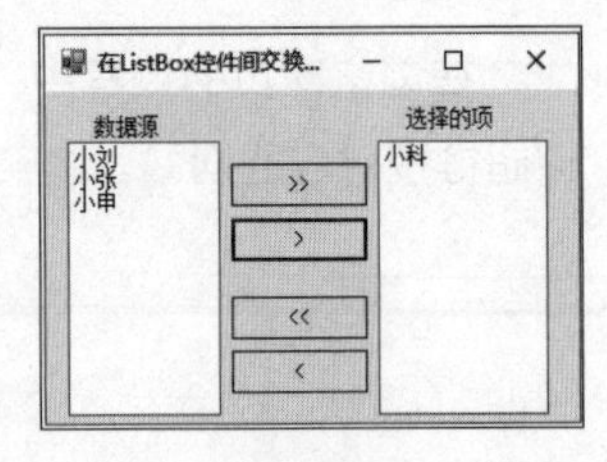

图 2.5　在 ListBox 控件间交换数据

技术要点

实现在 ListBox 控件间进行数据交换，主要用到 ListBox 控件的 Items、SelectedIndex 和 SelectedItem 属性。下面分别进行介绍。

（1）Items 属性。此属性用于获取 ListBox 控件中的项。其语法如下：

```
public ObjectCollection Items { get; }
```

属性值：ListBox.ObjectCollection，表示 ListBox 控件中的项。

说明： ListBox.ObjectCollection 的方法向列表框添加项或从中移除项。

（2）SelectedIndex 属性。此属性用于获取或设置 ListBox 控件中当前选定项的从 0 开始的索引。其语法如下：

```
public override int SelectedIndex { get; set; }
```

属性值：当前选定项的从 0 开始的索引。如果未选定任何项，则返回值为 -1。

（3）SelectedItem 属性。此属性用于获取或设置 ListBox 控件中的当前选定项。其语法如下：

```
public Object SelectedItem { get; set; }
```

属性值：表示控件中当前选定项的对象。

实现过程

01 新建一个 Windows 应用程序，将其命名为 ExchangeDatum，默认窗体为 Form1。

02 在 Form1 窗体中添加 4 个 Button 控件和 2 个 ListBox 控件，Button 控件用来进行移动列表框中的项的操作，ListBox 控件用来显示移动后的结果。

03 主要代码。

全部添加到“选择的项”列表框中的实现代码如下：

```
01  private void button2_Click(object sender, EventArgs e)// 全部添加到 " 选择的项 " 列表框中
02  {
03      // 循环遍历 ListBox 控件中的每一项
04      for(int i = 0; i < lbSocure.Items.Count; i++)
05      {
06          lbSocure.SelectedIndex = i;      // 设置控件的默认选定项为当前的索引
07          // 向另一个 ListBox 控件添加选定项
08          lbChoose.Items.Add(lbSocure.SelectedItem.ToString());
09      }
10      lbSocure.Items.Clear();// 清空 lbSocure 中的信息
11  }
```

单个添加到“选择的项”列表框中的实现代码如下：

```
01  private void button1_Click(object sender, EventArgs e)// 单个添加到 " 选择的项 " 列表框中
02  {
03      if(lbSocure.SelectedIndex != -1) // 当 lbSocure 中仍存在信息时
04      {
05          // 向 lbChoose 中添加选定项
06          this.lbChoose.Items.Add(this.lbSocure.SelectedItem.ToString());
07          // 从 lbSocure 中移除选定项
08          this.lbSocure.Items.Remove(this.lbSocure.SelectedItem);
09      }
10  }
```

举一反三

根据本实例，读者可以实现以下功能。

◇ 在工资管理系统中输出工资项目时，可利用该实例实现相应的功能（例如，输出工资条、输出相应的报表和统计数据等）。

◇ 在客户管理系统中输出有关客户联系人的相关信息时，可根据需要只输出需要的信息，不必全部输出。

实例 016 利用选择类控件实现权限设置

实例说明

注册用户时，给用户设置相应的权限，这样能更好地利用资源，维护计算机的安全，防止非法用户或没有相关权限的用户登录系统查看或修改相关数据。本实例运行后，如果选择相应模块前的复选框，则当前用户可以使用该模块；如果取消选择相应模块前的复选框，则该模块处于不可用状态，即当前用

户无权使用该模块。实例运行结果如图 2.6 所示。

图 2.6　利用选择类控件实现权限设置

技术要点

实现本实例时，主要用到 CheckBox 控件的 Checked 属性和 CheckedChanged 事件，CheckedListBox 控件的 SetItemCheckState 方法、Visible 属性和 CheckedItems 属性。下面分别进行介绍。

（1）Checked 属性。此属性用于获取或设置一个值，该值指示 CheckBox 控件是否处于选中状态。其语法如下：

```
public bool Checked { get; set; }
```

如果 CheckBox 控件处于选中状态，则属性值为 true，否则为 false。默认值为 false。

（2）CheckedChanged 事件。此事件当 Checked 属性的值更改时发生。其语法如下：

```
public event EventHandler CheckedChanged
```

（3）CheckedItems 属性。此属性表示 CheckedListBox 控件中所有选中项的集合。其语法如下：

```
public CheckedItemCollection CheckedItems { get; }
```

属性值：CheckedListBox 控件的 CheckedListBox.CheckedItemCollection 集合。

（4）Visible 属性。此属性用于获取或设置一个值，该值指示是否显示 CheckedListBox 控件。其语法如下：

```
public bool Visible { get; set; }
```

如果显示 CheckedListBox 控件，则属性值为 true，否则为 false。默认值为 true。

（5）SetItemCheckState 方法。此方法用于设置指定索引的项的复选状态。其语法如下：

```
public void SetItemCheckState(int index,CheckState value)
```

参数说明如下。

◇ index：要为其设置状态的项的索引。

◇ value：CheckState 值之一。

实现过程

01 新建一个 Windows 应用程序，将其命名为 CarryOutPermissionPlant，默认窗体为 Form1。

02 Form1 窗体主要用到的控件及说明如表 2.1 所示。

表 2.1　Form1 窗体主要用到的控件及说明

控件类型	控件名称	说明
TextBox	TextBox1	输入姓名
	TextBox2	输入密码
	TextBox3	输入电话
	TextBox4	输入邮箱
	TextBox5	输入地址

续表

控件类型	控件名称	说明
RadioButton	radMan	选择性别男
	radWoman	选择性别女
GroupBox	groupBox1	布局用户注册信息
	groupBox2	布局用户权限信息
Button	Button1	确定注册信息
	Button2	取消注册信息并退出注册窗体
CheckBox	ckInfo	标识基本档案模块的权限
	ckShop	标识进货管理模块的权限
	ckSell	标识销售管理模块的权限
	ckMange	标识库存管理模块的权限
CheckedListBox	ckLinfo	基本档案模块的具体权限
	cklShop	进货管理模块的具体权限
	cklSell	销售管理模块的具体权限
	cklMange	库存管理模块的具体权限

03 主要代码。

判断是否显示信息模块下的子信息的实现代码如下：

```
01   private void ckInfo_CheckedChanged(object sender, EventArgs e)
02   {
03       if(ckInfo.Checked == true)      // 当处于选中状态时
04       {
05           ckLinfo.Visible = true;     // 设置 ckLinfo 为可见状态
06           CheckAll(ckLinfo);          // 选中所有的控件
07       }
08       else                            // 当处于未选中状态时
09       {
10           ckLinfo.Visible = false;    // 设置 ckLinfo 为不可见状态
11           CheckAllEsce(ckLinfo);      // 设置 ckLinfo 的状态
12       }
13   }
```

CheckBox 控件全部选中和未选中的实现代码如下：

```
01   // 全部选中方法，参数为控件的 name 属性值
02   public void CheckAll(object chckList)
03   {
04       // 判断当前的控件类型
05       if (chckList.GetType().ToString() == "System.Windows.Forms.CheckedListBox")
06       {
07           CheckedListBox ckl = (CheckedListBox)chckList;// 初始化一个 ckl 对象
08           for (int i = 0; i < ckl.Items.Count; i++)// 循环遍历 ckl 中的每一条记录
09           { ckl.SetItemCheckState(i, CheckState.Checked); }// 设置选中
10       }
11   }
```

```
12  //全部未选中方法，参数为控件的name属性值
13  public void CheckAllEsce(object chckList)
14  {
15      //判断当前的控件类型
16      if(chckList.GetType().ToString() == "System.Windows.Forms.CheckedListBox")
17      {
18          CheckedListBox ckl = (CheckedListBox)chckList;    //初始化一个ckl对象
19          for(int i = 0; i < ckl.Items.Count; i++)//循环遍历ckl中的每一条记录
20          { ckl.SetItemCheckState(i, CheckState.Unchecked); }//设置未选中
21      }
22  }
```

举一反三

根据本实例，读者可以实现以下功能。

◇ 利用 CheckBox 控件实现系统安全登录。

◇ 利用 RadioButton 控件实现注册权限管理。

实例 017 在 ListView 控件间的数据移动

实例说明

当消费者进行消费时，通常希望商家把所能提供的商品罗列得井井有条，这样能够更快地找到自己所需的商品。本实例利用 ListView 控件模拟该过程的实现。实例运行结果如图 2.7 所示。

图 2.7　在 ListView 控件间的数据移动

技术要点

本实例主要用到 ListView.ListViewItemCollection 类，该类表示 ListView 控件中的项的集合或指定给 ListViewGroup 的项的集合。在 ListView 控件间进行数据移动时，用到该类的 Add 方法和 Remove 方法。Add 方法的功能是将项添至项的集合中，Remove 方法的功能是从集合中移除指定的项。

实现过程

01 新建一个项目，将其命名为 GrabberDatums，修改默认窗体为 GrabberDatums。

GrabberDatums 窗体主要用到的控件及说明如表 2.2 所示。

表 2.2 GrabberDatums 窗体主要用到的控件及说明

控件类型	控件名称	说明
GroupBox	groupBox1	用于放置显示商品信息的控件
	groupBox2	用于放置显示购物信息的控件
	groupBox3	用于放置对商品操作的控件
ListView	listView1	用于显示商品信息
	listView2	用于显示购物信息
Button	right	用于选购一个商品
	left	用于取消选购一个商品
	allRight	用于选购多个商品
	allLeft	用于取消选购多个商品

02 主要代码。

```
01   private void TransferRightTechnique()
02   {
03       ListView.SelectedListViewItemCollection SettleOnItem = new ListView.SelectedList
             ViewItemCollection(this.listView1);// 定义一个选择项的集合
04       for(int i = 0; i < SettleOnItem.Count; )// 循环遍历选择的每一项
05       {
06           listView2.Items.Add(SettleOnItem[i].Text);// 向 listView2 中添加选择项
07           listView1.Items.Remove(SettleOnItem[i]);// 从 listView1 中移除选择项
08       }
09   }
10   private void TransferLeftTechnique()
11   {
12       ListView.SelectedListViewItemCollection SettleOnItem = new ListView.SelectedList
             ViewItemCollection(this.listView2);// 定义一个选择项的集合
13       for(int i = 0; i < SettleOnItem.Count; )// 循环遍历选择的每一项
14       {
15           listView1.Items.Add(SettleOnItem[i].Text);// 向 listView1 中添加选择项
16           listView2.Items.Remove(SettleOnItem[i]);// 从 listView2 中移除选择项
17       }
18   }
```

举一反三

根据本实例，读者可以实现以下功能。

◇ 为商品添加商品数量。

◇ 改变不可用时按钮的颜色。

实例 018 将数据库中的数据显示到树视图中

实例说明

在设计程序时，经常使用 TreeView 控件显示数据。例如，在 Windows 资源管理器中，利用 TreeView 控件显示目录层次。TreeView 控件显示数据的好处是层次清晰。本实例利用 TreeView 控件显示商品信息。实例运行结果如图 2.8 所示。

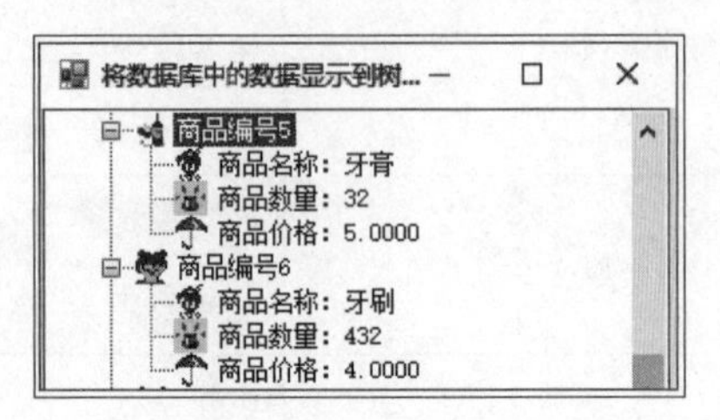

图 2.8　将数据库中的数据显示到树视图中

技术要点

实现本实例时，主要使用 TreeView 控件的 Nodes 属性、ImageList 属性、ShowLines 属性和 ExpandAll 方法。下面分别进行介绍。

（1）Nodes 属性。此属性用于获取分配给 TreeView 控件的树节点集合。其语法如下：

```
public TreeNodeCollection  Nodes { get; }
```

属性值：TreeNodeCollection 表示分配给 TreeView 控件的树节点。

注意：Nodes 属性包含 TreeNode 对象的集合，每个对象具有一个 Nodes 属性，可以包含自己的 TreeNodeCollection。树节点的这种嵌套结构可能会使浏览树结构变得困难，但利用 FullPath 属性则可以比较容易地确定节点在树结构中的位置。

（2）ImageList 属性。此属性用于获取或设置包含树节点所使用的 Image 对象的 ImageList。其语法如下：

```
public ImageList ImageList { get; set; }
```

属性值：包含树节点所使用的 Image 对象的 ImageList。

（3）ShowLines 属性。此属性用于获取或设置一个值，用以指示是否在 TreeView 控件中的树节点之间绘制连线。其语法如下：

```
public bool ShowLines { get; set; }
```

如果在 TreeView 控件中的树节点之间绘制连线，则属性值为 true，否则为 false。默认值为 true。

（4）ExpandAll 方法。此方法用于展开所有树节点。其语法如下：

```
public void ExpandAll( )
```

实现过程

01 新建一个 Windows 应用程序，将其命名为 ShallDataBaseDatumListTreeView，默认窗体为 Form1。

02 在 Form1 窗体中添加一个 TreeView 控件用于显示商品信息，将其 View 属性设置为 LargeIcon，然后添加一个 ImageList 控件。

03 主要代码。

```
01    private void Form1_Load(object sender, EventArgs e)
02    {
03        treeView1.ShowLines = true; //设置 TreeView 控件中显示横线
04        treeView1.ImageList = imageList1; //设置 TreeView 控件的 ImageList 属性
05        SqlConnection con = new SqlConnection("server=XIAOKE;uid=sa;pwd=;database=db_Test");
                                                        //初始化数据库连接
06        con.Open();                         //打开数据库连接
07        //初始化一个 SqlCommand 对象
08        SqlCommand com = new SqlCommand("select * from 商品库存表", con);
09        SqlDataReader dr = com.ExecuteReader();//初始化一个 SqlDataReader 对象
10        TreeNode newNode1 = treeView1.Nodes.Add("A", "商品信息", 1, 2); //一级节点
11        while (dr.Read())                   //读取数据库中的数据
12        {
13            //初始化一个 TreeNode 节点
14            TreeNode newNode12 = new TreeNode("商品编号" + dr[1].ToString(), 3, 4);
15            //向当前节点中添加商品名称
16            newNode12.Nodes.Add("A", "商品名称:" + dr[0].ToString(), 5, 6);
17            //向当前节点中添加商品数量
18            newNode12.Nodes.Add("A", "商品数量:" + dr[3].ToString(), 7, 8);
19            //向当前节点中添加商品价格
20            newNode12.Nodes.Add("A", "商品价格:" + dr[2].ToString(), 9, 10);
21            newNode1.Nodes.Add(newNode12); //向根节点中添加 newNode12
22        }
23        dr.Close();                        //关闭数据读取器
24        con.Close();                       //关闭数据库连接
25        treeView1.ExpandAll();             //展开 TreeView 控件中的所有项
26    }
```

举一反三

根据本实例，读者可以实现以下功能。

◇ 动态添加、删除树视图节点。

◇ 以递归的方式添加树视图节点。

实例019 实现 DataGridView 控件的分页功能

实例说明

当需要显示数据库中的记录时，使用 DataGridView 控件是一个不错的选择。但是如果数据库中的记录数过多，那么在 DataGridView 控件的右侧会出现一个滚动条，需要通过拖动滚动条来实现对数据

库中的记录进行浏览。通过对本实例的学习，读者可以用分页的功能来实现浏览大量记录。实例运行结果如图 2.9 所示。

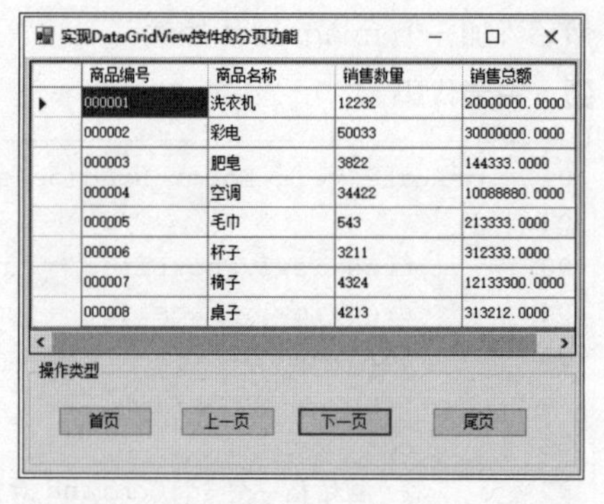

图 2.9　实现 DataGridView 控件的分页功能

技术要点

本实例主要用到自定义类 page 和自定义方法 display。在自定义类 page 中，需要定义一个确定每页显示记录数的属性 ItemsPerPage、用来填充数据集的 SetDataSet 方法、跳转到最后一页的 GoToLastPage 方法、跳转到下一页的 GoToNextPage 方法、跳转到首页的 GoToFirstPage 方法、跳转到上一页的 GoToPreviousPage 方法以及用来获取数据集中记录的分页数目的 GetTotalPages 方法和用来跳转到目的页的 GoToPageNumber 方法。下面分别进行介绍。

（1）ItemsPerPage 属性。该属性用来设置每页的记录数。其语法如下：

```
01  public int ItemsPerPage
02  {
03      get
04      {
05          return RowsPerPage;// 返回当前页显示的记录数
06      }
07      set
08      {
09          RowsPerPage = value;// 设置当前页显示的记录数
10      }
11  }
```

（2）SetDataSet 方法。该方法用来填充数据集。其语法如下：

```
public void  SetDataSet(DataSet dataSet,out DataTable dataTable)
```

参数说明如下。

◇ dataSet：表示已填充数据的数据集。

◇ dataTable：表示对该数据集进行传递。

◇ 返回值：该方法无返回值。

（3）GoToLastPage 方法。该方法用来跳转到最后一页。其语法如下：

```
public void  GoToLastPage(out DataTable pageTable)
```

参数说明如下。

◇ pageTable：表示最后一页数据表中的内容。

◇ 返回值：该方法无返回值。

（4）GoToNextPage 方法。该方法用来跳转到下一页。其语法如下：

```
public void  GoToNextPage(out DataTable pageTable)
```

参数说明如下。

◇ pageTable：表示下一页数据表中的内容。

◇ 返回值：该方法无返回值。

（5）GoToFirstPage 方法。该方法用来跳转到首页。其语法如下：

```
public void  GoToFirstPage(out DataTable pageTable)
```

参数说明如下。

◇ pageTable：表示首页数据表中的内容。

◇ 返回值：该方法无返回值。

（6）GoToPreviousPage 方法。该方法用来跳转到上一页。其语法如下：

```
public void  GoToPreviousPage(out DataTable pageTable)
```

参数说明如下。

◇ pageTable：表示上一页数据表中的内容。

◇ 返回值：该方法无返回值。

（7）GetTotalPages 方法。该方法用来获取当前数据集按当前的分页方式所获得的总页数。其语法如下：

```
public int GetTotalPages()
```

返回值为数据集中记录的分页数。

（8）GoToPageNumber 方法。该方法用来跳转到目的页。其语法如下：

```
public void  GoToPageNumber(int n,out DataTable pageTable)
```

参数说明如下。

◇ n：表示要跳转到的目的页数。

◇ pageTable：表示目的页数据表中的内容。

◇ 返回值：该方法无返回值。

注意：本实例用到与数据库有关的操作，因此需要引用命名空间 System.Data.SqlClient。

实现过程

01 新建一个项目，将其命名为 PaginationFunction，修改默认窗体为 PaginationFunction。

02 PaginationFunction 窗体主要用到的控件及说明如表 2.3 所示。

表 2.3 PaginationFunction 窗体主要用到的控件及说明

控件类型	控件名称	说明
GroupBox	groupBox1	用来放置进行翻页的控件
DataGridView	ListData	用来显示数据库中的数据
Button	FistPage	用来实现跳转到首页
	PreviousPage	用来显示当前记录的上一页
	NextPage	用来显示当前记录的下一页
	LastPage	用来显示最后一页

03 主要代码。

本实例主要使用自定义类 page 实现分页功能，该类中自定义的属性及方法的实现代码如下：

```
01      class page
02      {
03          private int RowsPerPage = 5;// 表示 ItemsPerPage 属性的默认值
04          private DataSet TempSet = new DataSet();// 定义一个存储数据的对象
05          private int CurrentPage = 0;// 表示当前处于第 1 页
06          /// <summary>
07          /// 表示每页显示多少条记录
08          /// </summary>
09          public int ItemsPerPage
10          {
11             get
12             {
13                return RowsPerPage;// 返回当前页显示的记录数
14             }
15             set
16             {
17                RowsPerPage = value;// 设置当前页显示的记录数
18             }
19          }
20          public void  SetDataSet(DataSet dataSet,out DataTable dataTable)
21          {
22              TempSet = dataSet;// 向数据集中填充内容
23              GoToPageNumber(1,out dataTable);// 跳转到第 1 页
24          }
25          public void  GoToLastPage(out DataTable pageTable)
26          {
27              GoToPageNumber(GetTotalPages(),out pageTable);// 跳转到最后一页
28          }
29          /// <summary>
30          /// 显示当前页的下一页记录，如果该页不存在，则不做任何操作
31          /// </summary>
32          public void  GoToNextPage(out DataTable pageTable)
33          {
34              GoToPageNumber(CurrentPage + 1,out pageTable);// 跳转到当前页的下一页
35          }
36          /// <summary>
37          /// 显示第 1 页
38          /// </summary>
39          public void  GoToFirstPage(out DataTable pageTable )
40          {
41              pageTable = null;// 清空数据表中 pageTable 的记录
42              DataSet TempSubSet = new DataSet();// 初始化一个存储数据的数据集
43              DataRow[] Rows = new DataRow[RowsPerPage];// 声明一个 DataRow 数组
44              // 如果数据集中的记录总数不足一页，则在第 1 页中显示全部
45              if(TempSet.Tables[0].Rows.Count < RowsPerPage && CurrentPage != 1)
46              {
47                  // 重新定义 DataRow 数组的长度
48                  Rows = new DataRow[TempSet.Tables[0].Rows.Count];
49                  // 循环遍历数据集中的每一条记录
```

```
50                  for(int i = 0; i < TempSet.Tables[0].Rows.Count; i++)
51                  {
52                      Rows[i] = TempSet.Tables[0].Rows[i];// 为 Rows 数组赋值
53                  }
54                  TempSubSet.Merge(Rows);// 将当前的记录添加进数据集
55                  pageTable = TempSubSet.Tables[0];// 设定当前数据表中的内容
56              }
57              // 当数据集中的记录数大于每页显示的记录数时
58              if(TempSet.Tables[0].Rows.Count >= RowsPerPage && CurrentPage != 1)
59              {
60                  for(int i = 0; i < RowsPerPage; i++)// 循环遍历每页显示的记录数
61                  {
62                      Rows[i] = TempSet.Tables[0].Rows[i];// 为 Rows 数组赋值
63                  }
64                  TempSubSet.Merge(Rows);// 将当前的记录添加进数据集
65                  pageTable = TempSubSet.Tables[0];// 设定当前数据表中的内容
66              }
67              CurrentPage = 1;// 设定当前处于第 1 页
68          }
69          /// <summary>
70          /// 显示上一条记录
71          /// </summary>
72          public void  GoToPreviousPage(out DataTable  pageTable )
73          {
74              if(CurrentPage != 1)// 当没有处于第 1 页时
75              {
76                  GoToPageNumber(CurrentPage - 1,out pageTable);// 返回当前页的上一页
77              }
78              else// 当处于第 1 页时
79              {
80                  pageTable = null;// 清空数据表中的内容
81              }
82          }
83          /// <summary>
84          /// 跳转到某一页，如果该页不存在则什么也不做
85          /// </summary>
86          /// <param name="n"> 当前显示的页数 </param>
87          public void  GoToPageNumber(int n,out DataTable pageTable)
88          {
89              DataSet TempSubSet = new DataSet();// 初始化一个数据集对象
90              DataRow[] Rows = new DataRow[RowsPerPage];// 定义一个存储数据行的数组
91              int AllPages = 0;// 该变量表示所有页数
92              AllPages = GetTotalPages();// 为 AllPages 变量赋值
93              if((n > 0) && (n <= AllPages))// 当变量 n 处于有效值范围内时
94              {
95                  int PageIndex = (n - 1) * RowsPerPage;// 设置页索引的值
96                  // 当页索引的值大于或等于数据集中的所有记录总数时
97                  if(PageIndex >= TempSet.Tables[0].Rows.Count)
98                  {
99                      GoToFirstPage(out pageTable);// 返回第 1 页
100                 }
101                 else// 当页索引的值小于数据集中的所有记录总数时
```

```
102                 {
103                     //记录当前数据集按指定的分页方式分为多少页
104                     int WholePages = TempSet.Tables[0].Rows.Count / RowsPerPage;
105                     if((TempSet.Tables[0].Rows.Count % RowsPerPage) != 0 &&
                           n == AllPages)//当变量n为总页数且有些页的记录不足时
106                     {
107                         Rows = new DataRow[TempSet.Tables[0].Rows.Count-(WholePages *
                                     RowsPerPage)];//表示不足一页的记录数
108                     }
109                     for(int i = 0,j = PageIndex; i < Rows.Length && j < TempSet.
                            Tables[0].Rows.Count; j++,i++)//循环遍历数据集中每一条记录
110                     {
111                         Rows[i] = TempSet.Tables[0].Rows[j];//为Rows数组赋值
112                     }
113                     TempSubSet.Merge(Rows);//将不足一页的记录附加到数据集中
114                     CurrentPage = n;//设定当前处于第几页
115                     pageTable = TempSubSet.Tables[0];//为pageTable赋值
116                 }
117             }
118             else//当变量n处于无效值范围内时
119             {
120                 pageTable = null;//清空数据表中的内容
121             }
122         }
123         /// <summary>
124         /// 该方法用来获取数据集分页后的总页数
125         /// </summary>
126         /// <returns>返回当前数据集中按指定的分页方式所获得的总页数 </returns>
127         public int GetTotalPages()
128         {
129             //当数据表中的行数除每页显示的行数的余数不为0时
130             if((TempSet.Tables[0].Rows.Count % RowsPerPage) != 0)
131             {
132                 //记录数据表中的所有行数除每页显示的行数的值
133                 int x = TempSet.Tables[0].Rows.Count / RowsPerPage;
134                 return (x + 1);//返回该数据集所包含的所有页数
135             }
136             else//当数据表中的行数刚好能整除每页显示的行数时
137             {
138                 //返回两者相除后的值
139                 return TempSet.Tables[0].Rows.Count / RowsPerPage;
140             }
141         }
142     }
```

举一反三

根据本实例，读者可以实现以下功能。

◇ 在 DataGridView 控件中显示图片时实现图片的循环显示。

◇ 读取数据库中记录的中间部分。

实例 020 自制平滑进度条控件

实例说明

一般情况下，进度条都是以块状的形式出现的，例如当计算机启动时在Windows图标下的进度条。一种形式的事物看久了，即使再美观也很难吸引人们的眼球。通过对本实例的学习，读者可以实现平滑进度条。实例运行结果如图2.10所示。

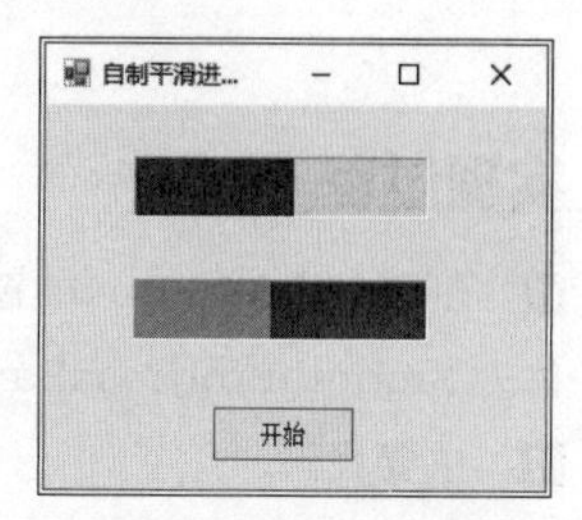

图 2.10 自制平滑进度条控件

技术要点

本实例主要用到创建自定义控件方面的知识。下面介绍如何创建自定义控件。

（1）创建项目。打开 Visual Studio 2017 开发环境，然后选择“新建项目”，弹出图2.11所示的对话框，在该对话框中选择“Windows 桌面”下的“Windows 窗体控件库”，并为其命名。

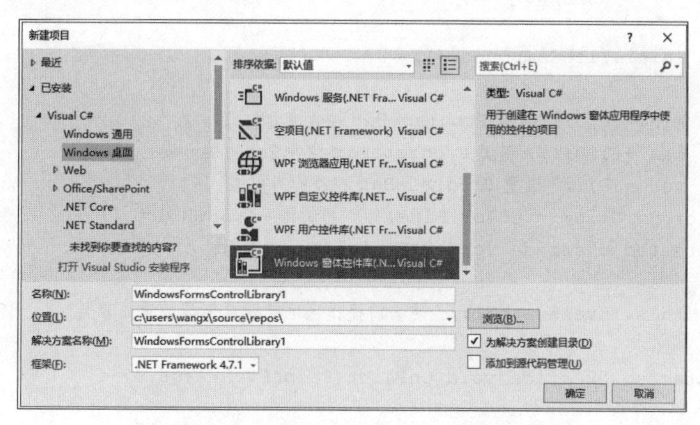

图 2.11 向当前项目中添加自定义控件

（2）单击“确定”按钮，即可创建一个自定义控件，接下来就可以编写代码。在用户控件的界面中，单击鼠标右键，选择“查看代码”，即可切换到代码页，默认生成的代码如下：

```
01   using System;
02   using System.Collections.Generic;
03   using System.ComponentModel;
04   using System.Drawing;
05   using System.Data;
06   using System.Linq;
07   using System.Text;
08   using System.Threading.Tasks;
09   using System.Windows.Forms;
10   namespace WindowsFormsControlLibrary1
11   {
12       public partial class UserControl1: UserControl
13       {
```

```
14          public UserControl1()
15          {
16              InitializeComponent();
17          }
18      }
19  }
```

实现过程

01 创建一个 Windows 窗体控件库项目，将其命名为 WindowsFormsControlLibrary，修改默认窗体为 SmoothProgressBar。

02 主要代码。

本实例需要在 Windows 窗体控件库中编译一个 .dll 文件，然后在需要的项目中添加该文件以实现对平滑进度条的调用。代码如下：

```
01  public partial class SmoothProgressBar : UserControl
02  {
03      public SmoothProgressBar()
04      {
05          InitializeComponent();
06      }
07      int min = 0; // 设置 ProgressBar 控件变化的最小值
08      int max = 100; // 设置 ProgressBar 控件变化的最大值
09      int val = 0; // 设置 ProgressBar 控件的当前值
10      Color BarColor = Color.Blue; // 初始化一种 ARGB 颜色
11      protected override void OnResize(EventArgs e)
12      {
13          this.Invalidate();// 使当前操作区域无效从而导致重绘事件
14      }
15      protected override void OnPaint(PaintEventArgs e)
16      {
17          Graphics g = e.Graphics;// 初始化一个 GDI+ 绘图对象
18          SolidBrush brush = new SolidBrush(BarColor);// 初始化一个单色画笔类
19          float percent = (float)(val - min) / (float)(max - min);
                                    // 保存当前进度条中的值所占总长度的百分比
20          Rectangle rect = this.ClientRectangle;// 设置当前的工作区
21          rect.Width = (int)((float)rect.Width * percent);// 计算进度条的宽度
22          g.FillRectangle(brush,rect);// 用指定的对象填充工作区
23          Draw3DBorder(g);// 使控件实现 3D 效果
24          brush.Dispose();// 释放画笔所占用的资源
25          g.Dispose();// 释放 GDI+ 绘图对象所占用的资源
26      }
27      public int Minimum
28      {
29          get
30          {
31              return min;// 返回最小值
32          }
33          set
```

```
34              {
35                  if(value < 0)// 当该值小于 0 时
36                  {
37                      min = 0;// 设置最小值为 0
38                  }
39                  if(value > max)// 当当前值大于最大值时
40                  {
41                      min = value;// 设置最小值为当前值
42                  }
43                  if(val < min)// 当当前值小于最小值时
44                  {
45                      val = min;// 设置当前值为最小值
46                  }
47                  this.Invalidate();// 使当前操作区域无效从而导致重绘事件
48              }
49          }
50          public int Maximum
51          {
52              get
53              {
54                  return max;// 返回最大值
55              }
56              set
57              {
58                  if(value < min)// 当当前值小于最小值时
59                  {
60                      min = value;// 设置最小值为当前值
61                  }
62                  max = value;// 设置最大值为当前值
63                  if(val > max)// 当当前值大于最大值时
64                  {
65                      val = max;// 设置当前值为最大值
66                  }
67                  this.Invalidate();// 使当前操作区域无效从而导致重绘事件
68              }
69          }
70          public int Value
71          {
72              get
73              {
74                  return val;// 返回当前值
75              }
76              set
77              {
78                  int oldValue = val;// 保存当前值
79                  if(value < min)// 当该值小于最小值时
80                  {
81                      val = min;// 设置该值为最小值
82                  }
83                  else if(value > max)// 当该值大于最大值时
84                  {
85                      val = max;// 设置该值为最大值
```

```
86                }
87                else// 当该值介于最小值和最大值之间时
88                {
89                    val = value;// 设置当前值为该值
90                }
91                float percent;// 该变量用来保存进度条中的值所占总长度的百分比
92                Rectangle newValueRect = this.ClientRectangle;// 初始化一个新的工作区对象
93                Rectangle oldValueRect = this.ClientRectangle;// 初始化一个旧的工作区对象
94                percent = (float)(val - min) / (float)(max - min);
                                              // 用进度条的当前值初始化变量 percent
95                newValueRect.Width = (int)((float)newValueRect.Width * percent);
                                              // 设置新工作区对象的宽度
96                percent = (float)(oldValue - min) / (float)(max - min);
                                              // 用进度条的旧值初始化变量 percent
97                oldValueRect.Width = (int)((float)oldValueRect.Width * percent);
                                              // 设置旧工作区对象的宽度
98                Rectangle updateRect = new Rectangle();// 初始化一个更新区域的对象
99                if(newValueRect.Width > oldValueRect.Width)// 当新工作区大于旧工作区时
100               {
101                   updateRect.X = oldValueRect.Size.Width;// 设置更新区域左上角的 x 坐标
102                   updateRect.Width = newValueRect.Width - oldValueRect.Width;
                                              // 设置更新区域的宽度
103               }
104               else// 当新工作区小于或等于旧工作区时
105               {
106                   updateRect.X = newValueRect.Size.Width;// 设置更新区域左上角的 x 坐标
107                   updateRect.Width = oldValueRect.Width - newValueRect.Width;
                                          // 设置更新区域的宽度
108               }
109               updateRect.Height = this.Height;// 设置更新区域的高度
110               this.Invalidate(updateRect);// 使当前操作区域无效从而导致重绘事件
111           }
112       }
113       public Color ProgressBarColor
114       {
115           get
116           {
117               return BarColor;// 返回进度条的颜色
118           }
119           set
120           {
121               BarColor = value;// 设置进度条的颜色等于当前值
122           }
123       }
124       private void Draw3DBorder(Graphics g)
125       {
126           int PenWidth = (int)Pens.White.Width;// 保存钢笔类的宽度
127           g.DrawLine(Pens.DarkGray, new Point(this.ClientRectangle.Left,
                      this.ClientRectangle.Top),new Point(this.ClientRectangle.
                      Width - PenWidth,this.ClientRectangle.Top));// 绘制该控件的上边缘
```

```
128             g.DrawLine(Pens.DarkGray, new Point(this.ClientRectangle.Left,
                    this.ClientRectangle.Top),new Point(this.ClientRectangle.
                    Left,this.ClientRectangle.Height - PenWidth));// 绘制该控件的左边缘
129             g.DrawLine(Pens.White, new Point(this.ClientRectangle.Left,
                    this.ClientRectangle.Height - PenWidth),new Point(this.
                    ClientRectangle.Width - PenWidth,this.ClientRectangle.
                    Height - PenWidth));// 绘制该控件的下边缘
130             g.DrawLine(Pens.White, new Point(this.ClientRectangle.Width - PenWidth,
                    this.ClientRectangle.Top),new Point(this.ClientRectangle.
                    Width - PenWidth,this.ClientRectangle.Height - PenWidth));
                    // 绘制该控件的右边缘
131         }
132     }
```

03 创建一个 Windows 应用程序，将其命名为 SmoothProgressBar，修改默认窗体为 SmoothProgressBar。

04 在 SmoothProgressBar 窗体中添加两个 SmoothProgressBar 控件和一个 Timer 组件。

05 主要代码。

当单击“开始”按钮后，两个平滑进度条开始相向滚动。代码如下：

```
01  private void StartOrStop_Click(object sender,EventArgs e)
02  {
03      this.smoothProgressBar1.Value = 100;// 设置 smoothProgressBar1 控件的值为 100
04      this.smoothProgressBar2.Value = 0;// 设置 smoothProgressBar2 控件的值为 0
05      this.timer1.Interval = 1;// 设置 Timer 组件的 Tick 事件的时间间隔
06      this.timer1.Enabled = true;// 设置 Timer 组件为可用状态
07  }
```

当 Timer 组件处于可用状态时，会自动引发 Tick 事件。代码如下：

```
01  private void timer1_Tick(object sender,EventArgs e)
02  {
03      // 当 smoothProgressBar1 控件的当前值大于 0 时
04      if(this.smoothProgressBar1.Value > 0)
05      {
06          this.smoothProgressBar1.Value--;// 设置 smoothProgressBar1 控件的当前值递减
07          this.smoothProgressBar2.Value++;// 设置 smoothProgressBar2 控件的当前值递增
08      }
09      else// 当 smoothProgressBar1 控件的当前值小于 0 时
10      {
11          this.timer1.Enabled = false;// 使 Timer 组件处于不可用状态
12      }
13  }
```

举一反三

根据本实例，读者可以实现以下功能。

◇ 显示平滑进度条中的进度百分比。

◇ 控制进度条的显示速度。

实例 021 程序运行时智能增减控件

实例说明

设计程序时，为了更好地保护信息，通常会为使用人员设置用户权限。使用人员只能根据自己的权限来操作相应的功能模块。

在本实例中，设计一个财务凭证管理系统。用户在登录时会根据用户的权限显示相应的功能模块。运行本实例，进入系统登录界面，首先以操作员身份登录，用户名为“Admin”，密码为“Admin”，进入图 2.12 所示的操作员操作界面；然后以系统管理员身份登录，用户名为“Mr”，密码为“Mrscoft”，进入图 2.13 所示的系统管理员操作界面。

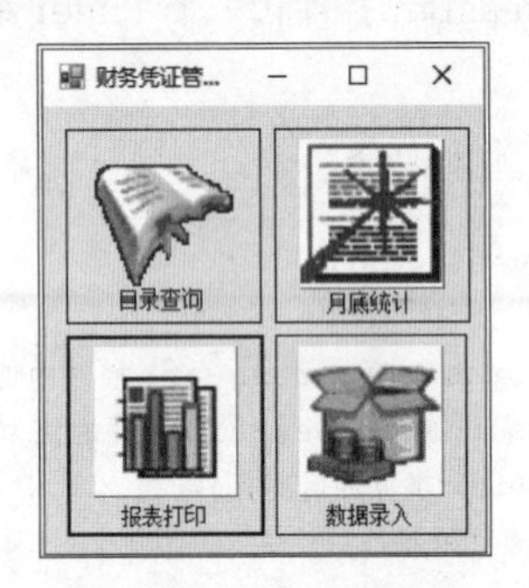

图 2.12 操作员操作界面

图 2.13 系统管理员操作界面

技术要点

实现本实例时，主要用到 Button 控件的 Visible 属性、Form 窗体的 Show 方法和 Hide 方法。下面分别进行介绍。

（1）Visible 属性。此属性用于获取或设置一个值，该值指示是否显示 Button 控件。其语法如下：

```
public bool Visible { get; set; }
```

属性值：如果显示 Button 控件则为 true，否则为 false。默认值为 true。

（2）Show 方法。此方法用于显示窗体。其语法如下：

```
public void Show( )
```

例如，下面代码将显示 Form1 窗体。

```
Form1.Show( );
```

（3）Hide 方法。此方法用于隐藏窗体。其语法如下：

```
public void Hide( )
```

例如，下面代码将隐藏 Form1 窗体。

```
Form1.Hide();
```

实现过程

01 新建一个 Windows 应用程序，将其命名为 AptitudeFluctuateWidget，修改默认窗体为 frmMain。

02 在 frmMain 窗体中，添加 6 个 Button 控件，用来控制程序操作，将其 FlatStyle 属性设置为 Flat，TextImageRelation 属性设置为 ImageAboveText；添加一个 ImageList 控件，用来为 Button 控件提供背景图片。

03 新建一个窗体，将其命名为 frmLogin，在该窗体中添加 TextBox 控件，用来输入用户名和密码；添加两个 Button 控件，用来执行登录和退出登录操作。

04 主要代码。

```
01    frmMain frm = new frmMain();                                      // 创建窗体对象
02    private void btnOK_Click(object sender, System.EventArgs e)   // 确定按钮
03    {
04        if (txtUser.Text == "")                                  // 当用户名文本框的内容为空时
05        {
06            MessageBox.Show("请输入用户名");                    // 弹出提示信息
07            return;                                               // 返回
08        }
09        else if (txtPasword.Text == "")                          // 当用户密码文本框的内容为空时
10        {
11            MessageBox.Show("请输入用户密码");                   // 弹出提示信息
12            return;                                               // 返回
13        }
14       // 当用户名和用户密码为操作员的用户名和用户密码时
15        else if (txtUser.Text == "Admin" && txtPasword.Text == "Admin")
16        {
17            frm.Show();                                           // 显示窗体 frm
18            frm.button1.Visible = false;                          // 设置 button1 为不可见状态
19            frm.button4.Visible = false;                          // 设置 button4 为不可见状态
20            // 设置窗体 frm 的标题文字
21            frm.Text = frm.Text + "     " + "操作员:" + txtUser.Text;
22            this.Hide();                                          // 隐藏该窗体
23        }
24        // 当用户名和用户密码为系统管理员的用户名和用户密码时
25        else if (txtUser.Text == "Mr" && txtPasword.Text == "Mrscoft")
26        {
27            frm.Show();                                           // 显示窗体 frm
28            // 设置窗体 frm 的标题文字
29            frm.Text = frm.Text + "     " + "系统管理员:" + txtPasword.Text;
30            this.Hide();                                          // 隐藏该窗体
31        }
32        else        // 当为其他情况时
33        {
34            MessageBox.Show("用户名或用户密码错误");             // 弹出提示信息
35            txtUser.Text = "";                                    // 清空用户名文本框
36            txtPasword.Text = "";                                 // 清空用户密码文本框
```

```
37          txtUser.Focus();                              // 设置控件的焦点
38      }
39  }
```

举一反三

根据本实例，读者可以实现以下功能。

◇ 设计具有权限的操作员信息表。

◇ 动态设计用户权限。

实例 022 控件得到焦点时变色

实例说明

本实例设计一个得到焦点时文本框变色的程序，从而达到标记和提醒用户输入的目的。实例运行结果如图 2.14 所示。

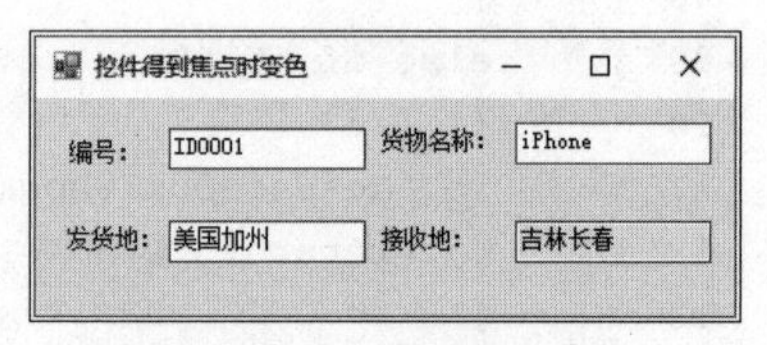

图 2.14 控件得到焦点时变色

技术要点

实现本实例时，主要用到 TextBox 控件的 Enter 事件、Leave 事件和 BackColor 属性。下面分别进行介绍。

（1）Enter 事件。此事件在鼠标指针进入控件时发生。其语法如下：

```
public event EventHandler Enter
```

（2）Leave 事件。此事件在输入焦点离开控件时发生。其语法如下：

```
public event EventHandler Leave
```

（3）BackColor 属性。此属性用于获取或设置控件的背景色。其语法如下：

```
public override Color BackColor { get; set; }
```

属性值：表示控件背景色的 Color 值。

实现过程

01 新建一个 Windows 应用程序，将其命名为 YieldFocalSpotChangeColor，默认窗体为 Form1。

02 在 Form1 窗体中添加 4 个 TextBox 控件，用于显示得到焦点和失去焦点时的效果。

03 主要代码。

```
01   private void textBox1_Enter(object sender, EventArgs e)
02   {
03       textBox1.BackColor = Color.Beige;// 控件得到焦点时变色
04   }
05   private void textBox1_Leave(object sender, EventArgs e)
06   {
07       textBox1.BackColor = Color.White;// 控件失去焦点时变色
08   }
```

举一反三

根据本实例，读者可以实现以下功能。

◇ 控件得到焦点时改变 3D 形式。

◇ 控件得到焦点时改变字体的形式。

实例 023 使用 EventLog 组件读写 Windows 系统日志

实例说明

本实例使用 EventLog 组件创建一个日志并向日志中写入内容和读取日志中的内容。运行本实例，单击“写日志”按钮，可以把文本框中的内容写到日志当中；单击“读日志”按钮，可以把日志内容从日志中读出来并显示在 ListBox 控件中。实例运行结果如图 2.15 所示。

图 2.15　使用 EventLog 组件读写 Windows 系统日志

技术要点

实现本实例时主要用到 EventLog 组件的 Log 属性、Entries 属性、Source 属性、MachineName 属性、WriteEntry 方法，EventLog 类的 SourceExists 方法、CreateEventSource 方法和 Exists 方法。下面分别进行介绍。

（1）Log 属性。此属性用于获取或设置读取或写入的日志名称。其语法如下：

```
public string Log { get; set; }
```

属性值：日志的名称，可以是应用程序、系统和安全，或者自定义的日志名称。默认值为空字符串。

（2）Entries 属性。此属性用于获取日志的内容。其语法如下：

```
public EventLogEntryCollection Entries { get; }
```

属性值：EventLogEntryCollection 保留日志中的项。每个项均与 EventLogEntry 类的一个实例关联。

（3）Source 属性。此属性用于获取或设置在写入日志时要注册和使用的源名称。其语法如下：

```
public string Source { get; set; }
```

属性值：在日志中注册为项的名称。默认值为空字符串。

（4）MachineName 属性。此属性用于获取或设置在其上读取或写入日志的计算机名称。其语法如下：

```
public string MachineName { get; set; }
```

属性值：日志驻留的服务器名称。默认为本地计算机（“.”）。

（5）WriteEntry 方法。此方法用于将信息类型项与给定的消息文本一起写入日志。其语法如下：

```
public void WriteEntry(string message)
```

参数说明如下。

◇ message：要写入日志的字符串。

（6）SourceExists 方法。此方法用于确定事件源是否已在本地计算机上注册。其语法如下：

```
public static bool SourceExists(string source)
```

参数说明如下。

◇ source：事件源的名称。

◇ 返回值：如果事件源已在本地计算机上注册，则为 true，否则为 false。

（7）CreateEventSource 方法。此方法用于建立一个应用程序，使用指定的源（Source）作为向本地计算机上的日志写入日志项的有效事件源。使用此方法还可以在本地计算机上创建一个新的自定义日志。其语法如下：

```
public static void CreateEventSource(string source,string logName)
```

参数说明如下。

◇ source：应用程序在本地计算机上注册时采用的源名称。

◇ logName：事件源的项写入的日志名称。可能的值包括应用程序、系统或自定义日志。

（8）Exists 方法。此方法用于确定该日志是否存在于本地计算机上。其语法如下：

```
public static bool Exists(string logName)
```

参数说明如下。

◇ logName：要搜索的日志名称。可能的值包括应用程序、安全、系统、其他应用程序特定值以及日志（例如与 Active Directory 关联的日志）或计算机上的任何自定义日志。

◇ 返回值：如果该日志存在于本地计算机上，则为 true，否则为 false。

实现过程

01 新建一个 Windows 应用程序，将其命名为 ReadWriteEconomyEventLog，默认窗体为 Form1。

02 在 Form1 窗体中，添加一个 EventLog 组件，用来创建日志；添加两个 Button 控件，用来执行读写日志操作；添加一个TextBox控件，用来输入日志内容；添加一个ListBox控件，用来显示日志内容。

03 主要代码。

创建日志的实现代码如下：

```
01  private void Form1_Load(object sender, EventArgs e)
02  {
03      //检查事件源是否存在，如果不存在则注册事件源
04      if (System.Diagnostics.EventLog.SourceExists("日志名称"))
05      {
06          System.Diagnostics.EventLog.DeleteEventSource("日志名称");//注册事件源
07      }
08      //为eventLog1日志名称注册事件源
09      System.Diagnostics.EventLog.CreateEventSource("ZhyScoure", "测试日志");
10      eventLog1.Log = "测试日志";//测试日志
11      eventLog1.Source = "日志名称";//事件源名
12      this.eventLog1.MachineName = ".";//表示本地计算机
13  }
```

向日志中写入内容的实现代码如下：

```
01  private void button1_Click(object sender, EventArgs e)
02  {
03      if (System.Diagnostics.EventLog.Exists("测试日志"))//检查日志是否存在
04      {
05          if (textBox1.Text != "")                    //当文本框中的内容不为空时
06          {
07              eventLog1.WriteEntry(textBox1.Text.ToString());//向日志中写入内容
08              MessageBox.Show("日志写入成功");      //弹出写入成功的提示信息
09              textBox1.Text = "";                    //清空文本框中的内容
10          }
11          else                                       //当文本框中的内容为空时
12          {
13              MessageBox.Show("日志内容不能为空"); //弹出日志内容为空的提示信息
14          }
15      }
16      else                                           //当日志不存在时
17      {
18          MessageBox.Show("日志不存在");             //弹出日志不存在的提示信息
19      }
20  }
```

读取日志中内容的实现代码如下：

```
01  private void button2_Click(object sender, EventArgs e)
02  {
03      listBox1.Items.Clear();                 //清空listBox1中的原有内容
04      if (eventLog1.Entries.Count > 0)     //当日志中有内容时
05      {
06          //循环读出日志内容
07          foreach (System.Diagnostics.EventLogEntry entry in eventLog1.Entries)
08          {
```

```
09              listBox1.Items.Add(entry.Message);// 将读出的日志内容添加至 listBox1 中
10          }
11      }
12      else                                            // 当日志中没有内容时
13      {
14          MessageBox.Show(" 日志中没有内容 ");        // 弹出没有内容的提示信息
15      }
16  }
```

说明：在 Windows 10 系统上运行本实例时，由于 Windows 10 系统的安全性比较高，因此需要打开项目的 Debug 文件夹，找到可执行文件，单击鼠标右键，选择“以管理员身份运行”。

举一反三

根据本实例，读者可以实现以下功能。

◇ 利用 EventLog 组件给应用程序创建日志。

◇ 利用 EventLog 组件读取系统日志。

实例 024 使用 Timer 组件制作计时器

实例说明

本实例实现使用 Timer 组件制作计时器的功能。运行本实例，通过“时间定时”面板下的 NumericUpDown 控件设置定时时间，单击“确定”按钮，在“定时提示”面板中会给出提示。实例运行结果如图 2.16 所示。

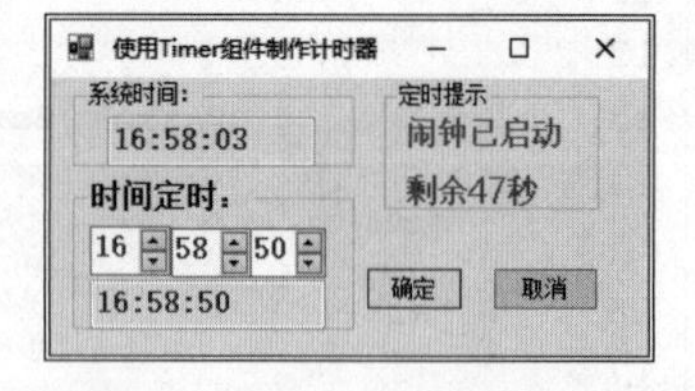

图 2.16　使用 Timer 组件制作计时器

技术要点

实现本实例时主要用到 Timer 组件的 Enabled 属性、Interval 属性、Tick 事件，NumericUpDown 控件的 Maximum 属性、Minimum 属性、Value 属性和 API 函数 Beep。下面分别进行介绍。

（1）Enabled 属性。此属性用于获取或设置一个值，该值指示 Timer 组件是否引发 Elapsed 事件。其语法如下：

```
public bool Enabled { get; set; }
```

如果 Timer 组件引发 Elapsed 事件，则属性值为 true，否则为 false。默认值为 false。

（2）Interval 属性。此属性用于获取或设置引发 Elapsed 事件的间隔时间。其语法如下：

```
public double Interval { get; set; }
```

属性值：引发 Elapsed 事件的间隔时间 [以毫秒（ms）为单位]。默认为 100ms。

（3）Maximum 属性。此属性用于获取或设置数字显示框（也称作 Up-Down 控件）的最大值。其语法如下：

```
public decimal Maximum { get; set; }
```

属性值：数字显示框的最大值。默认值为 100。

（4）Minimum 属性。此属性用于获取或设置数字显示框的最小值。其语法如下：

```
public decimal Minimum { get; set; }
```

属性值：数字显示框的最小值。默认值为 0。

（5）Value 属性。此属性用于获取或设置赋给数字显示框的值。其语法如下：

```
public decimal Value { get; set; }
```

属性值：NumericUpDown 控件的数值。

（6）API 函数 Beep。此函数用于生成简单的声音。其语法如下：

```
[DllImport("kernel32", EntryPoint = "Beep")]
public extern static int Beep(int dwfreq,int dwduration);
```

参数说明如下。

◇ dwfreq：int 型，表示声音频率（37Hz ~ 32 767Hz）。

◇ dwduration：int 型，表示声音的持续时间，以毫秒为单位。如果为 -1，表示一直播放声音，直到再次调用该函数为止。

（7）Tick 事件。此事件当指定的计时器间隔已过去而且计时器处于启用状态时发生。其语法如下：

```
public event EventHandler Tick
```

实现过程

01 新建一个 Windows 应用程序，将其命名为 TailorCalculagraph，默认窗体为 Form1。

02 在 Form1 窗体中，添加 2 个 Timer 组件，用来控制时间；添加 2 个 Button 控件，用来执行计时操作；添加 3 个 NumericUpDown 控件，用来选择定时时间；添加 2 个 TextBox 控件，用来显示定时时间；添加 2 个 Label 控件，用来显示提示信息。

03 主要代码。

启动 Timer 组件开始倒计时的实现代码如下：

```
01    private void button1_Click(object sender, EventArgs e)
02    {
03        //记录当前的时间
04        DateTime get_time1 = Convert.ToDateTime(DateTime.Now.ToString());
05        //记录指定的时间
06        DateTime sta_ontime1 = Convert.ToDateTime(Convert.ToDateTime(textBox2.Text.
                             Trim().ToString()));
```

```
07      TimeSpan sta1 = TimeSpan.FromHours(0);   // 初始化一个表示时间间隔的对象
08      // 比较还有多少时间到达指定的时间
09      long dat = DateAndTime.DateDiff("s", get_time1, sta_ontime1, FirstDayOfWeek.
                Sunday, FirstWeekOfYear.FirstFourDays);
10      if (dat > 0)                             // 当还未到达预设时间时
11      {
12          if (timer2.Enabled != true)          // 当计时器 timer2 处于不可用状态时
13          {
14              timer2.Enabled = true;           // 设置 timer2 为可用状态
15              label4.Text = " 闹钟已启动 ";      // 显示状态信息
16              label1.Text = " 剩余 " + dat.ToString() + " 秒 "; // 显示剩余时间
17          }
18          else                                 // 当计时器 timer2 处于可用状态时
19          {
20              MessageBox.Show(" 闹钟已经启动，请取消后再启动 "); // 弹出提示信息
21          }
22      }
23      else                                     // 当时间间隔小于或等于 0 时
24      {
25          long hour = 24 * 3600 + dat;         // 将时间的数值转化为秒的形式
26          timer2.Enabled = true;               // 启动计时器 timer2
27          label4.Text = " 闹钟已启动 ";          // 显示 timer2 的状态信息
28          label1.Text = " 剩余 " + hour.ToString() + " 秒 ";  // 显示剩余时间
29      }
30  }
```

使用 Timer 组件实现计时功能的实现代码如下：

```
01  private void timer2_Tick(object sender, EventArgs e)
02  {
03      // 保存当前的时间
04      DateTime get_time1 = Convert.ToDateTime(DateTime.Now.ToString());
05      // 保存指定的时间
06      DateTime sta_ontime1 = Convert.ToDateTime(Convert.ToDateTime(textBox2.Text.
                          Trim().ToString()));
07      // 记录时间间隔
08      long dat = DateAndTime.DateDiff("s", get_time1, sta_ontime1, FirstDayOfWeek.
                Sunday, FirstWeekOfYear.FirstFourDays);
09      if (dat == 0)                  // 到达指定的时间
10      {
11          Beep(200, 500);            // 产生一个声音
12          label4.Text = " 时间已到 ";   // 显示状态信息
13      }
14  }
```

举一反三

根据本实例，读者可以实现以下功能。

◇ 使用 Timer 组件制作秒表。

◇ 使用 Timer 组件自制时钟。

第3章

图形技术

实例 025 在图片中写入文字

实例说明

很多图片处理软件都有在图片中写入文字的功能。本实例设计一个简单的图片处理软件，可以向图片中写入文字。运行本实例，打开一个图片文件，并在“写入的文字”文本框中输入文字，单击“保存”按钮，将文字写入打开的图片中。实例运行结果如图 3.1 所示。

图 3.1　在图片中写入文字

技术要点

本实例主要使用 Graphics 类的 DrawString 方法在图片中写入文字，然后使用 Bitmap 类的 Save 方法将写入文字后的图片进行保存。

（1）Graphics 类的 DrawString 方法主要通过 Brush 和 Font 对象在指定的位置绘制文本字符串。其语法如下：

```
public void DrawString(string s, Font font, Brush brush, PointF point)
```

（2）Bitmap 类的 Save 方法用来将图片以指定格式保存到指定文件中。其语法如下：

```
public void Save(string filename, ImageFormat format)
```

参数说明如下。

◇ filename：字符串，包含要将图片保存到的文件的名称。

◇ format：要保存图片的 ImageFormat 格式。

注意：ImageFormat 类属于 System.Drawing.Imaging 命名空间。

实现过程

01 新建一个 Windows 应用程序，将其命名为 ImageStr，默认主窗体为 Form1。

02 Form1 窗体主要用到的控件及说明如表 3.1 所示。

表 3.1 Form1 窗体主要用到的控件及说明

控件类型	控件名称	说明
TextBox	textBox1	输入要保存在图片上的文字
Button	button1	执行文字写入操作
	button2	打开图片
PictureBox	pictureBox1	显示打开的图片
OpenFileDialog	openFileDialog1	显示“打开文件”对话框

03 主要代码。

```
01  private void button1_Click(object sender, EventArgs e)
02  {
03      Image myImage = System.Drawing.Image.FromFile(str); // 实例化 Image 类
04      Bitmap map = new Bitmap(myImage);                    // 实例化 Bitmap 类
05      myImage.Dispose();                                   // 释放资源
06      Graphics graphics = Graphics.FromImage(map);         // 实例化 Graphics 类
07      // 设置高质量双线性插值法
08      graphics.InterpolationMode = InterpolationMode.HighQualityBilinear;
09      SolidBrush brush = new SolidBrush(Color.Red);       // 定义画刷
10      PointF P = new PointF(100, 100);                    // 实例化 PointF 类
11      Font font = new Font(this.Font.Name, 40);           // 设置字体
12      graphics.DrawString(textBox1.Text, font, brush, P);// 在图片中写入文字
13      // 保存修改后的图片
14      map.Save(str.Substring(0, str.LastIndexOf("\\") + 1) + "new" + str.
            Substring(str.LastIndexOf("\\") + 1, str.LastIndexOf(".") -
            str.LastIndexOf("\\") - 1) + str.Substring(str.LastIndexOf("."),
            str.Length - str. LastIndexOf(".")), ImageFormat.Jpeg);
15      MessageBox.Show(" 写入成功 ");
16      font.Dispose();
17      graphics.Dispose();
18  }
```

注意：在执行将文字写入图片的操作时，需要添加 System.Drawing.Drawing2D 和 System.Drawing.Imaging 命名空间。

举一反三

根据本实例，读者可以实现以下功能。

◇ 在图片中加入图片。

◇ 向图片中动态写入文字。

实例 026 将 BMP 文件转换为 JPG 文件

实例说明

BMP 文件是一种位图格式文件，这种格式的文件中包含文件头、位图信息头、调色板和数据区 4 个部分，而且它将图像中的像素值以矩阵的形式存储在文件中，因此这类文件占用空间大；而 JPG 文件是另一种存储图像的文件格式，该类文件支持高级压缩，但不要过度压缩，因为在压缩的比例较大时可能会失真。随着互联网技术的发展，JPG 格式已经逐渐成为主流的图像格式。本实例实现将 BMP 文件转换为 JPG 文件的功能，用来节省更多的空间。实例运行结果如图 3.2 所示。

图 3.2 将 BMP 文件转换为 JPG 文件

技术要点

将BMP格式的图像转换为JPG格式时，需要使用ImageFormat类，该类主要用来指定图像的格式，其常用属性及说明如表 3.2 所示。

表 3.2 ImageFormat 类的常用属性及说明

属性	说明
Bmp	获取 BMP 图像格式
Emf	获取 EMF 图像格式
Exif	获取 EXIF 图像格式
Gif	获取 GIF 图像格式
Icon	获取 Windows 图标图像格式
Jpeg	获取 JPEG 图像格式
MemoryBmp	获取内存位图图像格式
Png	获取 PNG 图像格式
Tiff	获取 TIFF 图像格式
Wmf	获取 WMF 图像格式

实现过程

01 新建一个 Windows 应用程序，将其命名为 BMPChangeJPG，默认主窗体为 Form1。

02 Form1 窗体主要用到的控件及说明如表 3.3 所示。

表 3.3 Form1 窗体主要用到的控件及说明

控件类型	控件名称	说明
Button	buttonOpen	打开 BMP 格式的图像
	buttonConvert	转换图像格式
ComboBox	comboBox	选择要转换成的图像格式（JPG）
PictureBox	pictureBox	显示图像

03 主要代码。

```
01  Bitmap bitmap;// 定义 Bitmap 类
02  public Form1()
03  {
04      InitializeComponent();
05  }
06  private void buttonConvert_Click(object sender, EventArgs e)
07  {
08      if (comboBox.SelectedItem == null)   // 如果没有选定项
09      {
10          return;// 退出本次操作
11      }
12      else
13      {
14          // 实例化 SaveFileDialog 类
15          SaveFileDialog saveFileDialog = new SaveFileDialog();
16          saveFileDialog.Title = " 转换为 :";                    // 设置标题
17          saveFileDialog.OverwritePrompt = true;           // 如果文件名存在则提示
18          saveFileDialog.CheckPathExists = true;           // 如果文件的路径存在则提示
19          saveFileDialog.Filter = comboBox.Text + "|" + comboBox.Text;// 设置文件类型
20          if(saveFileDialog.ShowDialog() == DialogResult.OK) // 打开 " 另存为 " 对话框
21          {
22              string fileName = saveFileDialog.FileName; // 获取文件路径和文件名
23              bitmap.Save(fileName, ImageFormat.Jpeg);   // 将图像保存为 JPEG 格式
24              FileInfo f = new FileInfo(fileName);       // 实例化 FileInfo 类
25              this.Text = " 图像转换 :" + f.Name;            // 在窗体标题栏中显示转换的文件名
26              label1.Text = f.Name;
27          }
28      }
29  }
```

举一反三

根据本实例，读者可以实现以下功能。

◇ 将 BMP 文件转换为 ICO 文件。

◇ 将 JPEG 文件转换为 BMP 文件。

实例 027 局部图像放大

实例说明

浏览图像时，如果随着鼠标指针的移动可以将鼠标指针周围的区域放大显示，将会显得特别方便。

本实例实现图像局部放大的功能，当鼠标指针在图像上移动时即放大其周围的图像。实例运行结果如图 3.3 所示。

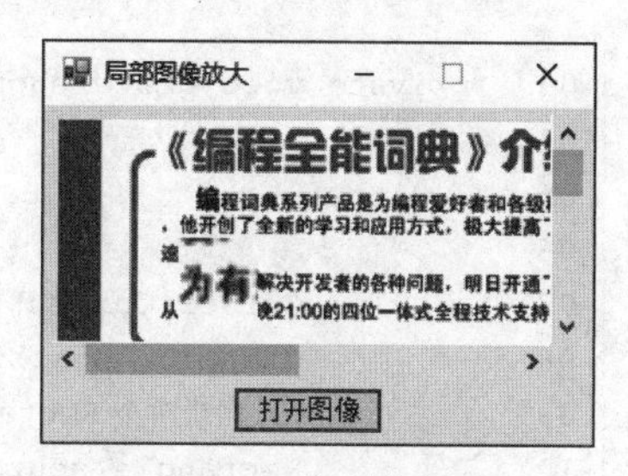

图 3.3　局部图像放大

技术要点

本实例通过使用 Graphics 类的 DrawImage 方法将图像的局部进行放大。DrawImage 方法为可重载方法，主要用来在指定位置绘制指定的图像，常用格式有以下 3 种。

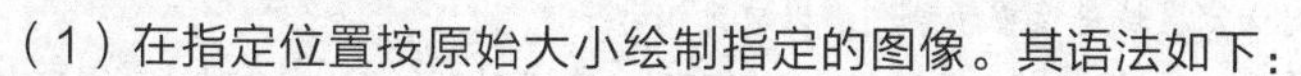

（1）在指定位置按原始大小绘制指定的图像。其语法如下：

```
public void DrawImage(Image image, Point point)
```

参数说明如下。

◇ image：要绘制的图像。

◇ point：Point 结构，表示所绘制图像的左上角的位置。

（2）在指定位置按指定大小绘制指定的图像。其语法如下：

```
public void DrawImage(Image image, Rectangle rect)
```

参数说明如下。

◇ image：要绘制的图像。

◇ rect：Rectangle 结构，指定所绘制图像的位置和大小。

（3）在指定位置按指定大小绘制指定图像的指定部分。其语法如下：

```
public void DrawImage(Image image, Point[] destPoints, Rectangle srcRect, GraphicsUnit srcUnit)
```

DrawImage 方法的参数及说明如表 3.4 所示。

表 3.4　DrawImage 方法的参数及说明

参数	说明
image	要绘制的图像
destPoints	由 3 个 Point 结构组成的数组，这 3 个结构定义一个平行四边形
srcRect	Rectangle 结构，指定图像中要绘制的部分
srcUnit	GraphicsUnit 枚举成员，指定 srcRect 参数所用的度量单位

实现过程

01 新建一个 Windows 应用程序，将其命名为 ImageBlowUp，默认主窗体为 Form1。

02 在 Form1 窗体中添加一个 Panel 控件、一个 PictureBox 控件和一个 Button 控件，并将 Panel 控件的 AutoScroll 属性设置为 true，以便显示图像的全部。其中，PictureBox 控件用来显示选择的图像，Button 控件用来执行打开图像操作。

03 主要代码。

```
01    Cursor myCursor = new Cursor(@"C:\WINDOWS\Cursors\cross_r.cur"); // 自定义鼠标指针
02    Image myImage;
```

```
03  private void pictureBox1_MouseMove(object sender, MouseEventArgs e)
04  {
05      try
06      {
07          Cursor.Current = myCursor;                                    //定义鼠标指针
08          Graphics graphics = pictureBox1.CreateGraphics();             //创建绘图对象
09          //声明两个 Rectangle 对象，分别用来指定要放大的区域和放大后的区域
10          Rectangle sourceRectangle = new Rectangle(e.X - 10, e.Y - 10, 20, 20);
11          Rectangle destRectangle = new Rectangle(e.X - 20, e.Y - 20, 40, 40);
12          //调用 DrawImage 方法对选定区域进行重新绘制，以放大该部分
13          graphics.DrawImage(myImage, destRectangle, sourceRectangle, GraphicsUnit.Pixel);
14      }
15      catch { }
16  }
```

举一反三

根据本实例，读者可以实现以下功能。

◇ 将选择的局部图像黑白显示。

◇ 改变选择区域的颜色。

实例 028 放大和缩小图像

实例说明

在很多图像浏览器中，都可以对图像进行放大和缩小操作，从而使用户能更清晰和全面地观察图像。本实例通过控制 PictureBox 控件的大小来实现图像的放大与缩小功能。实例运行结果如图 3.4 所示。

图 3.4　放大和缩小图像

技术要点

对图像进行放大和缩小，其实就是对 PictureBox 控件的 Height 属性和 Width 属性进行设置。另外，还应该将 PictureBox 控件的 SizeMode 属性设置为 Zoom，以便能够显示图像的全部。

SizeMode 属性用来指定如何在 PictureBox 控件中显示图像，该属性的属性值及说明如表 3.5 所示。

表 3.5　SizeMode 属性的属性值及说明

属性值	说明
AutoSize	调整 PictureBox 控件大小，使其等于所包含的图像大小
CenterImage	如果 PictureBox 控件比图像大，则图像居中显示；如果图像比 PictureBox 控件大，则图像居于 PictureBox 控件中心，而外边缘将被剪裁
Normal	图像被置于 PictureBox 控件的左上角。如果图像比包含它的 PictureBox 控件大，则该图像将被剪裁
StretchImage	PictureBox 控件中的图像被拉伸或收缩，以适合 PictureBox 控件的大小
Zoom	图像大小按其原有的大小比例放大或缩小

实现过程

01 新建一个 Windows 应用程序，将其命名为 MaxMinImage，默认主窗体为 Form1。

02 Form1 窗体主要用到的控件及说明如表 3.6 所示。

表 3.6　Form1 窗体主要用到的控件及说明

控件类型	控件名称	说明
Button	button1	打开图像
	button2	指定图像缩放操作
TextBox	textBox1	输入缩放比例系数
PictureBox	pictureBox1	显示打开的图像
Panel	panel1	控制 PictureBox 控件的大小
OpenFileDialog	openFileDialog1	显示“打开文件”对话框

03 主要代码。

```
01    Image myImage;// 指定要操作的图像对象
02    private void button2_Click(object sender, EventArgs e)
03    {
04        try
05        {
06            pictureBox1.Height = Convert.ToInt32(myImage.Height * Convert.ToSingle
                                  (textBox1.Text.Trim()));// 设置图像高度
07            pictureBox1.Width = Convert.ToInt32(myImage.Width * Convert.ToSingle
                                 (textBox1.Text.Trim()));// 设置图像宽度
08        }
09        catch { }
10    }
```

举一反三

根据本实例，读者可以实现以下功能。

◇ 使用桌面画布对图像进行放大和缩小。

◇ 制作一个无窗体标题栏，按鼠标左键推拉图像。

实例029 以百叶窗效果显示图像

实例说明

以百叶窗效果显示图像，就是将图像分成若干个区域，各个区域的图像以一种渐进的方式显示，效果就像百叶窗翻动一样。本实例实现以百叶窗效果显示图像的功能。实例运行结果如图 3.5 所示。

图 3.5　以百叶窗效果显示图像

技术要点

本实例实现以百叶窗效果显示图像时主要使用 Bitmap 类的 GetPixel 方法和 SetPixel 方法获取和设置图像中指定像素的颜色，然后使用 Refresh 方法重新刷新窗体背景，使其以百叶窗效果显示出来。下面对 Bitmap 类的 GetPixel 方法和 SetPixel 方法分别进行介绍。

（1）GetPixel 方法。该方法主要用来获取 Bitmap 图像中指定像素的颜色。其语法如下：

```
public Color GetPixel(int x,  int y)
```

参数说明如下。

◇ x：要获取的像素的 *x* 坐标。

◇ y：要获取的像素的 *y* 坐标。

◇ 返回值：Color 结构，表示指定像素的颜色。

（2）SetPixel 方法。该方法主要用来设置 Bitmap 图像中指定像素的颜色。其语法如下：

```
public void SetPixel(int x,  int y, Color color)
```

参数说明如下。

◇ x：要设置的像素的 *x* 坐标。

◇ y：要设置的像素的 *y* 坐标。

◇ color：Color 结构，表示要分配给指定像素的颜色。

实现过程

01 新建一个 Windows 应用程序，将其命名为 HundredWindow，默认主窗体为 Form1。

02 在 Form1 窗体中添加一个 OpenFileDialog 控件和两个 Button 控件，其中，OpenFileDialog 控件用来显示“打开文件”对话框，Button 控件分别用来执行打开图像和以百叶窗效果显示图像操作。

03 主要代码。

```
01    private void button2_Click(object sender, EventArgs e)
02    {
03        try
```

```
04        {
05            //用窗体背景的副本实例化Bitmap类
06            Bitmap myBitmap = (Bitmap)this.BackgroundImage.Clone();
07            int intWidth = myBitmap.Width;//记录图像的宽度
08            int intHeight = myBitmap.Height / 20;//记录图像的指定高度
09            Graphics myGraphics = this.CreateGraphics();//创建窗体的Graphics类
10            myGraphics.Clear(Color.WhiteSmoke);//用指定的颜色清除窗体背景
11            Point[] myPoint = new Point[30];//定义数组
12            for (int i = 0; i < 30; i++)//记录百叶窗各节点的位置
13            {
14                myPoint[i].X = 0;
15                myPoint[i].Y = i * intHeight;
16            }
17            //实例化Bitmap类
18            Bitmap bitmap = new Bitmap(myBitmap.Width, myBitmap.Height);
19            //通过调用Bitmap类的SetPixel方法重新设置图像的像素点颜色，从而实现百叶窗效果
20            for(int m = 0; m < intHeight; m++)
21            {
22                for(int n = 0; n < 20; n++)
23                {
24                    for(int j = 0; j < intWidth; j++)
25                    {
26                        bitmap.SetPixel(myPoint[n].X + j, myPoint[n].Y + m, myBitmap.
                              GetPixel(myPoint[n].X + j,myPoint[n].Y + m));//获取当前像素颜色值
27                    }
28                }
29                this.Refresh();//刷新窗体
30                this.BackgroundImage = bitmap;//显示百叶窗效果
31                System.Threading.Thread.Sleep(100);//线程挂起
32            }
33        }
34        catch { }
35    }
```

举一反三

根据本实例，读者可以实现以下功能。

◇ 实现图像的雨滴效果。

◇ 实现图像的积木效果。

实例030 倒影效果的文字

实例说明

倒影效果的文字就是在文字的下面显示其文字的倒影。运行本实例，单击“倒影效果”按钮，绘

制指定的文字，并在文字的下面绘制其倒影效果。实例运行结果如图 3.6 所示。

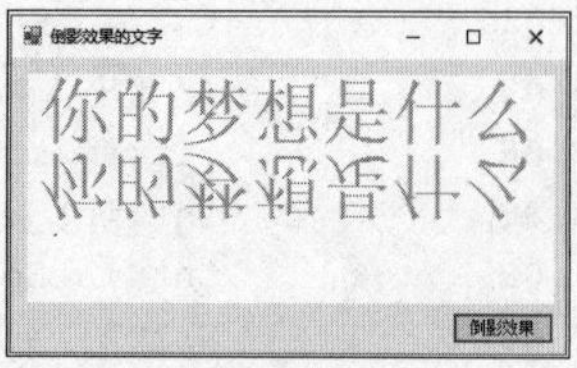

图 3.6　倒影效果的文字

技术要点

本实例主要使用 Graphics 类的 MeasureString 方法和 ScaleTransform 方法来实现文字的倒影效果。

ScaleTransform 方法将指定的缩放操作应用于 Graphics 对象的变换矩阵，方法是将该对象的变换矩阵左边乘该对象的缩放矩阵。其语法如下：

```
public void ScaleTransform(float sx,float sy)
```

参数说明如下。

◇ sx：*x* 轴方向的比例因子。

◇ sy：*y* 轴方向的比例因子。

实现过程

01 新建一个 Windows 应用程序，将其命名为 InvertedImageCharacter，默认主窗体为 Form1。

02 在 Form1 窗体中添加一个 Panel 控件和一个 Button 控件，其中，Panel 控件用来显示绘制的文字，Button 控件用来实现文字的倒影效果。

03 主要代码。

```
01  private void button1_Click(object sender, EventArgs e)
02  {
03      Graphics g = panel1.CreateGraphics();// 创建控件的 Graphics 类
04      g.Clear(Color.White);// 以指定的颜色清除控件背景
05      Brush Var_Brush_Back = Brushes.LightGreen;// 设置前景色
06      Brush Var_Brush_Fore = Brushes.LightSkyBlue;// 设置背景色
07      Font Var_Font = new Font(" 宋体 ", 40);// 设置字体样式
08      string Var_Str = " 你的梦想是什么 ";// 设置字符串
09      SizeF Var_Size = g.MeasureString(Var_Str, Var_Font);// 获取字符串的大小
10      g.DrawString(Var_Str, Var_Font, Var_Brush_Fore, 0, 0);// 绘制文字
11      g.ScaleTransform(1, -1.0F);// 缩放变换矩阵
12      // 绘制倒影文字
13      g.DrawString(Var_Str, Var_Font, Var_Brush_Back, 0, -Var_Size.Height * 1.6F);
14  }
```

举一反三

根据本实例，读者可以实现以下功能。

◇ 实现可变换字体大小的倒影效果。

实例031 动画背景窗体

实例说明

普通窗体背景大多使用一种颜色填充，看上去非常单调，也有许多软件使用图片作为窗体的背景，但这些背景都是静态的，如果窗体的背景图案能够不停变化，则可以吸引用户的注意。本实例实现一种动画背景窗体，背景上的图案在不停地闪动。实例运行结果如图 3.7 所示。

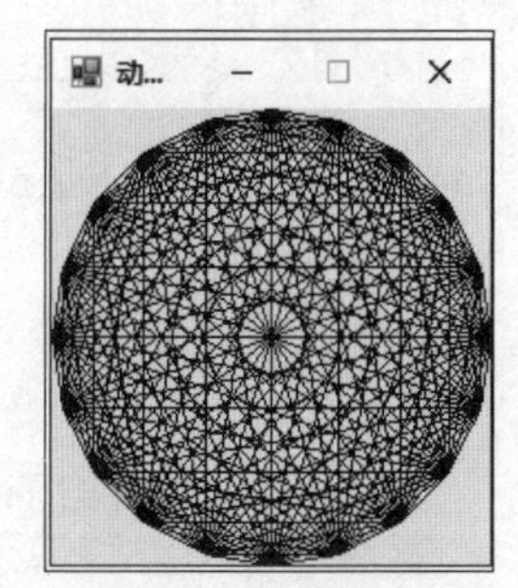

图 3.7 动画背景窗体

技术要点

要实现背景图案的动画效果，就要让背景上的图案不停地变化，因此在实例中使用了 Timer 控件，以控制窗体背景不断变化。为了使窗体的背景不断变化，应该将改变窗体背景的代码添加到 Timer 控件的 Tick 事件中。同时设置该控件的 Interval 属性为一个合适的数值，数值不能太小，因为时间太短会占用太多资源；数值也不能太大，如果时间太长就不能显示出动画效果。本实例中设置 Interval 属性为 200，这样每 0.2s 就会重新绘制背景，从而达到动画背景的效果。Timer 控件的常用属性、方法或事件及说明如表 3.7 所示。

表 3.7 Timer 控件的常用属性、方法或事件及说明

属性、方法或事件	说明
Enabled（属性）	获取或设置计时器是否正在运行
Interval（属性）	获取或设置计时器开始计时之间的时间（以毫秒为单位）
Start（方法）	启动计时器
Stop（方法）	停止计时器
Tick（事件）	当指定的计时器间隔已过去且计时器处于启用状态时发生

实现过程

01 新建一个 Windows 应用程序，将其命名为 ActBackdrop，默认主窗体为 Form1。

02 在 Form1 窗体中添加一个 Timer 控件，用来控制窗体背景的动画显示。

03 主要代码。

自定义方法 pic 主要用于在窗体的背景中绘制图像。代码如下：

```
01   int Sect = 20;
02   float[] x = new float[31];
03   float[] y = new float[31];
04   public void pic()
05   {
06       int i;
07       float r;
08       this.ClientSize = new Size(200, 200);            //设置窗体的工作区
09       r = this.ClientSize.Width / 2;                   //获取工作区的半径
```

```
10      Graphics g = this.CreateGraphics();          //创建窗体的 Graphics 类
11      for (i = 0; i < Sect; i++)                   //获取绘制的线的起始点
12      {
13          x[i] = (float)(r * Math.Cos(i * 2 * Math.PI / Sect) + this.ClientSize.Width / 2);
14          y[i] = (float)(r * Math.Sin(i * 2 * Math.PI / Sect) + this.ClientSize.Height / 2);
15      }
16      for(int m = 0; m < Sect - 1; m++)
17      {
18          for(int n = 0; n < Sect; n++)
19          {
20              g.DrawLine(Pens.Blue, x[m], y[m], x[n], y[n]); //绘制线
21          }
22      }
23  }
```

在 timer1 控件的 Tick 事件中每隔 0.2s 对窗体进行一次重绘。代码如下：

```
01  private void timer1_Tick(object sender, EventArgs e)
02  {
03      Graphics g = this.CreateGraphics();
04      g.Clear(Color.WhiteSmoke);
05      pic();
06      timer1.Interval = 200; //每隔 0.2s 重新绘制一次窗体
07  }
```

在窗体的加载的事件中启动计时器。代码如下：

```
01  private void Form1_Load(object sender, EventArgs e)
02  {
03      timer1.Start();
04  }
```

举一反三

根据本实例，读者可以实现以下功能。

◇ 在窗体的背景上绘制图像。

◇ 使绘制的图像动画方式显示。

实例 032 查看图片的像素

实例说明

图片的存储一般以像素为单位，像素越大，表示图片的面积越大，而且像素与分辨率紧密相关，即

像素越大，图片的清晰度就越高。本实例实现查看图片像素的功能。实例运行结果如图 3.8 所示。

技术要点

本实例首先使用 Image 对象的 Width 属性和 Height 属性获得打开的图片的宽度和高度，进而实现查看图片像素的功能。

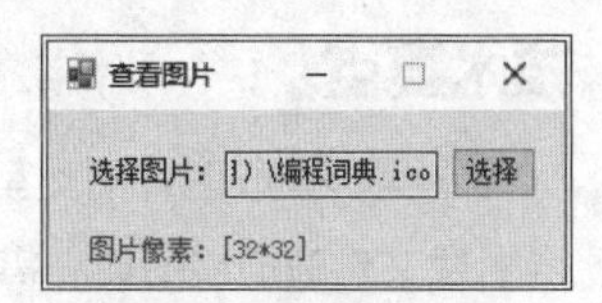

图 3.8　查看图片的像素

实现过程

01 新建一个 Windows 应用程序，将其命名为 ImagePels，默认主窗体为 Form1。

02 在 Form1 窗体中添加一个 OpenFileDialog 控件、一个 Button 控件、一个 TextBox 控件和一个 Label 控件，其中，OpenFileDialog 控件用来显示“打开文件”对话框，Button 控件用来执行打开图片操作，TextBox 控件用来显示选择的图片的路径，Lable 控件用来显示图片的像素。

03 主要代码。

```
01    private void button1_Click(object sender, EventArgs e)
02    {
03        //设置文件的类型
04        openFileDialog1.Filter = "*.jpg,*.jpeg,*.bmp,*.gif,*.ico,*.png,*.tif,*.wmf|*
  .jpg;*.jpeg;*.bmp;*.gif;*.ico;*.png;*.tif;*.wmf";
05        openFileDialog1.ShowDialog(); //"打开文件"对话框
06        textBox1.Text = openFileDialog1.FileName;//显示选择的图片的路径
07        //根据图片的路径实例化 Image 类
08        Image myImage = System.Drawing.Image.FromFile(openFileDialog1.FileName);
09        //获取图片的像素
10        label2.Text = "图片像素：[" + myImage.Width + "*" + myImage.Height + "]";
11    }
```

举一反三

根据本实例，读者可以实现以下功能。

◇ 判断图片的类型。

◇ 获得图片的大小。

实例 033 获取图片类型

实例说明

实际程序开发过程中，有时需要用指定类型的图片，那么如何在程序中获取图片的类型呢？本实例实现一种简单的获取图片类型的方法。实例运行结果如图 3.9 所示。

图 3.9　获取图片类型

技术要点

本实例获取图片的类型是通过取得选定图片文件的扩展名来实现的。取得图片文件的扩展名时，需要使用 Substring 方法，该方法用来从指定的字符位置开始截取指定长度的字符串。其语法如下：

```
public string Substring(int startIndex, int length)
```

参数说明如下。

◇ startIndex：子字符串的起始位置的索引。

◇ length：要截取的字符数。

◇ 返回值：一个 String 文本字符串，表示截取的字符串。

实现过程

01 新建一个 Windows 应用程序，将其命名为 ImageStyle，默认主窗体为 Form1。

02 在 Form1 窗体中添加一个 OpenFileDialog 控件、一个 Button 控件、一个 PictureBox 控件和一个 TextBox 控件，其中，OpenFileDialog 控件用来显示“打开文件”对话框，Button 控件用来执行打开图片操作，PictureBox 控件用来显示选择的图片，TextBox 控件用来显示图片的类型。

03 主要代码。

```
01  private void button1_Click(object sender, EventArgs e)
02  {
03      //设置文件的类型
04      openFileDialog1.Filter = "*.jpg,*.jpeg,*.bmp,*.gif,*.ico,*.png,*.tif,*.wmf|
                            *.jpg;*.jpeg;*.bmp;*.gif;*.ico;*.png;*.tif;*.wmf";
05      openFileDialog1.ShowDialog();                       //"打开文件"对话框
06      //根据文件的路径实例化 Image 类
07      Image myImage = System.Drawing.Image.FromFile(openFileDialog1.FileName);
08      pictureBox1.Image = myImage;                        //显示打开的图片
09      textBox1.Text = openFileDialog1.FileName.Substring(openFileDialog1.FileName.
                LastIndexOf(".") + 1,openFileDialog1.FileName.Length -
                openFileDialog1.FileName.LastIndexOf (".") - 1);
                //获取当前图片的扩展名
10  }
```

举一反三

根据本实例，读者可以实现以下功能。

◇ 获取控件类型。

◇ 获取文件类型。

实例 034 制作画桃花小游戏

实例说明

本实例通过动态创建 PictureBox 控件实现绘制桃花的功能。运行本实例，在窗体的左侧区域单击“花骨朵”“花苞”“开花”中的任意图片控件，然后在窗体的右侧区域单击鼠标左键，则会在对应的单击位置出现对应的图形。实例运行结果如图 3.10 所示。

图 3.10 制作画桃花小游戏

技术要点

本实例在绘制桃花的过程中，主要用到 Point 类的构造方法、Size 类的构造方法和 ControlCollection 类的 Add 方法。下面分别对这 3 个方法进行详细介绍。

（1）Point 类的构造方法。该方法用于创建点结构的实例，其重载形式有多种，本实例中用到的语法如下：

```
public Point(int x, int y);
```

参数说明如下。

◇ x：点的水平位置。

◇ y：点的垂直位置。

（2）Size 类的构造方法。该方法用于创建 Size 实例，其重载形式有多种，本实例中用到的语法如下：

```
public Size(int width, int height);
```

参数说明如下。

◇ width：Size 实例的宽度分量。

◇ height：Size 实例的高度分量。

（3）ControlCollection 类的 Add 方法。该方法用于将指定的控件添加到控件集合中。其语法如下：

```
public virtual void Add(Control value);
```

参数说明如下。

◇ value：要添加到控件集合中的控件实例。

实现过程

01 新建一个 Windows 应用程序，将其命名为 DrawPeachBlossom。

02 更改默认窗体 Form1 的 Name 属性为 Frm_Main，在该窗体中添加 4 个 PictureBox 控件，分别用来显示桃树、花骨朵、花苞和开花效果的图片。

03 主要代码。

```
01  private void pictureBox1_MouseClick(object sender, MouseEventArgs e)
02  {
03      Point myPT = new Point(e.X, e.Y);// 获取单击位置
04      PictureBox pbox = new PictureBox();// 实例化 PictureBox 控件
05      pbox.Location = myPT;// 指定 PictureBox 控件的位置
06      pbox.BackColor = Color.Transparent;// 设置 PictureBox 控件的背景色
07      // 设置 PictureBox 控件的图片显示方式
08      pbox.SizeMode = System.Windows.Forms.PictureBoxSizeMode.StretchImage;
09      switch(flag)// 判断标记
10      {
11          case 0:
12              pbox.Size = new System.Drawing.Size(20, 18);// 设置 PictureBox 控件大小
13              pbox.Image = Properties.Resources._2;// 设置 PictureBox 控件要显示的图片
14              break;
15          case 1:
16              pbox.Size = new System.Drawing.Size(30, 31);// 设置 PictureBox 控件大小
17              pbox.Image = Properties.Resources._3;// 设置 PictureBox 控件要显示的图片
18              break;
19          case 2:
20              pbox.Size = new System.Drawing.Size(34, 30);// 设置 PictureBox 控件大小
21              pbox.Image = Properties.Resources._1;// 设置 PictureBox 控件要显示的图片
22              break;
23      }
24      if (e.Button == MouseButtons.Left)// 判断是否单击了鼠标左键
25      {
26          pictureBox1.Controls.Add(pbox);// 将 pictureBox 控件添加到桃树上
27      }
28  }
```

举一反三

根据本实例，读者可以实现以下功能。

◇ 打造自己的"开心农场"。

◇ 制作一个画梅花游戏。

实例 035 使用 C# 生成二维码

实例说明

在日常生活中，二维码随处可见，比如支付宝可以生成付款的二维码、图书中有直接可以扫描看视

频的二维码，那么这些二维码是如何生成的呢？本实例将讲解如何使用 C# 生成二维码。运行本实例，在生成二维码时，用户可以选择是否需要生成带图片的二维码。实例运行结果如图 3.11 所示。

图 3.11 使用 C# 生成二维码

技术要点

本实例实现时主要用到 ZXing.Net 组件，该组件是一个第三方组件，是基于 Java 的条形码阅读器和生成器库 ZXing 的一个端口，支持在图像中解码和生成码（如二维码、条形码、PDF417、EAN 码、Data Matrix、Codabar 等）。该组件的开源下载地址为：https://github.com/micjahn/ZXing.Net，下载完成后解压即可使用。使用 ZXing.Net 组件的步骤如下。

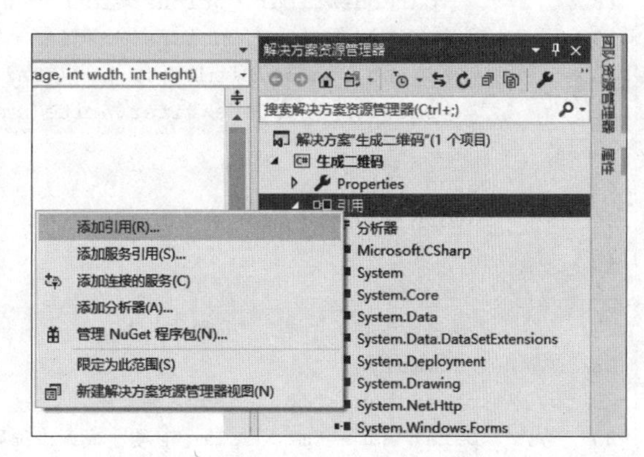

图 3.12 添加引用

在项目的“解决方案资源管理器”窗体中选中当前项目下的“引用”文件夹，单击鼠标右键，在弹出的快捷菜单中选择“添加引用”（见图 3.12），然后在弹出的对话框中找到下载路径下的 zxing.dll 文件，将其添加到项目中。

添加完 zxing.dll 文件后，切换到代码界面，在命名空间区域添加命名空间后即可使用该组件中的相应类及方法来生成或者识别码（包括二维码）。例如，要操作二维码，需要添加如下命名空间：

```
01    using ZXing;
02    using ZXing.Common;
03    using ZXing.QrCode;
04    using ZXing.QrCode.Internal;
```

实现过程

01 新建一个 Windows 应用程序，默认主窗体为 Form1。

02 在 Form1 窗体中添加 3 个 TextBox 控件、1 个 RadioButton 控件、2 个 Button 控件和 2 个 PictureBox 控件，其中，TextBox 控件分别用来设置二维码地址、宽度和高度，RadioButton 控件用来设置是否在生成的二维码中包括图片，Button 控件分别用来选择要包含的图片和生成二维码，

PictureBox 控件分别用来显示选择的图片和生成的二维码。

03 主要代码。

```
01  /// <summary>
02  /// 生成二维码图片
03  /// </summary>
04  /// <param name="strMessage">二维码的字符串</param>
05  /// <param name="width">二维码图片宽度（单位：像素）</param>
06  /// <param name="height">二维码图片高度（单位：像素）</param>
07  /// <returns></returns>
08  private Bitmap GetQRCodeByZXingNet(String strMessage, Int32 width, Int32 height)
09  {
10      Bitmap result = null;
11      try
12      {
13          barcodeWriter barCodeWriter = new BarcodeWriter();
14          barCodeWriter.Format = BarcodeFormat.QR_CODE;
15          barCodeWriter.Options.Hints.Add(EncodeHintType.CHARACTER_SET, "UTF-8");
16          barCodeWriter.Options.Hints.Add(EncodeHintType.ERROR_CORRECTION,
                       ZXing.QrCode.Internal.ErrorCorrectionLevel.H);
17          barCodeWriter.Options.Height = height;
18          barCodeWriter.Options.Width = width;
19          barCodeWriter.Options.Margin = 0;
20          ZXing.Common.BitMatrix bm = barCodeWriter.Encode(strMessage);
21          result = barCodeWriter.Write(bm);
22      }
23      catch { }
24      return result;
25  }
26  /// <summary>
27  /// 生成中间带有图片的二维码图片
28  /// </summary>
29  /// <param name="contents">要生成二维码包含的信息</param>
30  /// <param name="middleImg">要生成到二维码中间的图片</param>
31  /// <param name="width">生成的二维码宽度（单位：像素）</param>
32  /// <param name="height">生成的二维码高度（单位：像素）</param>
33  /// <returns>中间带有图片的二维码</returns>
34  public Bitmap GetQRCodeByZXingNet(string contents, Image middleImg, int width, int height)
35  {
36      if(string.IsNullOrEmpty(contents))
37      {
38          return null;
39      }
40      if(middleImg == null)
41      {
42          return GetQRCodeByZXingNet(contents,width,height);
43      }
44      //构造二维码写码器
45      MultiFormatWriter mutiWriter = new MultiFormatWriter();
46      Dictionary<EncodeHintType, object> hint = new Dictionary<EncodeHintType, object>();
47      hint.Add(EncodeHintType.CHARACTER_SET, "UTF-8");
48      hint.Add(EncodeHintType.ERROR_CORRECTION, ErrorCorrectionLevel.H);
```

```
49        //生成二维码
50        BitMatrix bm = mutiWriter.encode(contents, BarcodeFormat.QR_CODE, width,
                     height, hint);
51        BarcodeWriter barcodeWriter = new BarcodeWriter();
52        Bitmap bitmap = barcodeWriter.Write(bm);
53        //获取二维码实际尺寸（去掉二维码两边空白后的实际尺寸）
54        int[] rectangle = bm.getEnclosingRectangle();
55        //计算插入图片的大小和位置
56        int middleImgW = Math.Min((int)(rectangle[2] / 3.5), middleImg.Width);
57        int middleImgH = Math.Min((int)(rectangle[3] / 3.5), middleImg.Height);
58        int middleImgL = (bitmap.Width - middleImgW) / 2;
59        int middleImgT = (bitmap.Height - middleImgH) / 2;
60        //将IMG格式转换成BMP格式，否则后面无法创建 Graphics 对象
61        Bitmap bmpimg = new Bitmap(bitmap.Width, bitmap.Height, System.Drawing.Imaging.
                     PixelFormat.Format32bppArgb);
62        using (Graphics g = Graphics.FromImage(bmpimg))
63        {
64            g.InterpolationMode = System.Drawing.Drawing2D.InterpolationMode.
                         HighQualityBicubic;
65            g.SmoothingMode = System.Drawing.Drawing2D.SmoothingMode.HighQuality;
66            g.CompositingQuality = System.Drawing.Drawing2D.CompositingQuality.
                         HighQuality;
67            g.DrawImage(bitmap, 0, 0);
68        }
69        //在二维码中插入图片
70        Graphics myGraphic = Graphics.FromImage(bmpimg);
71        //白底
72        myGraphic.FillRectangle(Brushes.White, middleImgL, middleImgT, middleImgW,
                     middleImgH);
73        myGraphic.DrawImage(middleImg, middleImgL, middleImgT, middleImgW, middleImgH);
74        return bmpimg;
75    }
```

举一反三

根据本实例，读者可以实现以下功能。

◇ 生成带有下载文件链接的二维码。

◇ 生成含有红包领取功能的二维码。

多媒体技术

实例 036 自动播放的 MP3 播放器

实例说明

在日常生活中，音乐是一种不可缺少的“精神食粮”，平时我们可以听到各种流派的歌曲，在软件市场上有各式各样的 MP3 播放器。本实例实现一个具有自动播放功能的 MP3 播放器，用户不用逐一添加歌曲，只需单击“添加播放列表”按钮将歌曲添加到播放列表中，单击“播放”按钮即可播放美妙的歌曲，此播放器会顺次地播放每一首歌曲。实例运行结果如图 4.1 所示。

图 4.1　自动播放的 MP3 播放器

技术要点

本实例最主要的地方在于生成播放列表。在生成播放列表的过程中，首先通过一个递归方法扫描用户所选的文件夹，获取满足条件的文件（MP3 文件），然后将这些 MP3 文件的地址添加到播放列表中。

实现过程

01 新建一个项目，将其命名为 AutomaticPlayImplement，默认主窗体为 Form1。

02 Form1 窗体主要用到的控件及说明如表 4.1 所示。

表 4.1 Form1 窗体主要用到的控件及说明

控件类型	控件名称	说明
AxWindowsMediaPlayer	AxWindowsMediaPlayer1	播放多媒体文件
Button	button1	执行添加多媒体文件到播放列表操作
	button2	执行播放多媒体文件操作
ListBox1	listBox1	显示播放列表

03 主要代码。

自定义 GetAllFiles 方法，遍历文件并添加文件至播放列表。代码如下：

```
01  public void GetAllFiles(DirectoryInfo dir)
02  {
03      this.listBox1.Items.Clear(); // 清空 listBox1 中的原有内容
04      FileSystemInfo[] fileinfo = dir.GetFileSystemInfos();// 定义 FileSystemInfo 数组
05      foreach(FileSystemInfo i in fileinfo)// 循环遍历数组 fileinfo 中的每一条记录
06      {
07          if(i is DirectoryInfo)// 当 i 在 DirectoryInfo 中时
08          {
09              GetAllFiles((DirectoryInfo)i);// 获取 i 中的所有文件
10          }
11          else// 当 i 在 DirectoryInfo 中不存在时
12          {
13              string str = i.FullName;// 记录 i 的全名
14              int b = str.LastIndexOf("\\");// 报告字符串在指定的实例内的最后一个匹配项的索引
15              string strbbb = str.Substring(b + 1);// 从此实例检索子字符串
16              if (strbbb.Substring(strbbb.Length - 3) == "mp3")// 当截取的字符串为 mp3 时
17              {
18                  this.listBox1.Items.Add(str.Substring(b + 1));// 向 listBox1 中添加内容
19                  WC = new WMPLib.WindowsMediaPlayerClass();// 添加播放列表
20                  MC = WC.newMedia(str);// 为指定文件生成一个新的多媒体文件
21                  this.axWindowsMediaPlayer1.currentPlaylist.appendItem(MC);
                                                 // 向当前播放列表中添加内容
22              }
23          }
24      }
25  }
```

单击“添加播放列表”按钮调用自定义方法 GetAllFiles，将目标文件中的 MP3 文件添加到 ListBox 控件中。代码如下：

```
01  private void button2_Click(object sender, EventArgs e)
02  {
03      if(MC != null)                                  // 当当前播放列表中存在歌曲时
04          this.axWindowsMediaPlayer1.Ctlcontrols.play();  // 播放多媒体文件
05      else                                            // 当当前播放列表中不存在歌曲时
06          MessageBox.Show("请添加文件列表");          // 弹出提示信息
07  }
```

举一反三

根据本实例，读者可以实现以下功能。

◇ 自动获取本机指定位置的所有音频文件。

◇ 随机播放列表中的音频文件。

实例 037 播放 GIF 动画

实例说明

GIF 是流行于互联网上的一种较为特殊的文件格式，即图像交换格式（Graphics Interchange Format），此种文件格式具有以下几个特点。

（1）只支持 256 色以内的图像。

（2）采用无损压缩存储，在不影响图像质量的情况下，可以生成很小的文件。

（3）支持透明色，可以使图像浮现在背景之上。

（4）可以制作动画，这是最突出的一个特点。

在实际应用中一般都使用动画的 GIF 文件。本实例设计一个 GIF 动画播放软件。实例运行结果如图 4.2 所示。

图 4.2　播放 GIF 动画

技术要点

本实例主要通过 ImageAnimator 类实现播放 GIF 动画。下面详细介绍 ImageAnimator 类的常用方法。

（1）Animate 方法。该方法用于将多帧图像转化为动画。其语法如下：

```
public static void Animate(Image image, EventHandler onFrameChangedHandler)
```

参数说明如下。

◇ image：要动画处理的 Image 对象。

◇ onFrameChangedHandler：一个 EventHandler 对象，指定在动画帧发生更改时调用的方法。

◇ 返回值：此方法无返回值。

（2）CanAnimate 方法。该方法返回一个 bool 值，用来指示图像中是否包含基于时间的帧。其语法如下：

```
public static bool CanAnimate(Image image )
```

参数说明如下。

◇ image：要测试的 Image 对象。

◇ 返回值：如果指定图像中包含基于时间的帧，返回 true，否则返回 false。

（3）StopAnimate 方法。该方法用于停止正在播放的动画。其语法如下：

```
public static void StopAnimate(Image image, EventHandler onFrameChangedHandler)
```

参数说明如下。

◇ image：要停止动画处理的 Image 对象。

◇ onFrameChangedHandler：一个 EventHandler 对象，指定在动画帧发生更改时调用的方法。

◇ 返回值：此方法无返回值。

（4）UpdateFrames 方法。该方法用于使帧在当前正被动画处理的所有图像中前移。新帧在下一次呈现图像时绘制。其语法如下：

```
public static void UpdateFrames()
```

（5）UpdateFrames 方法。该方法用于使帧在指定的图像中前移。新帧在下一次呈现图像时绘制。此方法只适用于包含基于时间的帧的图像。其语法如下：

```
public static void UpdateFrames(Image image)
```

参数说明如下。

◇ image：要为其更新帧的 Image 对象。

◇ 返回值：此方法无返回值。

注意：用 AutoPlay 属性播放的 AVI 文件将不断重复，直到将其值设置为 false 为止。

实现过程

01 新建一个项目，将其命名为 PlayGifAnimation，默认主窗体为 Form1。

02 在 Form1 窗体中添加两个 Button 控件，分别用来执行播放和停止播放操作。

03 主要代码。

```
01  Bitmap bitmap = new Bitmap(Application.StartupPath + "\\1.gif");// 创建 Bitmap 对象
02  bool current = false;                        // 初始化一个 bool 型的变量 current
03  public void PlayImage()
04  {
05      if (!current)                            // 当该值为 true 时
06      {
07          // 将多帧图像显示为动画图像
08          ImageAnimator.Animate(bitmap, new EventHandler(this.OnFrameChanged));
09          current = true;                      // 设定 current 的值为 true
10      }
11  }
12  private void OnFrameChanged(object o, EventArgs e)
```

```
13   {
14       this.Invalidate();                    //使控件的整幅图像无效并导致重绘事件
15   }
16   protected override void OnPaint(PaintEventArgs e)
17   {
18       e.Graphics.DrawImage(this.bitmap, new Point(1, 1)); //从指定的位置绘制图像
19       ImageAnimator.UpdateFrames();   //使该帧在当前正被动画处理的所有图像中前移
20   }
21   private void button1_Click(object sender, EventArgs e)
22   {
23       PlayImage();                                //播放
24       ImageAnimator.Animate(bitmap, new EventHandler(this.OnFrameChanged));
                                                     //将多帧图像显示为动画
25   }
26   private void button2_Click(object sender, EventArgs e)
27   {
28       //停止
29       ImageAnimator.StopAnimate(bitmap, new EventHandler(this.OnFrameChanged));
30   }
```

举一反三

根据本实例，读者可以实现以下功能。

◇ 制作一个循环播放的 GIF 文件。

◇ 制作具有自动播放功能的播放器。

实例 038 MP4 文件的合成

实例说明

在平时的工作中，经常会遇到 MP4 文件合成的问题，比如，下载的电影分成了两部分，这时就可以合成一个。本实例将介绍如何使用 C# 实现 MP4 文件的合成功能。实例运行结果如图 4.3 所示。

图 4.3　MP4 文件的合成

技术要点

本实例在合成 MP4 文件时主要使用 FFmpeg 组件。该组件是一套可以用来记录和转换数字音频、视频，并能将其转化为流的开源计算机程序，它最早在 Linux 平台下开发，但它同样也可以在其他操作系统环境中编译运行，包括 Windows、macOS 等。这个项目最早由计算机程序员法布里斯 · 贝拉尔（Fabrice Bellard）发起，2004 年至 2015 年由迈克尔 · 尼德迈尔（Michael Niedermayer）主要负责维护。许多 FFmpeg 组件的开发人员都来自 MPlayer 项目，

而且当前 FFmpeg 组件也是放在 MPlayer 项目组的服务器上的。项目的名称来自 MPEG（Moving Picture Experts Group，动态图像专家组）视频编码标准，前面的“FF”代表“Fast Forward”。

本实例在合成 MP4 文件时，需先将要合成的视频文件转换为 TS 文件，其语法如下：

```
ffmpeg -i MP4文件路径及名称 -vcodec copy -acodec copy -vbsf h264_mp4toannexb TS文件路径及名称
```

上面的语法中，最重要的两个参数分别是“MP4 文件路径及名称”和“TS 文件路径及名称”。

接下来需要将 TS 文件合成一个文件，其语法如下：

```
copy/b ts1.ts + ts2.ts / y 合成后的TS文件
```

最后将合成的 TS 文件转换为 MP4 文件，其语法如下：

```
ffmpeg -i TS文件路径及名称 -acodec copy -vcodec copy -absf aac_adtstoasc MP4文件路径及名称
```

实现过程

01 新建一个项目，默认主窗体为 Form1。

02 在 Form1 窗体中添加两个 TextBox 控件，分别用来显示选择的要合成的视频文件；添加 3 个 Button 控件，分别用来选择要合成的视频文件和执行视频合成操作。

03 主要代码。

```
01  private void button1_Click(object sender, EventArgs e)
02  {
03      string temp = Application.StartupPath + "\\Temp\\";//设置临时文件路径
04      string strMP4 = "";//记录最终MP4文件的路径
05      //转换视频1
06      Change(Application.StartupPath + "\\ffmpeg -i " + textBox1.Text + " -vcodec
            copy -acodec copy -vbsf h264_mp4toannexb " + temp + "begin.ts");
07      //转换视频2
08      Change(Application.StartupPath + "\\ffmpeg -i " + textBox2.Text + " -vcodec
            copy -acodec copy -vbsf h264_mp4toannexb " + temp + "end.ts");
09      button1.Enabled = false;
10      //合成临时文件
11      Change("copy/b " + temp + "begin.ts + " + temp + "end.ts / y " + temp + "combine.ts");
12      strMP4 = temp + "mr.mp4";//记录最终MP4文件的路径
13      if (File.Exists(strMP4))//判断文件是否已经存在
14          File.Delete(strMP4);//如果存在则删除
15      //生成最终的MP4文件
16      Change(Application.StartupPath + "\\ffmpeg -i " + temp + "combine.ts -acodec
            copy -vcodec copy -absf aac_adtstoasc " + strMP4);
17      File.Delete(temp + "combine.ts");//删除临时合成文件
18      File.Delete(temp + "begin.ts");//删除临时视频文件
19      File.Delete(temp + "end.ts");//删除临时视频文件
20      MessageBox.Show("视频合成成功！", "提示", MessageBoxButtons.OK, MessageBoxIcon.
                Information);
21      button1.Enabled = true;
22  }
```

举一反三

根据本实例，读者可以实现以下功能。

◇ 合成多个 MP4 文件。

实例 039 为视频批量添加片头、片尾

实例说明

很多视频都有片头、片尾，用来播放一些公司或者产品的广告，那么这些片头、片尾如何添加到视频中呢？难道需要为每一个视频手动添加片头、片尾吗？答案显然是不可能的。本实例将介绍如何通过 C# 实现为视频批量添加片头、片尾的功能。实例运行结果如图 4.4 所示。

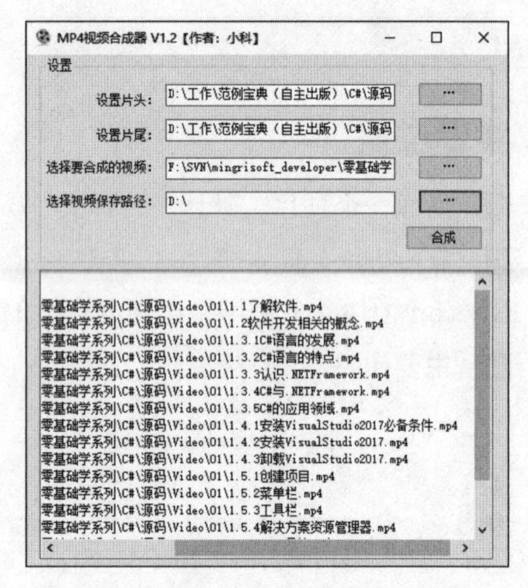

图 4.4　为视频批量添加片头、片尾

技术要点

本实例实现为视频批量添加片头、片尾时，本质上还是 MP4 文件的合成，因此需要使用 FFmpeg 组件。关于如何使用该组件合成 MP4 文件，请参见实例 038。

实现过程

01 新建一个项目，默认主窗体为 Form1。

02 在 Form1 窗体中主要添加两个 Button 控件和一个 PictureBox 控件，分别用来执行上一张、下一张导向操作以及显示图片信息。

03 主要代码。

选择要批量添加片头、片尾的视频时，由于选择的是文件夹路径，因此需要判断文件夹中的文件是不是 MP4 文件，并且判断文件名中间是否有空格，然后将遍历的所有 MP4 文件添加到 ListView 列表中。代码如下：

```
01  private void button3_Click(object sender, EventArgs e)
02  {
03      if (folderBrowserDialog1.ShowDialog() == DialogResult.OK)
04      {
05          listView1.Items.Clear();// 清空文件列表
06          textBox2.Text = folderBrowserDialog1.SelectedPath;// 记录选择路径
07          DirectoryInfo dir = new DirectoryInfo(textBox2.Text);
08          FileSystemInfo[] files = dir.GetFiles();// 获取文件夹中的所有文件
```

```
09          string path = dir.FullName.TrimEnd(new char[] { '\\' }) + "\\";
                                                    //获取文件所在目录
10          string newPath;
11          System.Threading.ThreadPool.QueueUserWorkItem(//使用线程池
12              (P_temp) =>
13              {
14                  foreach (FileInfo file in files)//遍历所有文件
15                  {
16                      newPath = file.FullName;
17                      if (file.Extension.ToLower() == ".mp4")//如果是视频文件
18                      {
19                          if (file.Name.IndexOf(" ") != -1)
20                          {
21                              newPath = path + file.Name.Replace(" ", ""); ;
                                                        //设置更名后的文件的完整路径
22                              File.Copy(file.FullName, newPath, true);
                                                      //将更名后的文件复制到原目录下
23                              File.Delete(file.FullName);//删除原目录下的原始文件
24                          }
25                          listView1.Items.Add(newPath);//显示文件列表
26                      }
27                  }
28              });
29      }
30  }
```

所有设置完成后，单击“合成”按钮，使用FFmpeg组件为ListView列表中的所有MP4文件添加片头、片尾，并将其保存到设置好的路径下。代码如下：

```
01  private void button1_Click(object sender, EventArgs e)
02  {
03      string temp = Application.StartupPath + "\\Temp\\";//设置临时文件路径
04      string strMP4 = "";//记录最终MP4文件的路径
05      //转换临时片头
06      Change(Application.StartupPath + "\\ffmpeg -i " + textBox1.Text + " -vcodec
            copy -acodec copy -vbsf h264_mp4toannexb " + temp + "begin.ts");
07      //转换临时片尾
08      Change(Application.StartupPath + "\\ffmpeg -i " + textBox3.Text + " -vcodec
            copy -acodec copy -vbsf h264_mp4toannexb " + temp + "end.ts");
09      System.Threading.ThreadPool.QueueUserWorkItem(//使用线程池
10          (P_temp) =>
11          {
12              button1.Enabled = false;
13              for (int i = 0; i < listView1.Items.Count; i++)//遍历要合成的所有视频
14              {
15                  //将遍历的视频转换为临时视频文件
16                  Change(Application.StartupPath + "\\ffmpeg -i " + listView1.Items[i].
                        Text + " -vcodec copy -acodec copy -
                        vbsf h264_mp4toannexb " + temp + "temp.ts");
17                  Change("copy/b " + temp + "begin.ts + " + temp + "temp.ts + " +
                        temp + "end.ts / y " + temp + "combine.ts"); //合成临时文件
18                  strMP4 = textBox4.Text.TrimEnd(new char[] { '\\' }) + "\\" +
                        new FileInfo(listView1.Items[i].Text).Name;//记录最终MP4文件的路径
```

```
19                 if (File.Exists(strMP4))// 判断文件是否已经存在
20                     File.Delete(strMP4);// 如果存在则删除
21                 // 生成最终的 MP4 文件
22                 Change(Application.StartupPath + "\\ffmpeg -i " + temp + "combine.ts
                       -acodec copy -vcodec copy -absf aac_adtstoasc " + strMP4);
23                 File.Delete(temp + "temp.ts");// 删除临时视频文件
24                 File.Delete(temp + "combine.ts");// 删除临时合成文件
25             }
26             File.Delete(temp + "begin.ts");// 删除临时片头文件
27             File.Delete(temp + "end.ts");// 删除临时片尾文件
28             MessageBox.Show("视频合成成功! ", "提示", MessageBoxButtons.OK,
                       MessageBoxIcon.Information);
29             button1.Enabled = true;
30         });
31     }
```

举一反三

根据本实例，读者可以实现以下功能。

◇ 实现开机提示程序。

◇ 设置开机提示音乐。

第5章

文件系统

实例040 生成随机文件名或文件夹名

实例说明

在实际开发中，如果要创建的文件名或文件夹名不确定，可以随机生成一个文件名或文件夹名。本实例使用 C# 实现以上功能。实例运行结果如图 5.1 所示。

图 5.1 生成随机文件名或文件夹名

技术要点

本实例实现时主要用到 Guid 结构的 NewGuid 方法，下面对其进行详细讲解。

Guid 结构表示全局唯一标识符（Globally Unique Identifier，GUID），其 NewGuid 方法用来初始化 Guid 结构的一个新实例，该方法语法如下：

```
public static Guid NewGuid()
```

返回值为新的 Guid 对象。

实现过程

01 新建一个项目，将其命名为 RandomFileName。

02 更改默认窗体 Form1 的 Name 属性为 Frm_Main，在该窗体中添加两个 Button 控件，分别用来以随机名创建文件和文件夹。

03 主要代码。

```
01    private void btn_file_Click(object sender, EventArgs e)
02    {
03        FolderBrowserDialog P_FolderBrowserDialog =new FolderBrowserDialog();
                                                          //创建文件夹对话框对象
04        if(P_FolderBrowserDialog.ShowDialog()==DialogResult.OK)//判断是否选择文件夹
05        {
06            File.Create(P_FolderBrowserDialog.SelectedPath + "\\" +//根据Guid结构生成文件名
07                Guid.NewGuid().ToString()+ ".txt");
08        }
09    }
10    private void btn_Directory_Click(object sender, EventArgs e)
11    {
12        FolderBrowserDialog P_FolderBrowserDialog = new FolderBrowserDialog();
                                                          //创建文件夹对话框对象
13        if(P_FolderBrowserDialog.ShowDialog() == DialogResult.OK)//判断是否选择文件夹
14        {
15            Directory.CreateDirectory(P_FolderBrowserDialog.SelectedPath + "\\" + Guid.
                              NewGuid().ToString());//根据Guid结构生成文件夹名
16        }
17    }
```

举一反三

根据本实例，读者可以实现以下功能。

◇ 根据日期自动创建文件夹。

◇ 保存文件到自动创建的文件夹。

实例 041 根据日期和时间动态建立文件

实例说明

本实例主要实现根据当前日期和时间创建文件的功能。运行本实例，单击“根据系统日期和时间建立文件”按钮，以当前日期和时间为名称在指定位置创建一个文件。实例运行结果如图 5.2 所示。创建的文件名称如图 5.3 所示。

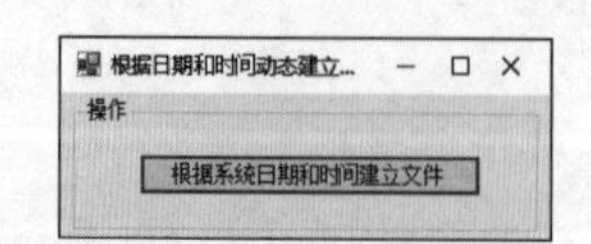

图 5.2 根据日期和时间动态建立文件

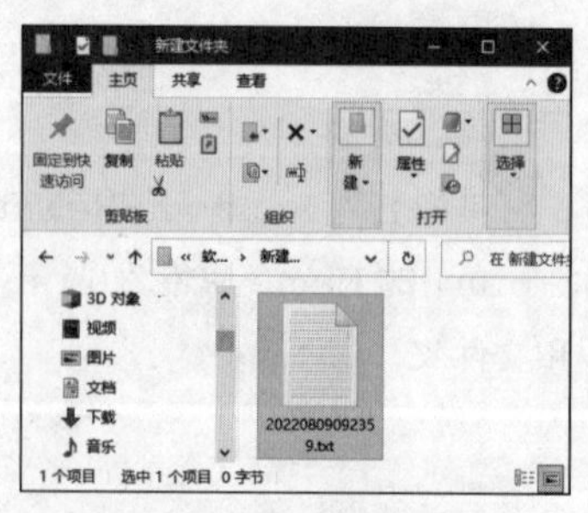

图 5.3 创建的文件名称

技术要点

本实例实现时，首先需要使用DateTime结构的Now属性获取系统当前日期和时间，并对获取到的日期和时间进行格式化，然后使用File类的Create方法创建文件。下面对本实例中用到的关键技术进行详细讲解。

DateTime结构表示时间上的一刻，通常以日期和当天的时间表示，其Now属性用来获取一个DateTime对象，该对象设置为此计算机上的当前日期和时间，表示为本地时间。本实例中使用DateTime结构的Now属性获取系统当前日期和时间之后，调用ToString方法对其进行格式化。代码如下：

```
string strName = DateTime.Now.ToString("yyyyMMddhhmmss");    //对当前日期和时间进行格式化
```

说明：本实例中将当前日期和时间格式化为“20220809092359”格式，其中2022表示年份，08表示月份，第一个09表示天数，第二个09表示时钟，23表示分钟，59表示秒。

File类的Create方法用来在指定路径中创建文件，该方法为可重载方法，本实例中用到的该方法的重载形式如下：

```
public static FileStream Create(string path)
```

参数说明如下。

◇ path：要创建的文件的路径及名称。

◇ 返回值：一个FileStream对象，它提供对path中指定的文件的读写访问。

实现过程

01 新建一个Windows应用程序，将其命名为CreateFile。

02 更改默认窗体Form1的Name属性为Frm_Main，在该窗体中添加一个Button控件，用来根据当前日期和时间动态地创建文件。

03 主要代码。

```
01    private void btn_Create_Click(object sender, EventArgs e)
02    {
03        FolderBrowserDialog P_FolderBrowserDialog = new FolderBrowserDialog();
                                                          //创建文件夹对话框对象
04        if(P_FolderBrowserDialog.ShowDialog() == DialogResult.OK)//判断是否选择文件夹
05        {
06            File.Create(P_FolderBrowserDialog.SelectedPath + "\\" + DateTime.Now.
                         ToString("yyyyMMddhhmmss") + ".txt");//创建文件
07        }
08    }
```

举一反三

根据本实例，读者可以实现以下功能。

◇ 按星期动态建立文件夹。

◇ 实现每日工作反馈程序。

实例042 清空回收站

实例说明

顾名思义，“回收站”是用来存储垃圾的。在 Windows 操作系统中，回收站是一个存放已删除文件的地方。其实回收站是一个系统文件夹，在 DOS 模式下进入磁盘根目录，执行“dir/a”命令则会看到一个名为 RECYCLED 的文件夹，该文件夹就是回收站。为了防止误删除操作，Windows 操作系统将用户删除的文件先暂存到回收站中，并且删除的文件可以恢复，待确认删除后再将回收站清空即可。本实例将以编程的方式完成清空回收站的工作，为用户清理出一些磁盘空间。实例运行结果如图 5.4 所示。

图 5.4 清空回收站

技术要点

SHEmptyRecycleBin 是一个内核 API 函数，该函数用于清空回收站中的文件，它在 C# 中需要手动引入方法所在的类库。其语法如下：

```
[DllImportAttribute("shell32.dll")]
private static extern  int SHEmptyRecycleBin(IntPtr handle, string root, int flags);
```

参数说明如下。

◇ handle：父窗体句柄。

◇ root：将要清空的回收站的地址，如果为 Null 值则将清空所有驱动器上的回收站。

◇ flags：用于清空回收站的功能参数。

注意：因为调用了 Windows 的 API 函数，所以要添加对 System.Runtime.InteropServices 命名空间的引用。

实现过程

01 新建一个项目，将其命名为 ClearRecycle，默认窗体为 Form1。

02 在 Form1 窗体中添加一个 Button 控件，用于清空回收站。

03 主要代码。

```
01   const int SHERB_NOCONFIRMATION = 0x000001;   //整型常量，表示删除时没有"确认"对话框
02   const int SHERB_NOPROGRESSUI = 0x000002;     //在API中表示不显示删除进度条
03   const int SHERB_NOSOUND = 0x000004;          //在API中表示删除完毕时不播放声音
04   [DllImportAttribute("shell32.dll")]          //声明API函数
05   private static extern int SHEmptyRecycleBin(IntPtr handle, string root, int flags);
06   private void button1_Click(object sender, EventArgs e)
07   {
08       //清空回收站
09       SHEmptyRecycleBin(this.Handle, "", SHERB_NOCONFIRMATION + SHERB_NOPROGRESSUI +
                   SHERB_NOSOUND);
10   }
```

举一反三

根据本实例，读者可以实现以下功能。

◇ 定时清空回收站。

◇ 导入动态连接库中的方法。

实例 043 搜索文件

实例说明

许多杀毒软件，例如瑞星、KV3000 等，一般都是通过检查磁盘中的文件来确定计算机中是否存在病毒。用户在使用这些软件时，会发现这些软件以极快的速度遍历磁盘中的文件，这是如何实现的呢？本实例实现搜索文件的功能。实例运行结果如图 5.5 所示。

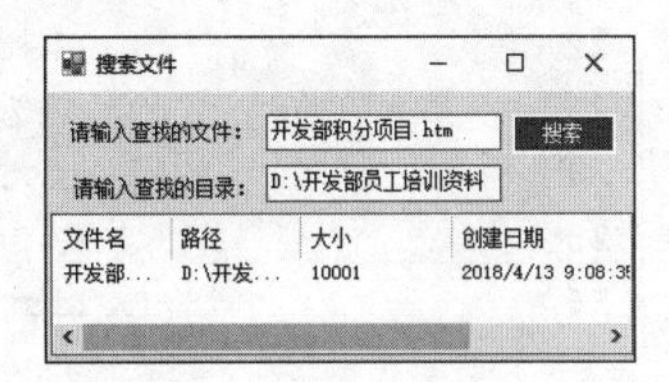

图 5.5 搜索文件

技术要点

其实实现遍历磁盘中的文件并不困难，可以通过 GetFileSystemInfos 方法来实现。首先通过 GetFileSystemInfos 方法取得目录中所有子目录和文件的强类型，如果找到的是文件就通过 FileInfo 类实例化一个文件对象，判断文件是否是将要查找的文件；如果找到的是文件夹，则继续遍历该文件夹（通过递归）。

GetFileSystemInfos 方法返回 DirectoryInfo 类型的实例包含的文件或目录。其语法如下：

```
public FileSystemInfo[] GetFileSystemInfos()
```

返回值为 FileSystemInfo[]，表示强类型 FileSystemInfo 项的数组。

注意： 因为使用了 DirectoryInfo 类，所以要添加对 System.IO 命名空间的引用。

实现过程

01 新建一个项目，将其命名为 SearchFile，默认窗体为 Form1。

02 在 Form1 窗体中添加两个 Label 控件用于显示文本信息，添加一个 Button 控件用于搜索，添加两个 TextBox 控件用于输入，添加一个 ListBox 控件用于显示文件的详细信息。

03 主要代码。

```
01   private void button1_Click(object sender, EventArgs e)
02   {
03       listView1.Items.Clear();
04       SearchFile(textBox2.Text);// 调用自定义方法搜索文件
```

```
05    }
06    //自定义方法，用于在指定的文件夹下搜索文件
07    public void SearchFile(string fileDirectory)
08    {
09        DirectoryInfo dir = new DirectoryInfo(fileDirectory);//创建文件夹对象
10        FileSystemInfo[] f = dir.GetFileSystemInfos();//获取文件夹下的文件
11        foreach (FileSystemInfo i in f)//对指定的文件夹进行遍历
12        {
13            if(i is DirectoryInfo)//如果是文件夹
14            {
15                SearchFile(i.FullName);//递归调用
16            }
17            else
18            {
19                if(i.Name == textBox1.Text)//如果等于指定的文件名
20                {
21                    FileInfo fin = new FileInfo(i.FullName);//实例化FileInfo类
22                    listView1.Items.Add(fin.Name);//为listView1添加文件的名称
23                    //为listView1添加文件的路径
24                    listView1.Items[listView1.Items.Count - 1].SubItems.Add(fin.FullName);
25                    //为listView1添加文件的大小
26                    listView1.Items[listView1.Items.Count - 1].SubItems.Add(fin.Length.
                          ToString());
27                    //为listView1添加文件的创建日期
28                    listView1.Items[listView1.Items.Count - 1].SubItems.Add
                          (fin.CreationTime.ToString());
29                }
30            }
31        }
32    }
```

举一反三

根据本实例，读者可以实现以下功能。

◇ 提取指定磁盘中的目录和文件到数据库。

◇ 遍历指定磁盘中的所有目录和文件。

实例044 修改文件属性

实例说明

Windows 系统中，每个文件都有一些由系统定义的属性，包括只读、隐藏、存档等。在 Windows 系统中，用户可以更改这些属性。但是有些文件的属性不能随意更改，例如 C:\Command.com 文件。

该文件的只读属性不允许更改，因为它是一个系统文件，具有系统属性。本实例将设计一个专门用于修改文件属性的应用软件，可以随意修改任何文件的属性。实例运行结果如图 5.6 所示。

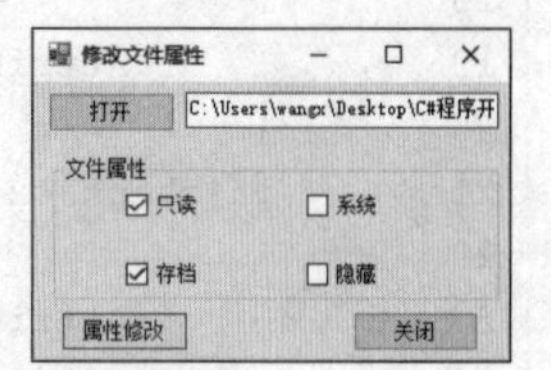

图 5.6 修改文件属性

技术要点

FileInfo 类提供 Attributes 属性，该属性用于获取和设置文件的属性。其语法如下：

```
public FileAttributes Attributes { get; set; }
```

属性值为 FileAttributes 值之一。FileAttributes 值的常用枚举成员及说明如表 5.1 所示。

表 5.1 FileAttributes 值的常用枚举成员及说明

常用枚举成员	说明
ReadOnly	只读属性
Hidden	隐藏属性
System	系统属性
Archive	存档属性

注意：因为使用了 FileInfo 类，所以要添加对 System.IO 命名空间的引用。

实现过程

01 新建一个项目，将其命名为 UpdateFileAttribute，默认窗体为 Form1。

02 在 Form1 窗体中添加 1 个 OpenFileDialog 控件，用来显示“打开文件”对话框；添加 1 个 TextBox 控件，用来显示打开的文件的完整路径；添加 4 个 CheckBox 控件，用来让用户选择文件的属性；添加 3 个 Button 控件，分别用来打开文件、修改属性和关闭窗体。

03 主要代码。

```
01  private void button1_Click(object sender, EventArgs e)
02  {
03      this.openFileDialog1.ShowDialog();//"打开文件"对话框
04      textBox1.Text = openFileDialog1.FileName;//显示选择的文件的路径和名称
05  }
06  private void button2_Click(object sender, EventArgs e)
07  {
08      System.IO.FileInfo f = new System.IO.FileInfo(textBox1.Text);//实例化FileInfo类
09      if(checkBox1.Checked == true)//如果文件为只读
10      {
11          f.Attributes = System.IO.FileAttributes.ReadOnly;//设置文件为只读属性
12      }
13      if(checkBox2.Checked == true)//如果文件为系统
14      {
15          f.Attributes = System.IO.FileAttributes.System;//设置文件为系统属性
16      }
17      if(checkBox3.Checked == true)//如果文件为存档
```

```
18        {
19            f.Attributes = System.IO.FileAttributes.Archive;// 设置文件为存档属性
20        }
21        if(checkBox4.Checked == true) // 如果文件为隐藏
22        {
23            f.Attributes = System.IO.FileAttributes.Hidden;// 设置文件为隐藏属性
24        }
25    }
```

举一反三

根据本实例，读者可以实现以下功能。

◇ 批量修改指定文件的属性。

◇ 获取指定文件的属性。

实例 045 获取应用程序所在目录

实例说明

应用程序中的报表等文件要使用相对路径，如果使用绝对路径，那么用户移动应用程序后应用程序将会出错，这时就需要获取应用程序所在目录，设置报表等文件的路径为相对路径。本实例实现获取应用程序所在目录的功能。实例运行结果如图 5.7 所示。

图 5.7　获取应用程序所在目录

技术要点

Application 类的 StartupPath 属性用于获取当前目录（该进程从中启动的目录）的完全限定路径。其语法如下：

```
public static string StartupPath { get; }
```

属性值为启动了应用程序的可执行文件的路径。

实现过程

01 新建一个项目，将其命名为 GetCurrentDirectory，默认窗体为 Form1。

02 在 Form1 窗体中添加一个 Button 控件，用来获取应用程序所在目录；添加一个 TextBox 控件，用来显示目录。

03 主要代码。

```
01    private void button1_Click(object sender, EventArgs e)
02    {
```

```
03        textBox1.Text=Application.StartupPath;//获取应用程序启动目录
04    }
```

举一反三

根据本实例，读者可以实现以下功能。

◇ 设计自动识别 Access 数据库的程序。

◇ 以程序所在目录为基础，设置其他文件路径为相对路径。

实例 046 使用 FileStream 类复制文件

实例说明

使用 FileStream 类复制文件，实际上就是将文件以流的方式进行复制。运行本实例，选择源文件路径、目的文件路径，单击“复制”按钮即可复制文件。实例运行结果如图 5.8 所示。

技术要点

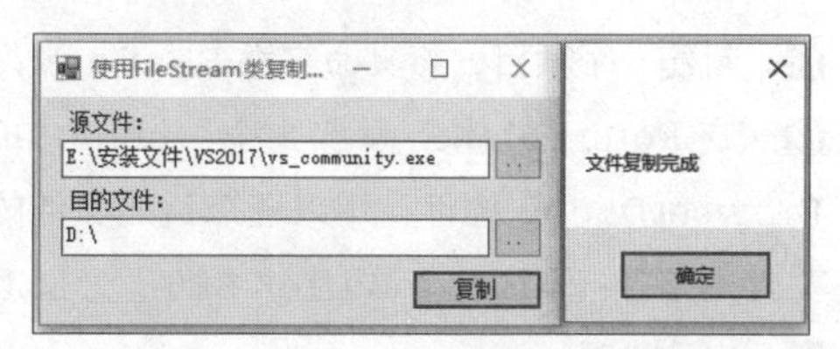

图 5.8　使用 FileStream 类复制文件

本实例使用 FileStream 类将文件以指定的文件流大小进行分割，然后在指定的位置创建一个同名的空文件，将分割后的文件流追加到空文件中，以实现文件的复制。该类公开以文件为主的 Stream 对象，它表示在磁盘或网络路径上指向文件的流。一个 FileStream 类的实例实际上代表一个磁盘文件，它通过 Seek 方法进行对文件的随机访问，也同时包含流的标准输入、标准输出、标准错误等。FileStream 类默认对文件的打开方式是同步的，但它同样很好地支持异步操作。下面分别介绍 FileStream 类的常用属性及方法。

（1）FileStream 类的常用属性。FileStream 类的常用属性及说明如表 5.2 所示。

表 5.2　FileStream 类的常用属性及说明

属性	说明
CanRead	获取一个值，该值指示当前流是否支持读取
CanSeek	获取一个值，该值指示当前流是否支持查找
CanTimeout	获取一个值，该值指示当前流是否可以超时
CanWrite	获取一个值，该值指示当前流是否支持写入
IsAsync	获取一个值，该值指示 FileStream 是异步的还是同步打开的
Length	获取用字节表示的流长度
Name	获取传递给构造函数的 FileStream 的名称
Position	获取或设置此流的当前位置
ReadTimeout	获取或设置一个值，该值确定流在超时前尝试读取多长时间
WriteTimeout	获取或设置一个值，该值确定流在超时前尝试写入多长时间

（2）FileStream 类的常用方法。FileStream 类的常用方法及说明如表 5.3 所示。

表 5.3　FileStream 类的常用方法及说明

方法	说明
BeginRead	开始异步读操作
BeginWrite	开始异步写操作
Close	关闭当前流并释放与之关联的所有资源
EndRead	等待挂起的异步读取完成
EndWrite	结束异步写入，在 I/O 操作完成之前一直阻止
Lock	允许读取访问的同时防止其他进程更改 FileStream
Read	从流中读取字节块并将该数据写入给定缓冲区中
ReadByte	从文件中读取一个字节，并将读取位置提升一个字节
Seek	将该流的当前位置设置为给定值
SetLength	将该流的长度设置为给定值
Unlock	允许其他进程访问以前锁定的某个文件的全部或部分
Write	使用从缓冲区读取的数据将字节块写入该流
WriteByte	将一个字节写入文件流的当前位置

注意：在使用 FileStream 类时，必须引用 System.IO 命名空间。

实现过程

01 新建一个项目，将其命名为 FileCopy，默认窗体为 Form1。

02 在 Form1 窗体上添加 1 个 OpenFileDialog 控件，用来选择源文件的路径；添加 1 个 FolderBrowserDialog 控件，用来选择目的文件的路径；添加 2 个 TextBox 控件分别用来显示源文件与目的文件的路径；添加 3 个 Button 控件，分别用来选择源文件和目的文件的路径以及实现文件的复制功能。

03 主要代码。

```
01   FileStream FormerOpen;// 实例化 FileStream 类
02   FileStream ToFileOpen;
03   /// <summary>
04   /// 文件的复制
05   /// </summary>
06   /// <param FormerFile="string"> 源文件路径 </param>
07   /// <param toFile="string"> 目的文件路径 </param>
08   /// <param SectSize="int"> 传输大小 </param>
09   public void CopyFile(string FormerFile, string toFile, int SectSize)
10   {
11       // 创建目的文件，如果已存在将被覆盖
12       FileStream fileToCreate = new FileStream(toFile, FileMode.Create);
13       fileToCreate.Close();                 // 关闭所有资源
14       fileToCreate.Dispose();               // 释放所有资源
15       FormerOpen = new FileStream(FormerFile, FileMode.Open, FileAccess.Read);
                                               // 以只读方式打开源文件
16       ToFileOpen = new FileStream(toFile, FileMode.Append, FileAccess.Write);
                                               // 以写方式打开目的文件
17       // 根据一次传输的大小，计算传输的个数
18       int FileSize;                         // 要复制的文件的大小
```

```
19        //如果分段复制，即每次复制内容的长度小于文件总长度
20        if(SectSize < FormerOpen.Length)
21        {
22            byte[] buffer = new byte[SectSize];//根据传输的大小，定义一个字节数组
23            int copied = 0;                    //记录传输的大小
24            while(copied <= ((int)FormerOpen.Length - SectSize))   //复制主体部分
25            {
26                FileSize = FormerOpen.Read(buffer,0,SectSize); //从0开始读，每次最大读SectSize
27                FormerOpen.Flush();            //清空缓存
28                ToFileOpen.Write(buffer, 0, SectSize);    //向目的文件写入字节
29                ToFileOpen.Flush();            //清空缓存
30                ToFileOpen.Position = FormerOpen.Position; //使源文件和目的文件流的位置相同
31                copied += FileSize;            //记录已复制的大小
32            }
33            int left = (int)FormerOpen.Length - copied;  //获取剩余大小
34            FileSize = FormerOpen.Read(buffer, 0, left); //读取剩余的字节
35            FormerOpen.Flush();                //清空缓存
36            ToFileOpen.Write(buffer, 0, left);//写入剩余的部分
37            ToFileOpen.Flush();                //清空缓存
38        }
39        //如果整体复制，即每次复制内容的长度大于文件总长度
40        else
41        {
42            byte[] buffer = new byte[FormerOpen.Length];              //获取文件的大小
43            FormerOpen.Read(buffer, 0, (int)FormerOpen.Length);  //读取源文件的字节
44            FormerOpen.Flush();                                      //清空缓存
45            ToFileOpen.Write(buffer, 0, (int)FormerOpen.Length); //写入字节
46            ToFileOpen.Flush();          //清空缓存
47        }
48        FormerOpen.Close();              //释放所有资源
49        ToFileOpen.Close();              //释放所有资源
50        MessageBox.Show("文件复制完成");
51    }
```

举一反三

根据本实例，读者可以实现以下功能。

◇ 整理指定目标中的视频文件。

◇ 将C盘指定类型的文件复制到其他盘。

实例047 文本文件的操作

实例说明

文本文件是一种以ASCII形式存储数据的文件，在文件中只能存储一些字符数据，因此这种文件的

移植性和通用性极强，文本文件能够应用在大部分平台上。目前在互联网上较为流行的 XML 文件也是一种文本文件。文本文件的操作非常简单，本实例将讲解如何对文本文件进行操作。在本实例程序中打开一个文本文件并将其输出到窗体中，其结果如图 5.9 所示。

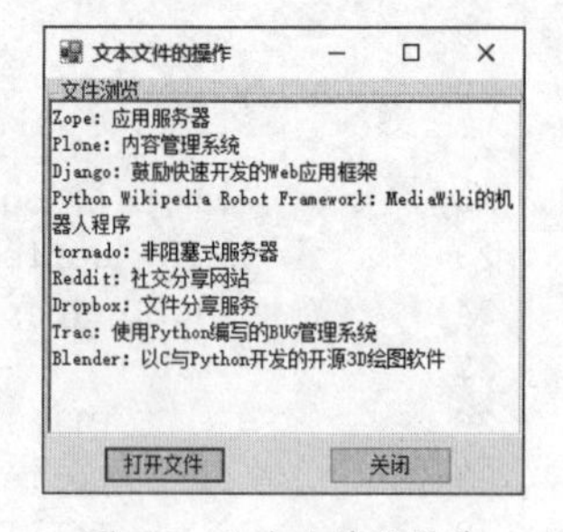

图 5.9　文本文件的操作

技术要点

StreamReader 类以一种特定的编码从字节流中读取字符。除非另外指定，StreamReader 类的默认编码为 UTF-8。通常使用 StreamReader 类读取标准文本文件的各行信息。本实例中使用 StreamReader 类的 ReadToEnd 方法从流的当前位置到末尾读取流。其语法如下：

```
public override string ReadToEnd()
```

返回值为字符串形式的流的其余部分（从当前位置到末尾）。如果当前位置位于流的末尾，则返回空字符串。

文本文件操作过程如下。

（1）声明一个 StreamReader 类的对象并实例化。

（2）使用 ReadToEnd 方法将文件全部读出。

（3）使用 Close 方法关闭已打开的文件。

注意：因为使用了 StreamReader 类，所以要添加对 System.IO 命名空间的引用。

实现过程

01 新建一个项目，将其命名为 OpenFile，默认窗体为 Form1。

02 在 Form1 窗体中添加一个 GroupBox 控件用来为其他控制提供可识别的分组；添加两个 Button 控件，分别用来打开文件和关闭窗体；添加一个 RichTextBox 控件，用来显示文件内容。

03 主要代码。

```
01   private void button1_Click(object sender, EventArgs e)
02   {
03       richTextBox1.Clear();// 清空 richTextBox1 控件
04       openFileDialog1.ShowDialog();//" 打开文件 " 对话框
05       StreamReader sr = new StreamReader(openFileDialog1.FileName,Encoding.
                             Default);// 创建流读取对象
06       richTextBox1.Text = sr.ReadToEnd();// 读取文件的所有内容
07       sr.Close(); // 释放资源
08   }
```

举一反三

根据本实例，读者可以实现以下功能。

◇ 将数据库中的数据保存到文本文件。

◇ 创建一个文本文件。

实例048 判断文件是否正在被使用

实例说明

当程序访问外部文件时，如果被访问的文件正在被其他程序所使用，则程序可能会产生异常并停止运行。因此在对外部文件操作之前最好先进行判断，判断文件是否正在被使用，然后进行其他操作。本实例将介绍如何判断文件是否正在被使用。实例运行结果如图 5.10 所示。

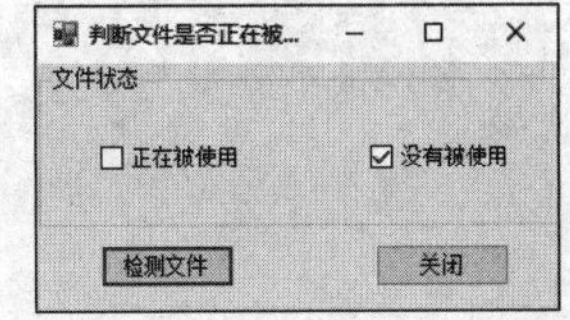

图 5.10　判断文件是否正在被使用

技术要点

在 C# 中使用 File 对象的 Move 方法将一个文件移动到相同的目录，当文件已经被打开或者没有发现指定文件时则产生异常。这表明在没有其他程序访问指定文件时，该文件将被顺利地移动。由此机制便可判断文件是否正在被使用。

实现过程

01 新建一个项目，将其命名为 JudgeFileOpen，默认窗体为 Form1。

02 在 Form1 窗体中添加两个 CheckBox 控件，分别用来显示文件是否正在被使用；添加两个 Button 控件，用来打开文件和关闭窗体；添加一个 OpenFileDialog 控件，用来选择文件。

03 主要代码。

```
01  private void button2_Click(object sender, EventArgs e)
02  {
03      checkBox1.Checked = false;// 没有被选中
04      checkBox2.Checked = true;// 被选中
05      openFileDialog1.ShowDialog();// 打开文件对话框
06      try
07      {
08          System.IO.File.Move(openFileDialog1.FileName, openFileDialog1.FileName);
                                                        // 移动文件
09      }
10      catch// 如果移动文件产生异常则说明文件被打开
11      {
12          checkBox2.Checked = false;// 没有被选中
13          checkBox1.Checked = true;// 被选中
14      }
15  }
```

举一反三

根据本实例，读者可以实现以下功能。

◇ 读取文件数据。

◇ 向文件中写入数据。

◇ 获取系统相关配置信息。

操作系统与 Windows 相关应用

实例 049 定时关闭计算机

实例说明

随着计算机的普及，从事计算机行业的人也在逐渐增多，这些人与计算机接触非常频繁，每次关闭计算机都要通过电源开关或者“开始”菜单中的“关机”命令，而大多数的企业下班时间都是固定的，下班之前的任务是关闭计算机，如果天天都要手动关机，显然这样做就变得很烦琐。通过本实例可以定时自动关闭计算机，使关机变得方便、快捷和智能。实例运行结果如图 6.1 所示，本实例用到的 Access 数据表设计如图 6.2 所示。

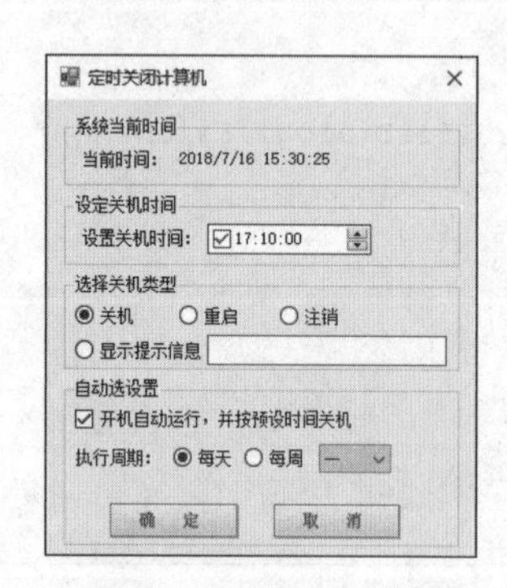

图 6.1　定时关闭计算机

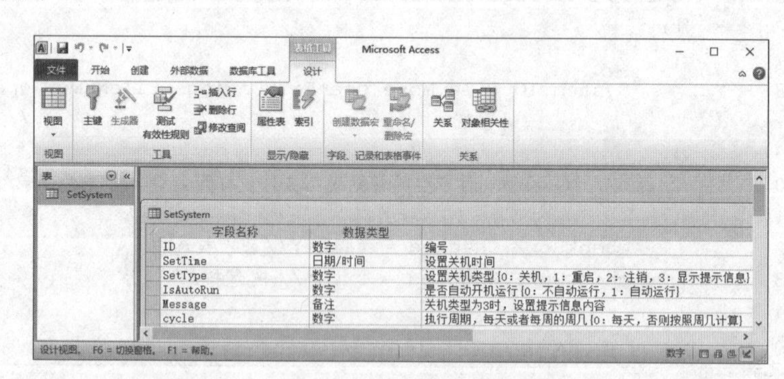

图 6.2　本实例用到的 Access 数据表设计

注意：本实例在 Windows 10 系统上运行时，由于系统本身的安全性问题，可能会提示无法操作相应的注册表项，这时只需要为提示的注册表项添加 everyone 用户的读写权限即可。

技术要点

本实例实现时，首先获取当前的系统时间，并设置关机时间以及关机类型，关机类型包括关机、重启、注销和显示提示信息这 4 种；然后设置关机是每天执行还是一周的某一天执行；最后，通过 Timer 组件不停地读取当前时间是否与设置的关机时间相等，如果相等则执行指定的操作。具体实现时主要用到 API 函数 ExitWindowsEx，下面对该函数进行介绍。

ExitWindowsEx 函数是一个 Windows API 函数，Windows API 函数作为 Windows 操作系统的 DLL，当难以编写等效的过程时，可以用来执行任务。

调用 Windows API 函数时，需要使用 DllImport 属性，该属性位于命名空间 System.Runtime.InteropServices 下。

ExitWindowsEx 函数位于 user32.dll 动态连接库中，主要用来退出 Windows 操作系统，并用特定的选项重新启动。其语法如下：

```
[DllImport("user32.dll", ExactSpelling=true, SetLastError=true) ]
internal static extern bool ExitWindowsEx(int uFlags, int dwReserved);
```

参数说明如下。

◇ uFlags：要执行的操作，其值及说明如表 6.1 所示。

◇ dwReserved：保留值，一般设为 0。

表 6.1　参数 uFlags 的取值及说明

参数值	说明
EWX_FORCE (4)	强迫终止没有响应的进程
EWX_LOGOFF (0)	终止进程，然后注销
EWX_REBOOT (2)	重新引导系统
EWX_SHUTDOWN (1)	关闭系统

实现过程

01 新建一个 Windows 应用程序，将其命名为 TimeCloseComputer。

02 更改默认窗体 Form1 的 Name 属性为 Frm_Main，在该窗体中添加 1 个 DateTimePicker 控件，用来设置关机时间；添加 1 个 TextBox 控件，用来输入提示信息；添加 1 个 CheckBox 控件，用来确定是否开机启动运行；添加 1 个 ComboBox 控件，用来选择星期几执行；添加 6 个 RadioButton 控件，分别用来选择关机、重启、注销、显示提示信息、每天执行和每周执行等操作。

03 主要代码。

Frm_Main 窗体的后台代码中，首先声明程序中使用的API函数、常量以及注销、重启和关机的方法。代码如下：

```
01   [StructLayout(LayoutKind.Sequential, Pack = 1)]
02   internal struct TokPriv1Luid
03   {
04       public int Count;
05       public long Luid;
06       public int Attr;
07   }
08   [DllImport("kernel32.dll", ExactSpelling = true)]
09   internal static extern IntPtr GetCurrentProcess();// 获取当前进程的一个伪句柄
```

```
10   [DllImport("advapi32.dll", ExactSpelling = true, SetLastError = true)]
11   internal static extern bool OpenProcessToken(IntPtr h, int acc, ref IntPtr phtok);
                                                            //打开过程令牌对象
12   [DllImport("advapi32.dll", SetLastError = true)]
13    //返回特权名
14   internal static extern bool LookupPrivilegeValue(string host, string name, ref long pluid);
15   [DllImport("advapi32.dll", ExactSpelling = true, SetLastError = true)]
16   internal static extern bool AdjustTokenPrivileges(IntPtr htok, bool disall,
17     ref TokPriv1Luid newst, int len, IntPtr prev, IntPtr relen);//启用或禁止：指定访问令牌的特权
18   [DllImport("user32.dll", ExactSpelling = true, SetLastError = true)]
19   internal static extern bool ExitWindowsEx(int flg, int rea);//退出 Windows，并用特定的选项重新启动
20   internal const int EWX_LOGOFF = 0x00000000;//终止进程，然后注销
21   internal const int EWX_SHUTDOWN = 0x00000001;//关闭系统
22   internal const int EWX_REBOOT = 0x00000002;//重新引导系统
23   internal const int EWX_FORCE = 0x00000004;//强迫终止没有响应的进程
24   private bool DoExitWin(int flg)//按照指定操作执行 ExitWindowsEx 函数
25   {
26       bool ok;
27       ok = ExitWindowsEx(flg, 0);//根据参数执行 ExitWindowsEx 函数
28       return ok;
29   }
30   private void logout()//注销
31   {
32       ExitWindowsEx(EWX_LOGOFF, 0);//调用 ExitWindowsEx 函数实现注销
33       flag = false;
34       Application.Exit();
35   }
36   private void Shutdown()//关机
37   {
38       DoExitWin(EWX_SHUTDOWN);//调用 ExitWindowsEx 函数实现关机
39       flag = false;
40       Application.Exit();
41   }
42   private void BeginPC()//重启
43   {
44       DoExitWin(EWX_REBOOT); //调用 ExitWindowsEx 函数实现重启
45       flag = false;
46       Application.Exit();
47   }
```

自定义 AddCommand 方法，此方法的主要功能是将设置好的各项参数添加到数据库中，使程序的配置信息能够保存下来。代码如下：

```
01   private void AddCommand()
02   {
03       string settime1;                        //存储设置的关机时间
04       int settype1 = 0, autorun1 = 0;         //关机类型、是否自动运行程序
05       string message1 = "请输入提示信息";      //提示信息
06       int cycle1;                             //存储代表星期几的数字
```

```
07      settime1 = dateTimePicker1.Text;          //获取设置的关机时间
08      if(rbShutDown.Checked)                    //如果关机
09          settype1 = 0;                         //设置 settype1 为 0
10      if(rbBegin.Checked)                       //如果重启
11          settype1 = 1;                         //设置 settype1 为 1
12      if(rbLogout.Checked)                      //如果注销
13          settype1 = 2;                         //设置 settype1 为 2
14      if(rbShowMessage.Checked)
15          settype1 = 3;                         //设置 settype1 为 3
16      if(chbAutoRun.Checked)                    //如果选择开机自动运行
17      {
18          autorun1 = 1;                         //设置 autorun1 为 1
19          autoruns(1);                          // autoruns 方法修改注册表使程序自动运行
20      }
21      else                                      //如果没有选择开机自动运行
22      {
23          autorun1 = 0;                         //设置 autorun1 为 0
24          autoruns(0);                          // autoruns 方法修改注册表禁止程序自动运行
25      }
26      if(rbShowMessage.Checked)                 //如果选择到时间提示信息
27      {
28          if(txtMessage.Text == "")             //判断是否输入提示信息
29          {
30              MessageBox.Show("输入提示信息! ", "警告", MessageBoxButtons.OK,
                        MessageBoxIcon.Warning);
31          }
32          else
33          {
34              message1 = txtMessage.Text.Trim();  //获取提示信息
35          }
36      }
37      if(rbcycleDay.Checked)                          //如果选择每天执行关机
38      {
39          cycle1 = 0;                                 //则将 cycle1 设为 0
40      }
41      else                                            //如果选择每周的星期几执行
42      {
43          cycle1 = cbbWeek.SelectedIndex + 1;         //则获取代表星期几的数字
44      }
45      conn = new OleDbConnection("Provider=Microsoft.ACE.OLEDB.12.0;Datasource=" + strg);
46      conn.Open();                                    //打开连接
47      string strSQL = "";                             //存储 SQL 语句
48      if (judge)                                      //如果存在数据
49      {
50          //执行更新操作
51          strSQL = "update SetSystem set SetTime='" + settime1 + "',SetType='" +
                  settype1 + "',IsAutoRun='" + autorun1 + "',Message='" + message1 + "',
                  cycle='" + cycle1 + "' where ID=1";
52      }
53      else                                           //如果不存在
54      {
55          //执行插入操作
```

```
56          strSQL = "insert into SetSystem(ID,SetTime,SetType,IsAutoRun,Message,
                    cycle) values (1,'" + settime1 + "','" + settype1 + "',
                    '" + autorun1 + "','" + message1 + "','" + cycle1 + "')";
57      }
58      cmd = new OleDbCommand(strSQL, conn);                     //创建 OleDbCommand 实例
59      int k = cmd.ExecuteNonQuery();                            //执行 SQL 语句
60      if(k > 0)                                                 //如果操作成功
61      {
62          if(MessageBox.Show("设置成功") == DialogResult.OK)//弹出提示信息
63          {
64              conn.Close();                                     //关闭连接
65              GetSetInfo();                                     //重新获取信息
66              judge = true;                                     //重设 judge
67              timer1.Start();                                   //启动计时器
68              this.Close();                                     //关闭当前窗体
69          }
70      }
71  }
```

自定义 ExecuteCommand 方法，用于将当前时间与程序设置的时间相比较，如果两个时间相等则执行指定的操作，例如重启、注销或者关机。代码如下：

```
01  private void ExecuteCommand()                     //比较设置的时间与当前时间是否相等
02  {
03      refurbishInfo();                              //从数据库中读取设置的数据
04      string setTime = dateTimePicker1.Text; //获取当前设置的时间
05      string nowTime = DateTime.Now.ToLongTimeString();  //获取当前时间
06      if(setTime.Equals(nowTime))                           //判断两个时间是否相等
07      {
08          switch (settype)                                  //判断操作的类型
09          {
10              case 0: Shutdown(); break;                    //关机
11              case 1: BeginPC(); break;                     //重启
12              case 2: logout(); break;                      //注销
13              case 3:
14                  MessageBox.Show(message, "提示", MessageBoxButtons.OK,
                            MessageBoxIcon.Asterisk);
15                  break;                                    //弹出提示信息
16          }
17      }
18  }
```

为了始终读取当前系统时间，在程序中添加一个 Timer 控件，在该控件的 Tick 事件中，调用 ExecuteCommand 方法，比较当前时间和程序设置的时间是否相等。代码如下：

```
01  private void timer1_Tick(object sender, EventArgs e)
02  {
03      lblNowTime.Text = DateTime.Now.ToString();   //获取当前时间
04      refurbishInfo();                             //获取数据库中设置的信息
05      if (cycle == 0)                              //如果执行的周期为 0，说明是每天执行
06      {
```

```
07            ExecuteCommand();                //执行 ExecuteCommand 方法
08        }
09        else
10        {
11            int nowWeek = DateTime.Now.DayOfWeek.GetHashCode();// 获取当前的周数
12            if (nowWeek == cycle)            //判断与设置是否相等
13            {
14                ExecuteCommand();            //如果相等再执行 ExecuteCommand 方法
15            }
16        }
17    }
```

注意：ExitWindowsEx 函数调用后会立刻返回，系统关闭过程是在后台进行的，注意先终止自己的应用程序，使关闭过程更顺畅。当然，必须有足够的优先权，否则也不能执行这种操作。

举一反三

根据本实例，读者可以实现以下功能。

◇ 强制关闭计算机。

◇ 模仿迅雷的下载完毕自动关机功能。

实例 050 获得硬盘序列号

实例说明

硬盘序列号一般用作软件加密手段，那么硬盘序列号是如何获得的呢？本实例将讲解如何在程序中获得硬盘序列号。实例运行结果如图 6.3 所示。

图 6.3 获得硬盘序列号

技术要点

本实例通过使用 WMI 查询来获取计算机的硬盘序列号。在使用 WMI 查询时，主要用到 ManagementObjectSearcher 类和 ManagementObject 类。下面对这两个类进行详细介绍。

（1）ManagementObjectSearcher 类。在实例化该类的实例之后，此类的实例可以接收在 ObjectQuery 或其派生类中表示的 WMI 查询作为输入，并且可以选择接收一个 ManagementScope（表示执行查询时所在的 WMI 命名空间），还可以接收 EnumerationOptions 中的其他高级选项。当调用 ManagementObjectSearcher 对象的 Get 方法时，ManagementObjectSearcher 在指定的范围内执行给定的查询，并返回与 ManagementObjectCollection 中的查询匹配的管理对象的集合。ManagementObjectSearcher 类的常用属性或方法及说明如表 6.2 所示。

表 6.2　ManagementObjectSearcher 类的常用属性或方法及说明

属性或方法	说明
Options（属性）	获取或设置有关如何搜索对象的选项
Query（属性）	获取或设置要在搜索器中调用的查询（搜索管理对象时要应用的条件）
Scope（属性）	获取或设置要在其中查找对象的范围（该范围表示一个 WMI 命名空间）
Get（方法）	调用指定的 WMI 查询并返回结果集合

（2）ManagementObject 类。该类表示 WMI 实例，其常用属性及说明如表 6.3 所示。

表 6.3　ManagementObject 类的常用属性及说明

属性	说明
ClassPath	获取或设置对象的类的路径
Item	通过“[]”获取对属性值的访问，此属性是 ManagementBaseObject 类的索引器。用户可以使用由某个类型定义的默认索引属性，但不能显式定义自己的属性。但是，如果在某个类上指定 expando 属性，将自动提供一个类型为 object、索引类型为 string 的默认索引属性
Options	获取或设置检索对象时要使用的其他信息
Path	获取或设置对象的 WMI 路径
Properties	获取描述管理对象属性的 PropertyData 对象的集合
Qualifiers	获取管理对象中定义的 QualifierData 对象的集合。集合中的每个元素均包含限定符名称、值和风格等信息
Scope	获取或设置此对象在其中驻留的范围
SystemProperties	获取管理对象的 WMI 系统属性的集合（例如，类名、服务器和命名空间等）。WMI 系统属性名以“__”开头

ManagementObject 类的常用方法及说明如表 6.4 所示。

表 6.4　ManagementObject 类的常用方法及说明

方法	说明
Clone	创建对象的一个副本
CopyTo	将对象复制到另一个位置
Delete	删除对象
Get	绑定到管理对象
GetPropertyQualifierValue	返回指定的属性限定符的值
GetPropertyValue	获取某属性值的等效访问器
GetQualifierValue	获取指定的限定符的值
GetText	以指定的格式返回对象的文本化表示形式
op_Explicit	提供由 ManagementObject 类表示的内部 WMI 对象
Put	提交对对象所做的更改
SetPropertyQualifierValue	设置指定的属性限定符的值
SetPropertyValue	设置指定属性的值
SetQualifierValue	设置指定的限定符的值

实现过程

01 新建一个 Windows 应用程序，将其命名为“获得硬盘序列号”，默认主窗体为 Form1。

02 在 Form1 窗体中添加一个 Label 控件，用来显示硬盘序列号。

03 主要代码。

```
01  private void Form1_Load(object sender, EventArgs e)
02  {
03      //实例化 ManagementObjectSearcher 对象
04      ManagementObjectSearcher searcher = new ManagementObjectSearcher("SELECT *
                                     FROM Win32_PhysicalMedia");
05      String strHardDiskID = null;
06      //调用 ManagementObjectSearcher 类的 Get 方法取得硬盘序列号
07      foreach(ManagementObject mo in searcher.Get())
08      {
09          strHardDiskID = mo["SerialNumber"].ToString().Trim();
10          break;
11      }
12      label2.Text = strHardDiskID;//显示硬盘序列号
13  }
```

注意：使用 WMI 查询时，需要引用 System.Management 命名空间。

举一反三

根据本实例，读者可以实现以下功能。

◇ 利用硬盘序列号生成注册码。

◇ 利用硬盘序列号与日期信息生成注册码。

实例 051 取消磁盘共享

实例说明

在 Windows 系统中，在局域网中为了更快地复制文件，有时候会设置磁盘共享，但为了安全性，使用完之后一定要及时取消磁盘共享。那么如何通过 C# 程序来取消磁盘共享呢？本实例演示如何在程序中通过 DOS 命令来取消磁盘共享。系统中的默认磁盘共享如图 6.4 所示。实例运行结果如图 6.5 所示。

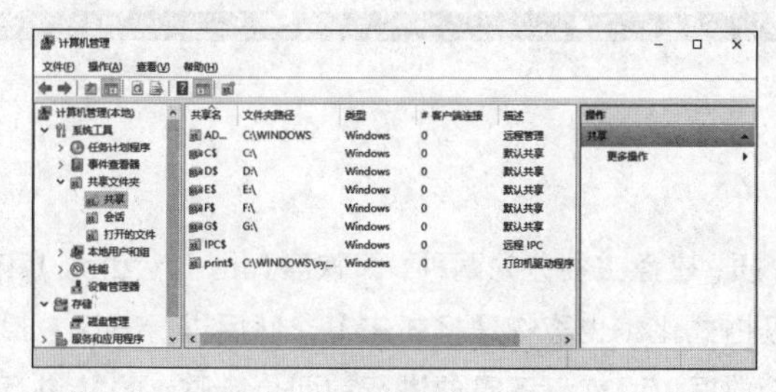

图 6.4 默认磁盘共享

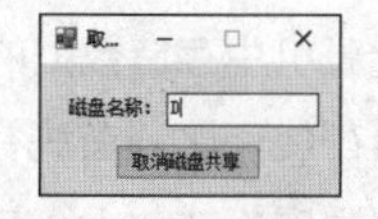

图 6.5 取消磁盘共享

技术要点

本实例在实现取消磁盘共享功能时，使用了 DOS 命令“NET SHARE 盘符 $ /DEL”，调用 DOS 命令需要使用 Process 类。

实现过程

01 新建一个 Windows 应用程序，将其命名为“取消磁盘共享”，默认主窗体为 Form1。

02 在 Form1 窗体中添加一个 TextBox 控件和一个 Button 控件，其中，TextBox 控件用来输入要取消共享的磁盘名称，Button 控件用来执行取消磁盘共享操作。

03 主要代码。

```
01  private void button1_Click(object sender, EventArgs e)
02  {
03      System.Diagnostics.Process myProcess = new System.Diagnostics.Process();
04      myProcess.StartInfo.FileName = "cmd.exe";                 //启动 CMD 命令
05      myProcess.StartInfo.UseShellExecute = false;              //是否使用系统外壳程序启动进程
06      myProcess.StartInfo.RedirectStandardInput = true;   //是否从流中读取
07      myProcess.StartInfo.RedirectStandardOutput = true; //是否写入流
08      myProcess.StartInfo.RedirectStandardError = true;  //是否将错误信息写入流
09      myProcess.StartInfo.CreateNoWindow = true;                //是否在新窗体中启动进程
10      myProcess.Start();//启动进程
11      //执行取消磁盘共享命令
12      myProcess.StandardInput.WriteLine("NET SHARE " + textBox1.Text + "$ /DEL");
13      MessageBox.Show("执行成功", "信息", MessageBoxButtons.OK, MessageBoxIcon.Information);
14  }
```

举一反三

根据本实例，读者可以实现以下功能。

◇ 调用具有外部参数的应用程序。

◇ 自动获取磁盘信息并取消磁盘共享。

◇ 共享一个文件夹。

实例 052 格式化磁盘

实例说明

磁盘是计算机中存储数据的一种主要介质，磁盘主要分为两种，即软盘（floppy disk）和硬盘（hard disk）。硬盘在使用之前首先需要进行低级格式化（也称物理格式化），然后进行分区，最后进行高级格式化（也称逻辑格式化），这样才能存储数据。而软盘不需要进行前两个步骤，直接进行高级格式化后就可以使用。通常硬盘在出厂前已经进行了低级格式化，使用时直接进行分区和高级格式化即可。高级格式化操作能将磁盘中的数据清空，并且能够修正一些逻辑性的磁盘错误，因此会经常使用。本实例将介绍如何使用 C# 实现磁盘的高级格式化操作。实例运行结果如图 6.6 所示。

图 6.6　格式化磁盘

技术要点

本实例主要使用 API 函数 SHFormatDrive 来实现格式化磁盘功能。SHFormatDrive 是 Windows API 提供的一个用于格式化磁盘的函数，该函数位于 shell32.dll 动态连接库中。其语法如下：

```
[DllImport("shell32.dll")]
private static extern int SHFormatDrive(IntPtr hWnd, int drive, long fmtID, int Options);
```

参数说明如下。

◇ hWnd：调用该函数的窗体句柄。

◇ drive：格式化的目标磁盘，从 0 开始。

◇ fmtID：格式化 ID。

◇ Options：格式化选项。

实现过程

01 新建一个 Windows 应用程序，将其命名为“格式化磁盘”，默认主窗体为 Form1。

02 在 Form1 窗体中添加一个 ComboBox 控件和一个 Button 控件。其中，ComboBox 控件用来显示磁盘列表，Button 控件用来执行格式化磁盘操作。

03 主要代码。

```
01  [DllImport("shell32.dll")]
02  private static extern int SHFormatDrive(IntPtr hWnd, int drive, long fmtID,
                                                 int Options);
03  public const long SHFMT_ID_DEFAULT = 0xFFFF;
04  private void button1_Click(object sender, EventArgs e)
05  {
06      try
07      {
08          //调用 API 函数 SHFormatDrive 执行格式化磁盘操作
09          SHFormatDrive(this.Handle, comboBox1.SelectedIndex, SHFMT_ID_DEFAULT, 0);
10          MessageBox.Show("格式化完成", "信息", MessageBoxButtons.OK,
                       MessageBoxIcon.Information);
11      }
12      catch
13      {
14          MessageBox.Show("格式化失败", "信息", MessageBoxButtons.OK,
                       MessageBoxIcon.Information);
15      }
16  }
```

举一反三

根据本实例，读者可以实现以下功能。

◇ 格式化软盘。

◇ 定时格式化磁盘。

实例 053 将计算机设置为休眠状态

实例说明

将计算机设置为休眠状态，计算机会切换到低功耗的待机状态。当计算机处于待机状态时，一些设备将被关闭，计算机可消耗更少的功率。当按计算机的电源键时，计算机会恢复到休眠之前的状态。实例运行结果如图 6.7 所示。

图 6.7　将计算机设置为休眠状态

技术要点

本实例主要通过 Application 类的 SetSuspendState 方法实现休眠计算机的功能。该方法用于挂起系统或使系统休眠，或者请求系统挂起或休眠。其语法如下：

```
public static bool SetSuspendState(PowerState state,bool force,bool disableWakeEvent)
```

参数说明如下。

◇ state：指示要转换到的目标电源活动模式的 PowerState 电源状态。

◇ force：如果要立即强制挂起模式则为 true，如果要使 Windows 系统向每个应用程序发送挂起请求则为 false。

◇ disableWakeEvent：为 true 时可在发生唤醒事件时禁止将系统的电源状态恢复为活动状态，为 false 时可在发生唤醒事件时允许将系统的电源状态恢复为活动状态。

◇ 返回值：如果正在挂起该系统则为 true，否则为 false。

实现过程

01 新建一个 Windows 应用程序，将其命名为“将计算机设置为休眠状态”，默认主窗体为 Form1。

02 在 Form1 窗体中添加一个 Button 控件，用来执行休眠计算机操作。

03 主要代码。

```
01   private void button1_Click(object sender, EventArgs e)
02   {
03       if(MessageBox.Show("确定要休眠计算机吗？") == DialogResult.OK)
04       {
05           //调用 SetSuspendState 方法休眠计算机
```

```
06            Application.SetSuspendState(PowerState.Hibernate,true,true);
07        }
08    }
```

举一反三

根据本实例，读者可以实现以下功能。

◇ 定时休眠计算机。

实例 054 禁用或启用 Windows 任务管理器

实例说明

通过 Windows 任务管理器可以查看系统正在运行的进程和打开的窗体，在 Windows 任务管理器中可以结束某个正在运行的进程。有时，为了提高 Windows 系统的安全性，会禁用 Windows 任务管理器。通过本实例可以禁用或启用 Windows 任务管理器。实例运行结果如图 6.8 所示。

技术要点

图 6.8 禁用或启用 Windows 任务管理器

本实例主要对注册表进行读写操作。首先确定根键（HKEY_CURRENT_USER 和 HKEY_LOCAL_MACHINE），通过根键实例化 RegistryKey 类的一个对象。然后设置 Software\ Microsoft\Windows\CurrentVersion\policies\system 下的 DisableTaskMgr 键值，启用 Windows 任务管理器只需将值设为 0，禁用 Windows 任务管理器只需将值设为 1。

实现过程

01 新建一个 Windows 应用程序，将其命名为“禁用或启用 Windows 任务管理器”，默认主窗体为 Form1。

02 在 Form1 窗体中添加两个 Button 控件，分别用来禁用 Windows 任务管理器和启用 Windows 任务管理器。

03 主要代码。

```
01    private void button1_Click(object sender, EventArgs e)
02    {
03        RegistryKey mreg;                          //创建 RegistryKey 对象
04        mreg = Registry.LocalMachine;              //实例化 RegistryKey 对象
05        //打开或创建一个子项用于进行写访问
```

```
06        mreg = mreg.CreateSubKey(@"Software\Microsoft\Windows\CurrentVersion\policies\
                      system");
07        mreg.SetValue("DisableTaskMgr", 1);  //设置属性值
08        mreg.Close();                        //关闭对象
09        mreg = Registry.CurrentUser;         //实例化 RegistryKey 对象
10        //打开或创建一个子项用于进行写访问
11        mreg = mreg.CreateSubKey(@"Software\Microsoft\Windows\CurrentVersion\policies\
                      system");
12        mreg.SetValue("DisableTaskMgr", 1);  //设置属性值
13        mreg.Close();                        //关闭对象
14        if(MessageBox.Show("设置完毕! ") == DialogResult.OK) //提示设置成功
15        {
16            RefreshSystem();                 //自定义的方法使注册表修改生效
17        }
18    }
```

举一反三

根据本实例，读者可以实现以下功能。

◇ 限制用户操作系统进程。

◇ 开发系统优化程序。

实例 055 设置系统时间

实例说明

在操作计算机过程中，通常是通过系统任务栏时间来了解当前的时间的。有时可能因为某种原因而导致系统任务栏时间不准。通过本实例可以非常方便地设置系统任务栏的时间。实例运行结果如图 6.9 所示。

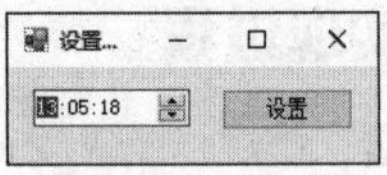

图 6.9 设置系统时间

技术要点

本实例的技术要点是更改系统时间。在开发过程中通过 API 函数 SetSystemTime 设置系统时间，从而实现设置任务栏时间的功能。其语法如下：

```
[DllImport("kernel32.dll", CharSet = CharSet.Ansi)]
public extern static bool SetSystemTime(ref SYSTEMTIME time);
```

参数说明如下。

◇ lpSystemTime：SYSTEMTIME 结构，这个结构指定了新的地方时间。此结构如下：

```
01    [StructLayout(LayoutKind.Sequential)]
02    public struct SYSTEMTIME
03    {
04        public short Year;//年
05        public short Month;//月
06        public short DayOfWeek;//一周第几天
07        public short Day;//日
08        public short Hour;//小时
09        public short Minute;//分
10        public short Second;//秒
11        public short Miliseconds;//毫秒
12    }
```

实现过程

01 新建一个Windows应用程序，将其命名为“设置系统时间”，默认主窗体为Form1。

02 在Form1窗体中添加一个DateTimePicker控件和一个Button控件，其中，DateTimePicker控件用来选择时间，Button控件用来设置选择的时间。

03 主要代码。

```
01     private void button1_Click(object sender, EventArgs e)
02     {
03         SYSTEMTIME t = new SYSTEMTIME();//实例化SYSTEMTIME类
04         t.Year = (short)DateTime.Now.Year;//设置年
05         t.Month = (short)DateTime.Now.Month;//设置月
06         t.Day = (short)DateTime.Now.Day;//设置日
07         //该函数使用的是0时区的时间，例如，要设置12点，则为12-8
08         t.Hour = (short)(dateTimePicker1.Value.Hour - 8);
09         t.Minute = (short)dateTimePicker1.Value.Minute;//设置分
10         t.Second = (short)dateTimePicker1.Value.Second;//设置秒
11         bool v = SetSystemTime(ref t);//调用SetSystemTime函数使设置的时间生效
12     }
```

举一反三

根据本实例，读者可以实现以下功能。

◇ 将任务栏日期设置为"yyyy/MM/dd hh:mm:ss"格式。

实例056 设置屏幕分辨率

实例说明

操作计算机时，接触最多的就是显示器，它是人机交互的窗体。如果没有显示器，计算机可能也就无用武之地了，可见显示器在整个计算机中的重要性。相信对于显示器的各项设置读者应该不会感觉陌生，但是有的时候可能会感觉烦琐。通过本实例可以对显示器的屏幕分辨率进行设置，操作方便、快捷。实例运行结果如图 6.10 所示。

图 6.10　设置屏幕分辨率

技术要点

更改显示器的参数主要通过 API 函数 ChangeDisplaySettings 实现，该函数用于将默认显示器的设置改为由参数 lpDevMode 设定的图形模式。其语法如下：

```
[DllImport("user32.dll", CharSet = CharSet.Auto)]
static extern int ChangeDisplaySettings([In] ref DEVMODE lpDevMode, int dwFlags);
```

参数说明如下。

◇ lpDevMode：指向一个描述转变图表的 DEVMODE 结构的指针。

◇ dwFlags：表明图形模式如何改变，如果为 0 则表明当前屏幕的图形模式要动态地改变。

除了设置好 DEVMODE 结构中诸多变量的值之外，还必须正确地设置 dmFields 变量中的标识。这些标识表明 DEVMODE 结构中哪个变量在改变显示器时使用了。如果在 dmFields 变量中没有设置正确的位，那么显示设置将不会发生变化。DEVMODE 结构中的常用变量及说明如表 6.5 所示。

表 6.5　DEVMODE 结构中的常用变量及说明

常用变量	说明
dmSize	DEVMODE 结构占用字节
dmPelsWidth	像素宽度
dmPelsHeight	像素高度
dmDisplayFrequency	显示器刷新率
dmBitsPerPel	显示器颜色质量
dmFields	表明 DEVMODE 结构中哪个变量在改变显示器设置时使用了

实现过程

01 新建一个 Windows 应用程序，将其命名为“设置屏幕分辨率”，默认主窗体为 Form1。

02 在 Form1 窗体中添加一个 TrackBar 控件、一个 Label 控件和一个 Button 控件，分别用来选择屏幕分辨率、显示当前分辨率及选择的分辨率、设置屏幕分辨率。

03 主要代码。

```
01  private void button1_Click(object sender, EventArgs e)
02  {
03      long RetVal = 0;
04      DEVMODE dm = new DEVMODE();
05      dm.dmSize = (short)Marshal.SizeOf(typeof(DEVMODE));
06      dm.dmPelsWidth = dWidth;// 宽度
07      dm.dmPelsHeight = dHeight;// 高度
08      dm.dmDisplayFrequency = 85;// 刷新率
09      dm.dmFields = DEVMODE.DM_PELSWIDTH | DEVMODE.DM_PELSHEIGHT |
                        DEVMODE.DM_DISPLAYFREQUENCY | DEVMODE.DM_BITSPERPEL;
```

```
10        RetVal = ChangeDisplaySettings(ref dm, 0);
11    }
```

举一反三

根据本实例，读者可以实现以下功能。

◇ 开发显示器管理工具。

实例 057 内存使用状态监控

实例说明

内存是计算机的主要部件，内存不足可能会使计算机死机。对计算机的内存使用状态进行监控，将能有效避免死机现象的发生。本实例通过在 TextBox 控件中显示内存使用量来实现内存使用状态监控功能。实例运行结果如图 6.11 所示。

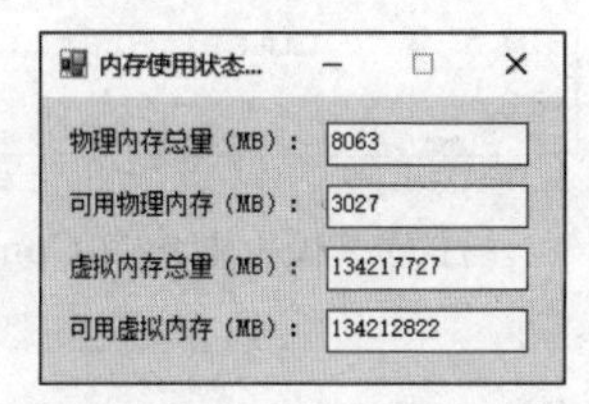

图 6.11 内存使用状态监控

技术要点

本实例主要使用 ComputerInfo 类的相关属性来对内存使用状态进行监控，ComputerInfo 类提供了用于获取与计算机的内存、已加载程序集、名称和操作系统有关信息的属性，该类的常用属性及说明如表 6.6 所示。

表 6.6 ComputerInfo 类的常用属性及说明

属性	说明
AvailablePhysicalMemory	获取计算机的可用物理内存总量
AvailableVirtualMemory	获取计算机的可用虚拟内存总量
InstalledUICulture	获取随操作系统安装的当前用户界面区域
OSFullName	获取计算机操作系统的全名
OSPlatform	获取计算机操作系统的平台标识符
OSVersion	获取计算机操作系统的版本
TotalPhysicalMemory	获取计算机的物理内存总量
TotalVirtualMemory	获取计算机的虚拟内存总量

实现过程

01 新建一个 Windows 应用程序，将其命名为“内存使用状态监控”，默认主窗体为 Form1。

02 在 Form1 窗体中添加 1 个 Timer 控件和 4 个 TextBox 控件，其中，Timer 控件用来控制 Form1 窗体的即时更新，TextBox 控件分别用来显示系统的物理内存总量、可用物理内存、虚拟内存总量和可用虚拟内存。

03 主要代码。

```
01  private void timer1_Tick(object sender, EventArgs e)
02  {
03      Computer myComputer = new Computer();
04      //获取系统的物理内存总量
05      textBox1.Text = Convert.ToString(myComputer.Info.TotalPhysicalMemory / 1024 / 1024);
06      //获取系统的可用物理内存
07      textBox2.Text = Convert.ToString(myComputer.Info.AvailablePhysicalMemory / 1024 / 1024);
08      //获取系统的虚拟内存总量
09      textBox3.Text = Convert.ToString(myComputer.Info.TotalVirtualMemory / 1024 / 1024);
10      //获取系统的可用虚拟内存
11      textBox4.Text = Convert.ToString(myComputer.Info.AvailableVirtualMemory / 1024 / 1024);
12      timer1.Interval = 100;
13      Form1_Load(sender, e);
14  }
15  private void Form1_Load(object sender, EventArgs e)
16  {
17      timer1.Start();//启动计时器，以控制窗体的即时更新
18  }
```

注意：程序中使用 ComputerComputerInfo 类时，需要添加 Microsoft.VisualBasic.Devices 命名空间。

举一反三

根据本实例，读者可以实现以下功能。

◇ 内存使用情况图形动态显示。

◇ 内存报警提示。

实例 058 CPU 使用率

实例说明

每运行一个程序，系统都会开启一个进程。每个进程都会占用 CPU 资源，运行的程序越多，CPU 的使用率就越高。通过本实例可以时刻监控 CPU 的使用率。实例运行结果如图 6.12 所示。

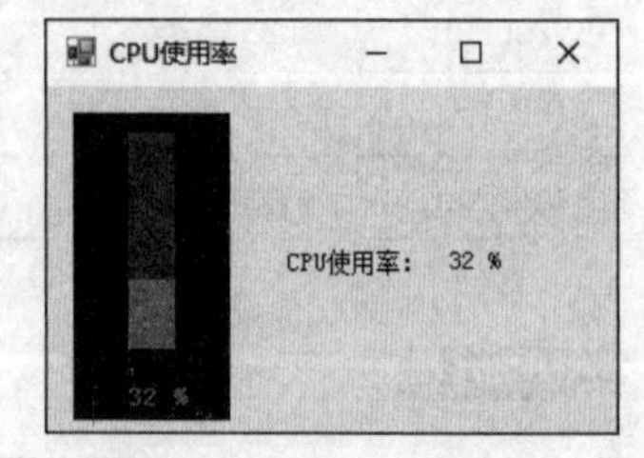

图 6.12 CPU 使用率

技术要点

本实例主要通过“select * from Win32_Processor”语句实例化

ManagementObjectSearcher 类，通过该类获取计算机的 CPU 信息，并通过 LoadPercentage 索引查找 CPU 当前使用百分比。ManagementObjectSearcher 类主要用于调用有关管理信息的指定查询。其语法如下：

```
public ManagementObjectSearcher(string queryString)
```

参数说明如下。

◇ queryString：对象将调用的 WMI 查询。

如果想查询不同的计算机信息，只需将“select * from Win32_Processor”语句中的“Win32_Processor”替换为相应的内容即可。WMI 类中常用的查询语句及说明如表 6.7 所示。

表 6.7　WMI 类中常用的查询语句及说明

查询语句	说明
select * from Win32_UserAccount	获取 Windows 用户信息
select * from Win32_Group	获取用户组别信息
select * from Win32_Process	获取当前进程信息
select * from Win32_Service	获取系统服务信息
select * from Win32_SystemDriver	获取系统驱动信息
select * from Win32_Processor	获取 CPU 信息
select * from Win32_BaseBoard	获取主板信息
select * from Win32_BIOS	获取 BIOS 信息
select * from Win32_VideoController	获取显卡信息
select * from Win32_SoundDevice	获取音频设备信息
select * from Win32_PhysicalMemory	获取物理内存信息
select * from Win32_LogicalDisk	获取磁盘信息
select * from Win32_NetworkAdapter	获取网络适配器信息
select * from Win32_NetworkProtocol	获取网络协议信息
select * from Win32_Printer	获取打印与传真信息
select * from Win32_Keyboard	获取键盘信息
select * from Win32_PointingDevice	获取鼠标信息
select * from Win32_SerialPort	获取串口信息
select * from Win32_IDEController	获取 IDE 控制器信息
select * from Win32_FloppyController	获取软驱控制器信息
select * from Win32_USBController	获取 USB 控制器信息
select * from Win32_SCSIController	获取 SCSI 控制器信息
select * from Win32_1394Controller	获取 1394 控制器信息
select * from Win32_PnPEntity	获取即插即用设备信息

实现过程

01 新建一个 Windows 应用程序，将其命名为“CPU 使用率”，默认主窗体为 Form1。

02 在 Form1 窗体中添加一个 Timer 控件、一个 Label 控件和一个 Panel 控件，其中，Timer 控件用于随时监控 CPU 使用率，Label 控件用于显示 CPU 使用率，Panel 控件用于绘制 CPU 使用率的图形。

03 主要代码。

```
01  int mheight = 0;
02  private void CreateImage()
03  {
04      int i = panel3.Height / 100;              //获取绘制柱形图时增长的比例
05      Bitmap image = new Bitmap(panel3.Width, panel3.Height);//创建 Bitmap 实例
06      Graphics g = Graphics.FromImage(image);//创建 Graphics 对象
07      g.Clear(Color.Green);                    //设置背景色
08      SolidBrush mybrush = new SolidBrush(Color.Lime); //创建笔刷
09      //绘制柱形图
10      g.FillRectangle(mybrush, 0, panel3.Height - mheight * i, 26, mheight * i);
11      panel3.BackgroundImage = image;          //显示柱形图
12  }
13  private void myUser()
14  {
15      //创建 ManagementObjectSearcher 实例，查询 Win32_Processor 中的信息
16      ManagementObjectSearcher searcher = new ManagementObjectSearcher("select * from
                                    Win32_Processor");
17      foreach (ManagementObject myobject in searcher.Get())//遍历所有信息
18      {
19          lblCPU.Text = myobject["LoadPercentage"].ToString() + " %";//获取 CPU 使用率
20          label2.Text = lblCPU.Text;
21          mheight = Convert.ToInt32(myobject["LoadPercentage"].ToString());
                                                 //获取柱形图高度
22          if(mheight == 100)                   //如果使用率为 100%
23              panel3.Height = 100;             //设置柱形图高度
24          CreateImage();                       //绘制 CPU 使用率的柱形图
25      }
26  }
```

举一反三

根据本实例，读者可以实现以下功能。

◇ 检测 CPU 状态。

◇ 获取系统内存等信息。

实例 059 获取计算机的显示设备信息

实例说明

人们一般通过显示器了解和操作计算机，因此显示器在计算机领域占有重要的地位。通过本实例可

以快速获取当前显示器的设备信息，包括显示设备名称、显示设备驱动程序文件、显示设备的最大刷新率和显示设备当前显示模式等。实例运行结果如图 6.13 所示。

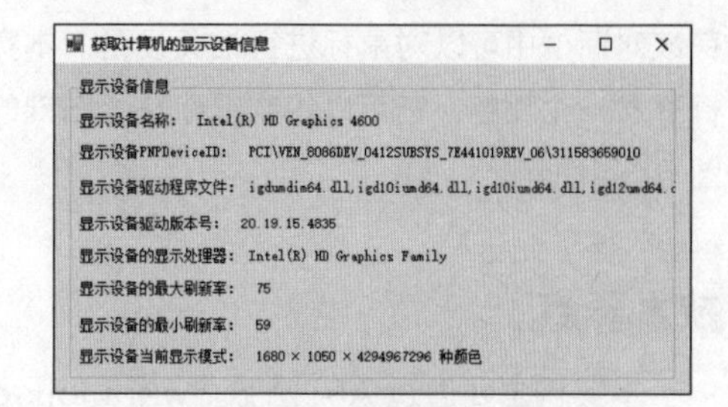

图 6.13　获取计算机的显示设备信息

技术要点

本实例主要使用 ManagementObjectSearcher 类来获取计算机的显示设备信息。

实现过程

01 新建一个 Windows 应用程序，将其命名为“获取计算机的显示设备信息”，默认主窗体为 Form1。

02 在 Form1 窗体中添加 8 个 Label 控件，用于显示与显示设备有关的详细信息。

03 主要代码。

```
01  private void Form1_Load(object sender, EventArgs e)
02  {
03      ManagementObjectSearcher searcher = new ManagementObjectSearcher("select * from
                                            Win32_VideoController");
04      foreach(ManagementObject mobject in searcher.Get())
05      {
06          lblname.Text = mobject["Name"].ToString();// 显示设备名称
07          lblpnp.Text = mobject["PNPDeviceID"].ToString();// 显示设备的 PNPDeviceID
08          lbldrivers.Text=mobject["InstalledDisplayDrivers"].ToString();
                                                        // 显示设备的驱动程序文件
09          lblVersion.Text=mobject["DriverVersion"].ToString();    // 显示设备的驱动版本号
10          lblProcessor.Text=mobject["VideoProcessor"].ToString();// 显示设备的显示处理器
11          lblMaxRefreshRate.Text=mobject["MaxRefreshRate"].ToString();// 显示设备的最大刷新率
12          lblMinRefreshRate.Text=mobject["MinRefreshRate"].ToString();// 显示设备的最小刷新率
13          lblDescription.Text=mobject["VideoModeDescription"].ToString();// 显示设备当前显示模式
14      }
15  }
```

举一反三

根据本实例，读者可以实现以下功能。

◇ 开发系统设备信息查看程序。

实例 060 切换鼠标左、右键

实例说明

用户双击“控制面板”，打开“所有控制面板项”窗体。在其中单击“鼠标”，会弹出鼠标属性对话框，在该对话框中可以对鼠标进行相关设置。本实例将根据鼠标属性对话框开发一个程序，它可以控制鼠标左、右键的切换。实例运行结果如图 6.14 所示。

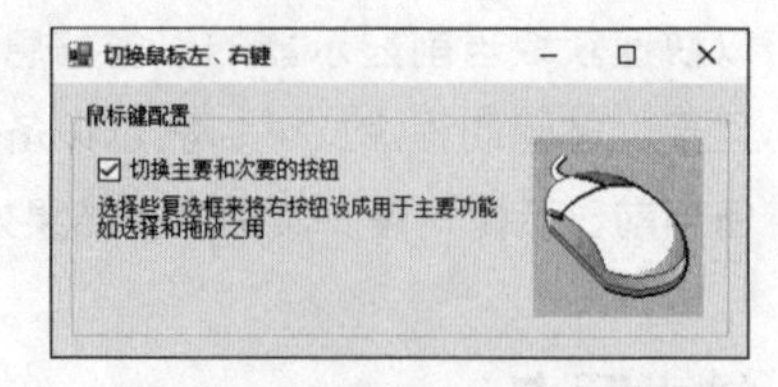

图 6.14　切换鼠标左、右键

技术要点

本实例主要通过 API 函数 SwapMouseButton 和 GetSystemMetrics 实现。下面详细介绍这两个 API 函数。

（1）SwapMouseButton 函数。该函数用于决定是否切换鼠标左、右键。其语法如下：

```
[System.Runtime.InteropServices.DllImport("user32.dll", EntryPoint = "SwapMouseButton")]
public extern static int SwapMouseButton(int bSwap);
```

参数说明如下。

◇ bSwap：如果为 true（非零），则切换鼠标左、右键的功能，否则恢复正常状态。

◇ 返回值：如果返回 true（非零），则表示鼠标左、右键的功能在调用该函数之前已经切换，否则返回 0。

（2）GetSystemMetrics 函数。该函数返回与 Windows 环境有关的信息。其语法如下：

```
[System.Runtime.InteropServices.DllImport("user32.dll")]
public extern static int GetSystemMetrics(int nIndes);
```

参数说明如下。

◇ nIndes：int 型常数，指定想要获取的信息。nIndes 参数的属性及说明如表 6.8 所示。

表 6.8　nIndes 参数的属性及说明

属性	说明
SM_SWAPBUTTON	23
SM_CXCURSOR	36
SM_MOUSEPRESENT	19
SM_MOUSEWHEELPRESENT	75

返回值为 int 型，取决于具体的常数索引。

实现过程

01 新建一个 Windows 应用程序，将其命名为“切换鼠标左右键”，默认主窗体为 Form1。

02 主要代码。

```
01  private void checkBox1_MouseUp(object sender, MouseEventArgs e)
02  {
03      if(((CheckBox)sender).Checked == true)// 如果为选中状态
04      {
05          pictureBox1.Image = null;// 清空图片
06          pictureBox1.Image = Properties.Resources. 鼠标右键 ;// 显示图片
07          SwapMouseButton(1);// 切换鼠标左、右键
08      }
```

```
09          else// 如果不为选中状态
10          {
11              if(((CheckBox)sender).Checked == false)
12              {
13                  pictureBox1.Image = null;// 清空图片
14                  pictureBox1.Image = Properties.Resources.鼠标左键;// 显示图片
15                  SwapMouseButton(0);// 恢复，设置左键为主键
16              }
17          }
18      }
19      const int SM_SWAPBUTTON = 23;// 如果鼠标左、右键已经切换，则为 true
20      private void Form1_Load(object sender, EventArgs e)
21      {
22          if(GetSystemMetrics(SM_SWAPBUTTON) == 0)// 如果鼠标左、右键没有切换
23          {
24              pictureBox1.Image = null;// 清空图片
25              pictureBox1.Image = Properties.Resources.鼠标左键;// 显示图片
26              checkBox1.Checked = false;// 设置复选框为不选中状态
27          }
28          else// 如果鼠标左、右键切换
29          {
30              pictureBox1.Image = null;// 清空图片
31              pictureBox1.Image = Properties.Resources.鼠标右键;// 显示图片
32              checkBox1.Checked = true;// 设置复选框为选中状态
33          }
34      }
```

举一反三

根据本实例，读者可以实现以下功能。

◇ 开发鼠标设置器。

实例 061 打开控制面板中的程序

实例说明

在 Windows 操作系统中，经常需要打开控制面板以进行相应的设置。本实例讲解如何在程序中打开控制面板中的程序。运行本实例，单击窗体中的相应按钮，即可打开控制面板中的对应程序，从而对系统进行相应设置。实例运行结果如图 6.15 所示。

图 6.15　打开控制面板中的程序

技术要点

本实例主要使用 Process 类的 Start 方法启动相关进程，从而打开控制面板中的相应程序。

Start 方法用于通过指定文档或应用程序文件的名称来启动进程资源，并将资源与新的 Process 组件关联。其语法如下：

```
public static Process Start(string fileName)
```

参数说明如下。

◇ fileName：要在进程中运行的文档或应用程序文件的名称。

◇ 返回值：与进程资源关联的新的 Process 组件，如果没有启动进程资源（例如，如果重用了现有进程），则为空引用。

实现过程

01 新建一个 Windows 应用程序，将其命名为“打开控制面板中的程序”，默认主窗体为 Form1。

02 在 Form1 窗体中添加 4 个 Button 控件，分别用来执行打开控制面板中的鼠标设置、桌面设置、网络连接和声音设置等操作。

03 主要代码。

```
01  private void button1_Click(object sender, EventArgs e)
02  {
03      System.Diagnostics.Process.Start("main.cpl");// 打开 " 鼠标设置 " 窗体
04  }
05  private void button2_Click(object sender, EventArgs e)
06  {
07      System.Diagnostics.Process.Start("desk.cpl");// 打开 " 桌面设置 " 窗体
08  }
09  private void button3_Click(object sender, EventArgs e)
10  {
11      System.Diagnostics.Process.Start("ncpa.cpl");// 打开 " 网络连接 " 窗体
12  }
13  private void button4_Click(object sender, EventArgs e)
14  {
15      System.Diagnostics.Process.Start("mmsys.cpl");// 打开 " 声音设置 " 窗体
16  }
```

举一反三

根据本实例，读者可以实现以下功能。

◇ 打开控制面板中的任意程序。

◇ 定时调用显示设置。

实例 062 获取系统环境变量

实例说明

在 Windows 系统中，环境变量是一些非常重要的系统配置信息，这些配置信息直接影响程序的运行。例如，在装有 Java 运行环境的计算机中，系统环境中有一项名为 CLASSPATH 的配置信息，它的配置影响着 Java 程序的运行或编译，如果配置不正确，就不能正常编译或运行 Java 程序。本实例将通过编程获取系统中的环境变量信息。实例运行结果如图 6.16 所示。

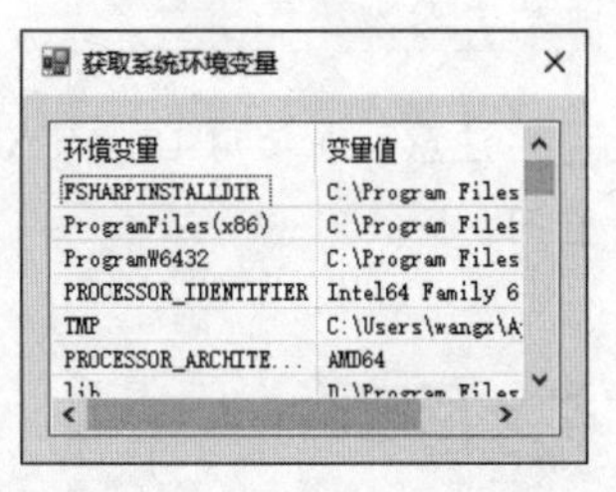

图 6.16　获取系统环境变量

技术要点

本实例首先使用 Environment 类的 GetEnvironmentVariables 方法从当前进程检索所有环境变量名及其值，然后使用 foreach 语句循环访问这些环境变量名和值，并通过 DictionaryEntry 对象的 Key 和 Value 属性将环境变量名和值以键 / 值对的形式添加到 ListView 控件中。下面对本实例中主要用到的知识点做详细介绍。

（1）GetEnvironmentVariables 方法。该方法用于从当前进程检索所有环境变量名及其值。其语法如下：

```
public static IDictionary GetEnvironmentVariables()
```

返回值为包含所有环境变量名及其值的 Idictionary 对象，如果找不到环境变量，则返回空字典。

（2）DictionaryEntry 对象。该对象定义了可设置或检索的字典键 / 值对，其属性及说明如表 6.9 所示。

表 6.9　DictionaryEntry 对象的属性及说明

属性	说明
Key	获取或设置键 / 值对中的键
Value	获取或设置键 / 值对中的值

实现过程

01 新建一个 Windows 应用程序，将其命名为“获取系统环境变量”，默认主窗体为 Form1。

02 在 Form1 窗体中添加一个 ListView 控件，用来显示系统的环境变量及对应的变量值。

03 主要代码。

```
01   private void Form1_Load(object sender, EventArgs e)
02   {
03       listView1.View = View.Details;                  //设置控件显示方式
04       listView1.GridLines = true;                     //是否显示网格
05       listView1.Columns.Add("环境变量", 150, HorizontalAlignment.Left);//添加列标题
```

```
06        listView1.Columns.Add(" 变量值 ", 150, HorizontalAlignment.Left);// 添加列标题
07        ListViewItem myItem; // 创建 ListViewItem 对象
08        // 获取系统的环境变量及对应的变量值并显示在 ListView 控件中
09        foreach(DictionaryEntry DEntry in Environment.GetEnvironmentVariables())
10        {
11            myItem = new ListViewItem(DEntry.Key.ToString(), 0);// 实例化 ListViewItem 对象
12            myItem.SubItems.Add(DEntry.Value.ToString());// 添加子项集合
13            listView1.Items.Add(myItem);                    // 将子项集合添加到控件中
14        }
15    }
```

注意：在使用 ListViewItem 对象为 ListView 控件添加项时，需要引用 System.Collections 命名空间。

举一反三

根据本实例，读者可以实现以下功能。

◇ 获取邮件服务器。

◇ 获取日志文件。

◇ 获取文件所在目录。

实例 063 查看当前系统版本

实例说明

Windows 操作系统版本繁多，并且界面和核心等都有所不同。在 Windows 操作系统上开发应用程序时，应该注意很多与界面有关的环境因素。软件的开发和实现过程与系统息息相关，系统不同，实现方法和结果可能会存在很大差异。如果软件在运行时能够检测当前的系统版本，并且能够根据判断做出不同的反应，则能够避免这些问题。本实例用 C# 实现系统版本的查看功能。

实例运行结果如图 6.17 所示。

图 6.17　查看当前系统版本

技术要点

本实例中，首先使用 Environment 类的 OSVersion 属性实例化一个 OperatingSystem 对象，然后使用该对象的 Version 属性和 ServicePack 属性获得操作系统的名称和 Service Pack 版本。

OperatingSystem 类提供了有关操作系统的信息，例如版本和平台标识符，其常用属性及说明如表 6.10 所示。

表6.10 OperatingSystem类的常用属性及说明

属性	说明
Platform	获取标识操作系统的System.PlatformID枚举值
ServicePack	获取OperatingSystem对象表示的Service Pack版本
Version	获取标识操作系统的System.Version对象
VersionString	获取平台标识符、版本和当前安装在操作系统上的Service Pack版本的连接字符串表示形式

获取操作系统的名称时，主要是通过判断系统的主版本号和次版本号来实现的。获取系统的主版本号和次版本号用到Version对象的Major属性和Minor属性。Major属性用来获取当前Version对象版本号的主版本号的值，其返回类型为int型；Minor属性用来获取当前Version对象版本号的次版本号的值，其返回类型为int型。

实现过程

01 新建一个Windows应用程序，将其命名为“查看当前系统版本”，默认主窗体为Form1。

02 在Form1窗体中添加一个Button控件和一个TextBox控件，其中，Button控件用来执行系统版本识别操作，TextBox控件用来显示当前系统版本。

03 主要代码。

```
01  private void button1_Click(object sender, EventArgs e)
02  {
03      OperatingSystem myOS = Environment.OSVersion;// 创建OperatingSystem对象
04      textBox1.Text = myOS.VersionString + " " + myOS.ServicePack;// 显示版本信息
05  }
```

举一反三

根据本实例，读者可以实现以下功能。

◇ 提取Windows版本信息到数据库。

数据库技术

实例 064 连接 Access 数据库

实例说明

由于 Access 数据库具有操作简单、使用方便的优点，因此许多中小型管理软件都采用 Access 数据库。如何连接 Access 数据库呢？运行本实例，程序将自动连接 Access 数据库，将数据表中的数据显示在表格中。实例运行结果如图 7.1 所示。

连接Access数据库

帐目ID	帐目编号	帐目名称	帐目类
1	1001	家用	1
2	1002	家用	1
3	1003	家用	2
4	1004	家用	3
5	1005	备品	3
6	1006	备品	1
7	1007	家用	4

图 7.1　连接 Access 数据库

技术要点

连接 Access 数据库操作最重要的地方在于设置数据库的连接字符串。代码如下：

```
string ConStr = "Provider=Microsoft.ACE.OLEDB.12.0;Data Source=Access 数据库路径 ";
```

参数说明如下。

◇ Provider：指定使用的数据库引擎为 Microsoft.ACE.OLEDB.12.0。

◇ Data Source：指定数据库文件位于计算机中的物理位置。

注意： 在 .NET 中应用 OLEDB 数据提供程序连接数据库时，需要引用 System. Data.OleDb 命名空间。

实现过程

01 新建一个项目，将其命名为 ConnectAccess，默认主窗体为 Form1。

02 在 Form1 窗体中添加 DataGridView 控件，用于显示 Access 数据库中的数据。

03 主要代码。

```
01    private void Form1_Load(object sender, EventArgs e)
02    {
03        string strPath = Application.StartupPath + "\\db_Test.mdb";
                                                  //获取Access数据库的所在路径
04        string ConStr = "Provider=Microsoft.ACE.OLEDB.12.0;Data Source=" + strPath;
                                                  //设置数据库的连接字符串
05        OleDbConnection oleCon = new OleDbConnection(ConStr);//实例化OleDbConnection类
06        OleDbDataAdapter oleDap = new OleDbDataAdapter("select * from 账目", oleCon);
                                                  //SQL语句与数据库相连接
07        DataSet ds = new DataSet();//实例化数据集
08        oleDap.Fill(ds); //添加SQL语句并执行
09        this.dataGridView1.DataSource = ds.Tables[0].DefaultView; //显示数据
10        oleCon.Dispose();
11    }
```

举一反三

根据本实例，读者可以实现以下功能。

◇ 使用 OLEDB 访问 Microsoft Exchang 邮件服务器中的数据。

◇ 使用 OLEDB 访问 Excel 电子数据表。

实例 065 建立 SQL Server 数据库连接

实例说明

SQL Server 是一个大型的关系数据库系统，在 .NET 中 SQL Server 通过使用 ADO.NET 技术对数据库访问做了很多优化。

运行本实例，如图 7.2 所示，单击“建立 SQL Server 数据库连接”按钮，程序将与 SQL Server 数据库创建连接，并通过 DataGridView 控件显示数据。

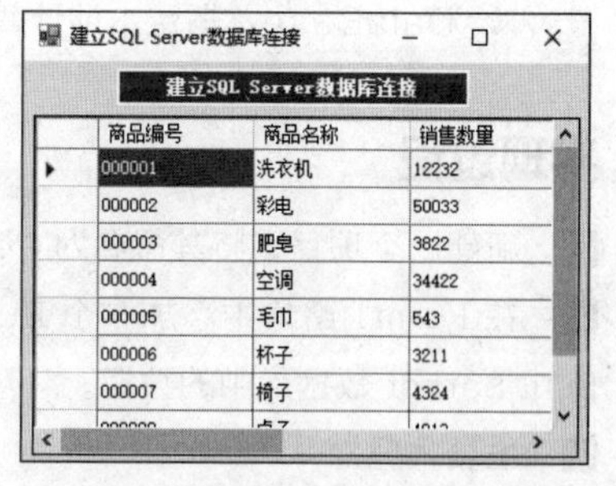

图 7.2 建立 SQL Server 数据库连接

技术要点

下面是 ADO.NET 对 SQL Server 访问的主要类。

◇ SqlConnection：用于建立和 SQL Server 服务器连接的类，表示打开的数据库连接。

◇ DataSet：包含一组数据表，以及这些数据表之间的关系。

◇ DataRow：表示数据表对象中的一行记录。

◇ DataColumn：数据列包含列的定义，例如数据类型或名称。

◇ DataRelation：用于表示数据集中的两个数据表之间的连接关系，通常使用主表的主键和从表的外键定义主、从表之间的关系。

◇ SqlCommand：用于执行 SQL 语句或数据库存储过程的调用。

◇ SqlDataAdapter：用于填充数据集或更新数据库，也可以用于存储 SQL 语句。

◇ SqlDataReader：只读并且只向前的数据读取器，拥有最快的读取速度。

◇ SqlParameter：为存储过程指定参数。

◇ SqlTransaction：表示在一个数据连接中执行的数据库事务处理。

SqlConnection 类的常用属性和方法如表 7.1 所示。

表 7.1　SqlConnection 类的常用属性和方法

属性和方法	说　明
ConnectionSetting（属性）	设置用于打开 SQL Server 数据库的字符串
ConnectionTimeout（属性）	在尝试建立连接时终止尝试并生成错误之前所等待的时间
State（方法）	获取数据库连接的当前状态
Open（方法）	打开与数据库的连接
Close（方法）	关闭与数据库的连接

下面介绍 ConnectionSetting 属性。

ConnectionSetting 属性指定了连接数据库的各项参数。本实例中的连接字符串代码如下：

```
"Server=(local);User id=sa;pwd=;DataBase=pubs"
```

参数说明如下。

◇ Server：要连接 SQL Server 实例的名称或网络地址，“(local)”代表 SQL Server 在本地计算机上。如果要连接远程计算机，只需把“(local)”换成远程计算机的 IP 地址或计算机名称即可，例如 Server=192.168.1.98。

◇ User id：SQL Server 登录的用户名。上面连接字符串的示例中使用的是 SQL Server 管理员账户 sa 进行登录。

◇ pwd：登录该用户名的密码。

◇ DataBase：指定本地计算机或远程计算机时要连接的 SQL Server 数据库的名称。

实现过程

01 新建一个项目，将其命名为 ConnectSQLServer，默认主窗体为 Form1。

02 在 Form1 窗体中添加一个 Button 控件和一个 DataGridView 控件，分别用于连接数据库和显示 SQL Server 数据库中的数据。

03 主要代码。

```
01    private void button1_Click(object sender, EventArgs e)
02    {
03        //设置数据库的连接字符串
04        string ConStr = "Server=XIAOKE;User Id=sa;pwd=;DataBase=db_Test";
05        SqlConnection con = new SqlConnection(ConStr); //实例化 SqlConnection 类，连接数据库
06        string SqlStr = "select * from 商品信息表";  //设置 SQL 语句
07        SqlDataAdapter ada = new SqlDataAdapter(SqlStr, con); //建立 SQL 语句与数据库的连接
08        DataSet ds = new DataSet();                    //实例化 DataSet 类
```

```
09     ada.Fill(ds);                                          //添加 SQL 语句并执行
10     this.dataGridView1.DataSource = ds.Tables[0].DefaultView; //显示数据
11 }
```

举一反三

根据本实例，读者可以实现以下功能。

◇ 通过 ODBC 连接 SQL Server 数据库。

◇ 建立 Oracle 数据库连接。

实例 066 连接 Excel 数据库

实例说明

Excel 是非常灵活的电子表格软件，可以进行复杂的公式计算。那么在程序中如何连接 Excel 数据库呢？运行本实例，将自动连接程序自带的Excel数据库并显示Excel表中的数据。实例运行结果如图 7.3 所示。

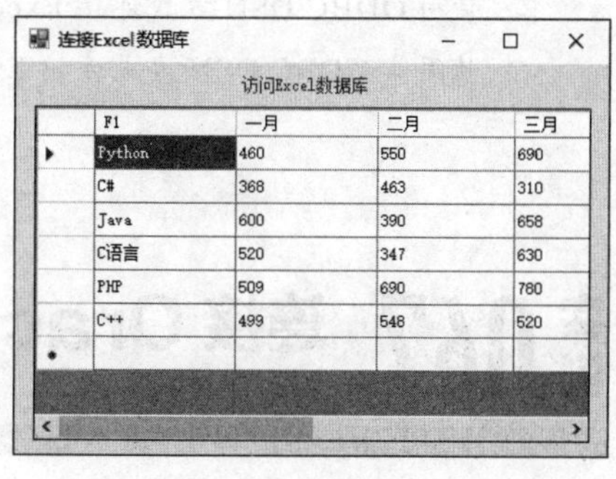

图 7.3　连接 Excel 数据库

技术要点

通过 Microsoft.ACE.OLEDB.12.0 方式可实现使用 ADO 访问 Excel 数据库的目的，其代码如下：

```
string strOdbcCon = @"Provider=Microsoft.ACE.OLEDB.12.0;Persist Security Info=false;
Data Source=Excel 文件路径;Extended Properties=Excel 12.0";
```

实现过程

01 新建一个项目，将其命名为 ConnectExcel，默认主窗体为 Form1。

02 在 Form1 窗体中添加一个 DataGridView 控件，用于显示 Excel 数据库中的数据。

03 主要代码。

```
01  private void Form1_Load(object sender, EventArgs e)
02  {
03      try
04      {
05          //设置 Excel 数据库的连接字符串
```

```
06            string strOdbcCon = @"Provider=Microsoft.ACE.OLEDB.12.0;Persist Security
                     Info=false;Data Source=2018年图书销售情况.xls;Extended Properties=Excel 12.0";
07            OleDbConnection OleDB = new OleDbConnection(strOdbcCon);// 实例化 OleDbConnection 类
08            // 设置 SQL 语句与数据库的连接
09            OleDbDataAdapter OleDat = new OleDbDataAdapter("select * from [BookSell$]",
                                         OleDB);
10            DataTable dt = new DataTable();                         // 实例化 DataTable 类
11            OleDat.Fill(dt);                                        // 添加 SQL 语句并执行
12            this.dataGridView1.DataSource = dt.DefaultView;         // 显示数据
13        }
14        catch(Exception ey)
15        {
16            MessageBox.Show(ey.Message);
17        }
18    }
```

注意：在使用时应引入 System.Data.OleDb 命名空间，用于连接 Excel 数据库。

举一反三

根据本实例，读者可以实现以下功能。

◇ 使用 ODBC DSN 方式连接 Excel 数据库。

◇ 使用非 ODBC DSN 方式连接 Excel 数据库。

实例 067 连接 Oracle 数据库

实例说明

本实例主要实现对 Oracle 数据库的连接，单击“连接 Oracle 数据库”按钮，出现“已成功连接 Oracle 数据库”的提示信息，表示该程序已经成功连接 Oracle 数据库。实例运行结果如图 7.4 所示。

图 7.4 连接 Oracle 数据库

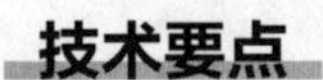

技术要点

连接和操作 Oracle 数据库，可以使用 .NET 专门提供的 Oracle.NET Framework 数据库提供程序类。该类位于 System.Data.OracleClient 命名空间中，并包含在 System.Data.OracleClient.dll 程序集中。

在“解决方案资源管理器”中用鼠标右键单击网站项目名称，选择快捷菜单中的“添加引用”。完成以上操作后，弹出“添加引用”对话框，选择“添加引用”对话框中的“.NET”选项卡，然后在 .NET 表中选择“System.Data.OracleClient”后单击“确定”按钮保存并退出。引用添加完成后，在程序中引用命名空间，即可完成对 Oracle 数据库的各种操作。程序中引用 Oracle 命名空间的格式如下。

```
Wing System.Data.OracleClient
```

实现过程

01 新建一个项目，将其命名为ConnectOracle，默认主窗体为Form1。

02 在Form1窗体中添加一个Button控件，用于连接Oracle数据库。

03 主要代码。

```
01   protected void button1_Click(object sender, EventArgs e)
02   {
03       string OrlCon = "Data Source=(DESCRIPTION=(ADDRESS=(PROTOCOL=TCP)
              (HOST=192.168.1.97)(PORT=1521))(CONNECT_DATA=(SERVICE_NAME=ORCL)));
              User Id=TEST; Password=TEST123";//设置Oracle数据库的连接字符串
04       OracleConnection con = new OracleConnection(OrlCon);
                                       //实例化OracleConnection类，建立数据库的连接
05       try
06       {
07           con.Open();//打开数据库的连接
08           MessageBox.Show("已成功连接Oracle数据库");
09       }
10       catch (Exception ex)
11       {
12           MessageBox.Show("连接Oracle数据库失败");
13       }
14       finally
15       {
16           con.Close();//关闭数据库的连接
17       }
18   }
```

注意：在编写以上代码前，需引用System.Data.OracleClient命名空间，用于连接Oracle数据库。

举一反三

根据本实例，读者可以实现以下功能。

◇ 将Oracle数据库作为备用数据库进行连接。

◇ 连接指定服务器上的Oracle数据库。

实例068 读取SQL Server数据库结构

实例说明

本实例实现读取SQL Server数据库结构的功能。运行本实例，程序将自动获得系统中所有SQL

Server 数据库，并显示在“数据库”下拉列表中。在“数据库”下拉列表中选择数据库，此数据库中所有的数据表将显示在“数据表”列表中。在“数据表”列表中选择数据表，右侧窗体中将显示此数据表的表结构。实例运行结果如图 7.5 所示。

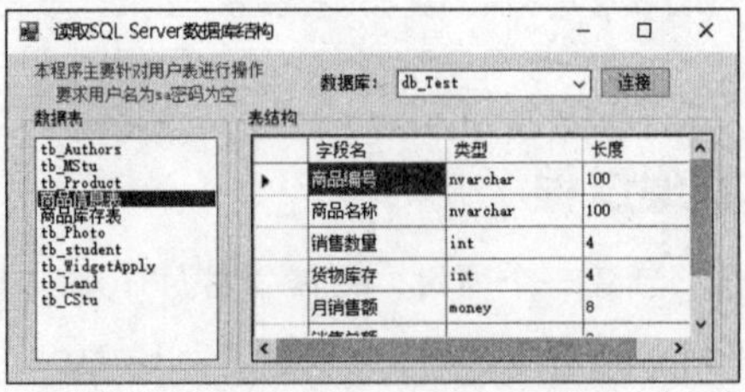

图 7.5　读取 SQL Server 数据库结构

技术要点

首先，通过 SQL 语句获得 SQL Server 中的所有数据库信息列表，代码如下：

```
select name from sysdatabases
```

注意：在使用上面 SQL 语句时要确保当前数据库为 Master 库。

然后，获得对应数据库中的所有数据表的表名，代码如下：

```
select name from sysobjects where type = 'U'
```

最后，获得确定表的表结构信息，代码如下：

```
select name 字段名 , xusertype 类型 , length 长度 into hy_Linshibiao from syscolumns where
id=object_id(strTableName)
```

在显示表结构时需要了解 syscolumns 系统表，如表 7.2 所示。

表 7.2　syscolumns 系统表

列名	数据类型	描述
name	sysname	列名或过程参数的名称
id	int	该列所属的表对象 ID，或与该参数关联的存储过程 ID
xtype	tinyint	systypes 中的物理存储类型
typestat	tinyint	仅限内部使用
xusertype	smallint	扩展的用户定义数据类型 ID
length	smallint	systypes 中的最大物理存储长度
xprec	tinyint	仅限内部使用
xscale	tinyint	仅限内部使用
colid	smallint	列或参数 ID
xoffset	smallint	仅限内部使用
bitpos	tinyint	仅限内部使用
reserved	tinyint	仅限内部使用
colstat	smallint	仅限内部使用
cdefault	int	该列的默认值 ID
domain	int	该列的规则或 CHECK 约束 ID
number	smallint	过程分组时（0 表示非过程项）的子过程号
colorder	smallint	仅限内部使用

续表

列名	数据类型	描述
autoval	varbinary(255)	仅限内部使用
offset	smallint	该列所在行的偏移量。如果为负，表示可变长度行
status	tinyint	用于描述列或参数属性的位图： 0x08 表示列允许空值； 0x10 表示当添加 varchar 或 varbinary 列时，ANSI 填充生效，保留 varchar 列的尾随空格，保留 varbinary 列的尾随 0； 0x40 表示参数为 OUTPUT 参数； 0x80 表示列为标识列
type	tinyint	systypes 中的物理存储数据类型
usertype	smallint	systypes 中的用户定义数据类型 ID
printfmt	varchar(255)	仅限内部使用
prec	smallint	该列的精度级别
scale	int	该列的小数位数
iscomputed	int	表示是否已计算该列的标志：0 表示未计算，1 表示已计算
isoutparam	int	表示该过程参数是否是输出参数：1 表示真，0 表示假
isnullable	int	表示该列是否允许空值：1 表示真，0 表示假

实现过程

01 新建一个项目，将其命名为 SQLServerConfiguration，默认主窗体为 Form1。

02 在 Form1 窗体中添加一个 ComboBox 控件，用于选择 SQL Server 数据库；添加一个 ListBox 控件，用于选择指定数据库中的数据表；添加一个 DataGridView 控件，用于显示表结构。

03 主要代码。

listBox1 控件的 Click 事件根据指定的数据库名和表名，显示当前表的结构。代码如下：

```
01   private void listBox1_Click(object sender, EventArgs e)
02   {
03       string strTableName = this.listBox1.SelectedValue.ToString();//获取数据表的名称
04       //连接数据库
05       using (SqlConnection con = new SqlConnection("server=XIAOKE;uid=sa;pwd=;
             database='" + strDatabase + "'"))
06       {
07           string strSql = "select name 字段名, xusertype 类型, length 长度 into hy_Linshibiao from
                 syscolumns where id = object_id('" + strTableName + "') ";//设置 SQL 语句
08           strSql += "select name 类型,xusertype 类型 into angel_Linshibiao from
                     systypes where xusertype in (select xusertype from syscolumns
                     where id = object_id('" + strTableName + "'))";//设置 SQL 语句
09           con.Open();//打开数据库的连接
10           SqlCommand cmd = new SqlCommand(strSql, con);//建立数据库与 SQL 语句的连接
11           cmd.ExecuteNonQuery();//执行 SQL 语句
12           con.Close();//关闭数据库的连接
13           SqlDataAdapter da = new SqlDataAdapter("select 字段名,类型,长度 from
                         hy_Linshibiao t,angel_Linshibiao b where t.类型 = b.类型",con);
                         //建立数据库与 SQL 语句的连接
```

```
14          DataTable dt = new DataTable();// 实例化 DataTable 类
15          da.Fill(dt);// 添加 SQL 语句并执行
16          this.dataGridView1.DataSource = dt.DefaultView;// 显示表结构
17          SqlCommand cmdnew = new SqlCommand("drop table hy_Linshibiao,
                              angel_Linshibiao", con);
18          con.Open();
19          cmdnew.ExecuteNonQuery();
20      }
21  }
```

举一反三

根据本实例，读者可以实现以下功能。

◇ 使用 SQL 语句建立新表。

◇ 删除 SQL Server 数据库中的表。

实例 069 利用数据绑定控件录入数据

实例说明

利用数据绑定控件实现录入数据，可以避免频繁地与数据库交互，缓解数据库的工作压力。实例运行结果如图 7.6 所示。

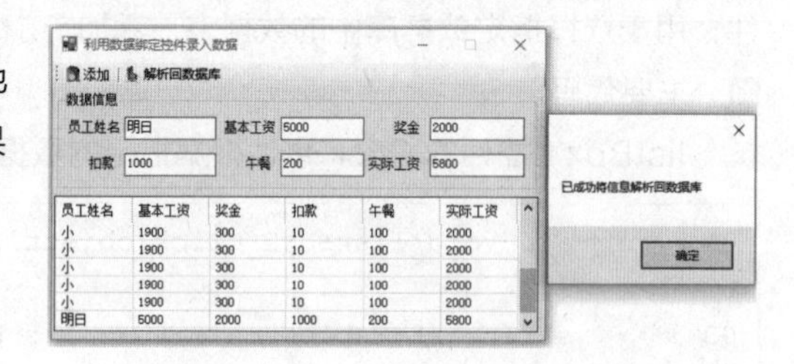

图 7.6 利用数据绑定控件录入数据

技术要点

数据绑定控件可以用少量代码实现数据的录入。录入数据时，只需使用 DataTable 类的 NewRow 方法添加一条新记录，然后将信息添加到数据绑定控件中，录入完成后，使用 Update 方法更新即可完成数据的录入。下面介绍 NewRow 方法和 Update 方法。

（1）NewRow 方法。该方法用于创建与表具有相同架构的新 DataRow 对象。其语法如下：

```
public DataRow NewRow()
```

返回值为 DataRow 对象，其架构与 DataTable 对象的架构相同。

注意：*必须使用 NewRow 方法才能创建与 DataTable 对象具有相同架构的新 DataRow 对象。*

（2）Update 方法。该方法主要用于为 DataSet 对象中每个已插入、已更新或已删除的行调用相应的 INSERT、UPDATE 或 DELETE 语句。其语法如下：

```
public virtual int Update(DataSet dataSet)
```

参数说明如下。

◇ dataSet：用于更新数据源的 DataSet 对象。

◇ 返回值：DataSet 对象中成功更新的行数。

实现过程

01 新建一个项目，将其命名为 DataAbduct，默认主窗体为 Form1。

02 在 Form1 窗体中添加 6 个 TextBox 控件，用于显示指定记录的信息；添加 1 个 ListView 控件，用于显示数据表中的所有记录。

03 主要代码。

“添加”按钮的 Click 事件主要通过 DataTable 类的 Add 方法将信息添加到数据表中。代码如下：

```
01   private void tbADD_Click(object sender, EventArgs e)
02   {
03       if(dt != null)              //如果数据表不为空
04       {
05           DataRow row;            //定义 DataRow，表示 DataTable 对象中的一行数据
06           txtBox = new TextBox[6];          //定义一个数组
07           txtBox[0] = this.textBox1;        //记录添加的信息
08           txtBox[1] = this.textBox2;
09           txtBox[2] = this.textBox3;
10           txtBox[3] = this.textBox4;
11           txtBox[4] = this.textBox5;
12           txtBox[5] = this.textBox6;
13           row = dt.NewRow();                //创建与 DataTable 对象相同的架构
14           for(int i = 0; i < dt.Columns.Count; i++)//记录要添加的行信息
15           {
16               row[dt.Columns[i].ToString()] = this.txtBox[i].Text.ToString();
17           }
18           dt.Rows.Add(row);                 //添加行信息
19           Method(dt);                       //显示添加后的数据
20       }
21   }
```

“解析回数据库”按钮的 Click 事件主要通过 SqlDataAdapter 类的 Update 方法对数据表进行更新。代码如下：

```
01   private void tbSave_Click(object sender, EventArgs e)
02   {
03       using(SqlDataAdapter da = new SqlDataAdapter())
04       {
05           SqlCommand command = new SqlCommand("INSERT INTO 账单 " + "VALUES (@员工姓名,
                 @基本工资,@奖金, @扣款, @午餐, @实际工资)", con);//建立SQL语句与数据库的连接
06           //添加参数值
07           command.Parameters.Add("@员工姓名", SqlDbType.VarChar, 10, "员工姓名");
08           command.Parameters.Add("@基本工资", SqlDbType.VarChar, 10, "基本工资");
09           command.Parameters.Add("@奖金", SqlDbType.VarChar, 10, "奖金");
10           command.Parameters.Add("@扣款", SqlDbType.VarChar, 10, "扣款");
11           command.Parameters.Add("@午餐", SqlDbType.VarChar, 10, "午餐");
```

```
12            command.Parameters.Add("@ 实际工资 ", SqlDbType.VarChar, 10, " 实际工资 ");
13            da.InsertCommand = command;                       // 添加 SQL 语句
14            da.Update(dt);                                    // 执行数据表的更新
15            MessageBox.Show(" 已成功将信息解析回数据库 ");
16        }
17    }
```

举一反三

根据本实例，读者可以实现以下功能。

◇ 验证数据绑定控件中的数据。

◇ 在 ADO 控件中显示记录号。

实例 070 使用存取文件名的方法存取图片

实例说明

在一些系统中，图片数据的存取是必不可少的。例如，在人事档案管理系统中，添加人事档案信息时就需要对人员的照片进行管理。运行本实例，将各项信息添加到文本框中，双击“照片”图片框，选择人员照片即可将选择的照片添加到“照片”图片框中。实例运行结果如图 7.7 所示。

图 7.7　使用存取文件名的方法存取图片

技术要点

多媒体数据保存在数据库中，并不适用于每一种情况，像 AVI 文件和 MPEG 文件等，都具有相当大的数据量，因此建议采用存取文件名的方法保存或读取多媒体数据。具体操作如下。

（1）打开图片。用户添加或修改图片时，可以使用 OpenFileDialog 控件的 ShowDialog 方法打开对话框，该对话框的 FileName 属性的返回值可以记录图片文件保存的位置。

（2）将图片文件的文件名保存在数据库中。

（3）在使用时，只要在读出文件名后显示或播放即可，这不但不会影响效率，反而在管理上能够更加完备。

以上方法可适用于多种图片格式，例如 GIF、JPG 和 BMP 等。

实现过程

01 新建一个项目，将其命名为 FileMemoryImage，默认主窗体为 Form1。

02 在 Form1 窗体中添加相应的控件，拖放控件时请参见图 7.7。

03 主要代码。

自定义 insertInfo 方法主要用于添加带图片的员工信息。代码如下：

```
01  private bool insertInfo()
02  {
03      try
04      {
05          con.Open();                                    //打开数据库的连接
06          StringBuilder strSql = new StringBuilder();//定义可变的字符串
07          strSql.Append("insert into 人事档案信息 values(@档案编号,@工号,");//添加SQL语句
08          strSql.Append("@姓名,@照片,@性别,@出生日期,@籍贯,@工龄,@电话,");//添加SQL语句
09          strSql.Append("@部门名称,@技术职称,@婚姻状态,@健康状态)");//添加SQL语句
10          SqlCommand cmd = new SqlCommand(strSql.ToString(), con);//建立SQL语句与数据库的连接
11          //向SQL语句的参数中添加参数值
12          cmd.Parameters.Add("@档案编号", SqlDbType.Text).Value = this.textBox1.
                       Text.Trim().ToString();
13          cmd.Parameters.Add("@工号", SqlDbType.Text).Value = this.textBox2.Text.
                       Trim().ToString();
14          cmd.Parameters.Add("@姓名", SqlDbType.Text).Value = this.textBox3.Text.
                       Trim().ToString();
15          cmd.Parameters.Add("@照片", SqlDbType.Text).Value = strPath;//添加照片的所在路径
16          cmd.Parameters.Add("@性别", SqlDbType.Text).Value = this.comboBox1.Text.
                       Trim().ToString();
17          cmd.Parameters.Add("@出生日期", SqlDbType.Text).Value = this.textBox4.
                       Text.Trim().ToString();
18          cmd.Parameters.Add("@籍贯", SqlDbType.Text).Value = this.textBox5.Text.
                       Trim().ToString();
19          cmd.Parameters.Add("@工龄", SqlDbType.Int).Value = Convert.ToInt16(this.
                       textBox6.Text.Trim().ToString());
20          cmd.Parameters.Add("@电话", SqlDbType.Text).Value = this.textBox6.Text.
                       Trim().ToString();
21          cmd.Parameters.Add("@部门名称", SqlDbType.Text).Value = this.textBox7.
                       Text.Trim().ToString();
22          cmd.Parameters.Add("@技术职称", SqlDbType.Text).Value = this.comboBox2.
                       Text.Trim().ToString();
23          cmd.Parameters.Add("@婚姻状态", SqlDbType.Text).Value = this.comboBox3.
                       Text.Trim().ToString();
24          cmd.Parameters.Add("@健康状态", SqlDbType.Text).Value = this.comboBox4.
                       Text.Trim().ToString();
25           cmd.ExecuteNonQuery();                          //执行SQL语句
26           con.Close();                                    //关闭数据库的连接
27           return true;
28      }
29      catch
30      {
31           return false;
32      }
33  }
```

举一反三

根据本实例，读者可以实现以下功能。

◇ 批量存入图片。

◇ 批量读取图片。

实例 071 利用数据绑定控件修改数据

实例说明

利用数据绑定控件修改数据，只需少量的代码即可实现数据修改的功能。运行本实例，通过 ListView 控件选择要修改的信息，单击“修改”按钮对信息进行修改，如果修改成功，系统则提示用户“修改成功”，ListView 控件则重新获取新的数据源；如果修改失败，系统则提示用户“修改失败”。实例运行结果如图 7.8 所示。

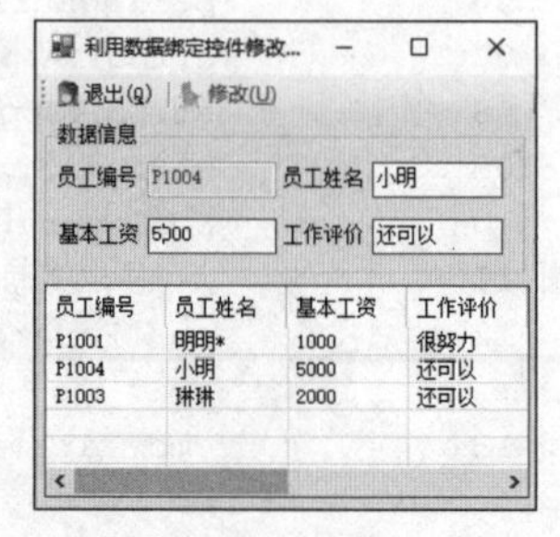

图 7.8 利用数据绑定控件修改数据

技术要点

SqlDataReader 对象是一个简单的数据集，用于从数据源中检索只读数据集，常用于检索大量数据。SqlDataReader 对象只允许以只读、顺向的方式查看其中存储的数据，提供一个有效的数据查看模式。同时 SqlDataReader 对象还是一种非常节省资源的数据对象，因为其提供的功能相当贫乏。

SqlDataReader 对象的常用方法及说明如表 7.3 所示。

表 7.3 SqlDataReader 对象的常用方法及说明

方法	说明
Read	使 SqlDataReader 对象前进到下一条记录
Close	关闭 SqlDataReader 对象
Get	用来读取数据集的当前行的某一列的数据

实现过程

01 新建一个项目，将其命名为 AbductUpData，默认主窗体为 Form1。

02 Form1 窗体主要用到的控件及说明如表 7.4 所示。

表 7.4 Form1 窗体主要用到的控件及说明

控件类型	控件名称	说明
GroupBox	groupBox1	控件容器
Text	text1	员工编号
	text2	员工姓名
Text	text3	基本工资
	text4	工作评价
ToolStrip	tbExit	退出项目
	tbUpdate	更新数据

03 主要代码。

自定义方法 Updateinfo 用于更新员工信息。代码如下：

```
01  private bool Updateinfo()
02  {
03      using(SqlCommand cmd = new SqlCommand())// 实例化 SqlCommand 类
04      {
05          try
06          {
07              // 设置 SQL 语句
08              cmd.CommandText = "update 员工表 set 员工姓名 ='" + this.textBox2.
                             Text + "', 基本工资 ='" +  this.textBox4.Text + "',
                             工作评价 ='" + this.textBox5.  Text + "' where 员工编号
                             ='" + this.textBox1.Text + "'";
09              con.Open();                          // 打开数据库的连接
10              cmd.Connection = con;
11              cmd.ExecuteNonQuery();               // 执行 SQL 语句
12              con.Close();                         // 关闭数据库的连接
13              return true;
14          }
15          catch
16          {
17              return false;
18          }
19      }
20  }
```

举一反三

根据本实例，读者可以实现以下功能。

◇ 利用非数据绑定控件修改数据。

◇ 利用数据绑定控件修改表结构。

实例 072 利用 SQL 语句修改数据

实例说明

对于需要整批数据一次性处理的，使用 SQL 语句很方便。本实例将介绍如何使用 SQL 语句修改数据。运行本实例，在窗体下方的文本框中输入要执行的 SQL 语句，单击“执行”按钮，即可对数据进行修改。实例运行结果如图 7.9 所示。

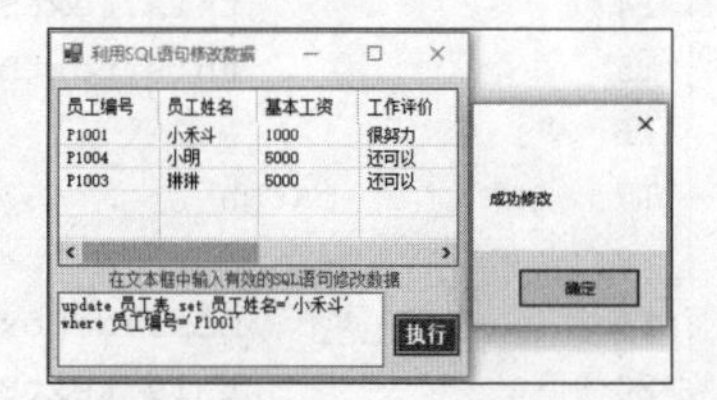

图 7.9　利用 SQL 语句修改数据

技术要点

UPDATE 语句可以更改表或视图中单行、行组或所有行的数据值。还可以用该语句更新远程服务器上的行，前提是用来访问远程服务器的 OLEDB 数据提供程序支持更新操作。引用某个表或视图的 UPDATE 语句每次只能更改一个基表中的数据。UPDATE 语句包括以下主要子句。

◇ SET：包含要更新的列和每个列的新值的列表（用逗号分隔），格式为 column_name= expression。表达式提供的值包含多个项目，例如常量、从其他表或视图的列中选择的值或使用复杂的表达式计算出来的值。

◇ FROM：指定为 SET 子句中的表达式提供值的表或视图，以及各个源表或视图之间可选的连接条件。

◇ WHERE：指定搜索条件，该搜索条件定义源表和视图中可以为 SET 子句中的表达式提供值的行。

实现过程

01 新建一个项目，将其命名为 SQLUpData，默认主窗体为 Form1。

02 Form1 窗体主要用到的控件及说明如表 7.5 所示。

表 7.5 Form1 窗体主要用到的控件及说明

控件类型	控件名称	说明
ListView	listView1	显示数据信息
Text	text1	编辑 SQL 语句
Button	button1	执行 SQL 语句

03 主要代码。

button1 控件的 Click 事件根据指定的 SQL 语句更新数据表。代码如下：

```
01  private void button1_Click(object sender, EventArgs e)
02  {
03      using(SqlCommand cmd = new SqlCommand())      //实例化 SqlCommand 类
04      {
05          try
06          {
07              con.Open();                               //打开数据库的连接
08              cmd.Connection = con;
09              cmd.CommandText = this.textBox1.Text;//记录 SQL 语句
10              cmd.ExecuteNonQuery();                    //执行 SQL 语句
11              con.Close();                              //关闭数据库的连接
12              showList();                               //显示更新后的数据
13              MessageBox.Show("成功修改");
14              this.textBox1.Focus();
15              this.textBox1.SelectAll();
16          }
17          catch
18          {
19              MessageBox.Show("SQL 语句有误");
20              this.textBox1.Focus();
```

```
21                this.textBox1.SelectAll();
22            }
23        }
24    }
```

举一反三

根据本实例，读者可以实现以下功能。

◇ 多表修改。

◇ 自动修改数据库中不符合要求的数据。

实例 073 删除表格中指定的记录

实例说明

如果表格中存在错误或重复的数据，比较简单、快捷的方法就是选定该数据，然后将其删除。运行本实例，在员工信息表中选择要删除的记录，单击“删除”按钮，即可将选定的员工信息删除。实例运行结果如图 7.10 所示。

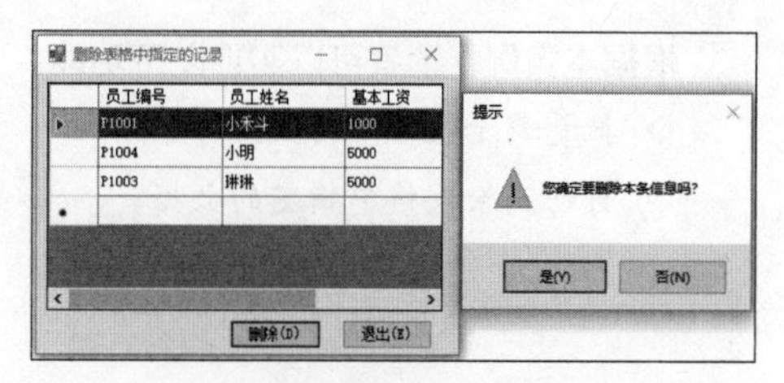

图 7.10　删除表格中指定的记录

技术要点

本实例使用 SqlCommand 类来实现记录的删除，因此要求为其指定合法的 Delete 语句，在指定 Delete 语句时最主要的就是 Where 条件。本实例在加载时首先将信息绑定到 DataGridView 控件中，当用户单击每一行记录时便可以获得此行记录，根据行记录获得 Where 条件生成 SQL 语句。最后通过 SqlCommand 类的 ExecuteNonQuery 方法完成删除操作。

实现过程

01 新建一个项目，将其命名为 DeleteTableNote，默认主窗体为 Form1。

02 在 Form1 窗体中主要添加两个 Button 控件和一个 DataGridView 控件，分别用于删除员工信息、退出应用程序和显示信息。

03 主要代码。

```
01  private void button1_Click(object sender, EventArgs e)
02  {
03      if (MessageBox.Show("您确定要删除本条记录吗？", "提示", MessageBoxButtons.YesNo,
        MessageBoxIcon.Warning)== DialogResult.Yes)//单击“是”按钮则执行删除
```

```
04        {
05            if(str != "")                        // 如果员工编号不为空
06            {
07                // 实例化 SqlConnection 类，连接数据库
08                using (SqlConnection con = new SqlConnection("server=XIAOKE;pwd=;
                      uid=sa;database=db_Test"))
09                {
10                    con.Open();                  // 打开数据库的连接
11                                                 // 建立 SQL 语句与数据库的连接
12                    SqlCommand cmd = new SqlCommand("delete from 员工表 where 员工编号 ='" +
                              str + "'", con);
13                    cmd.Connection = con;
14                    cmd.ExecuteNonQuery();       // 执行 SQL 语句
15                    con.Close();                 // 关闭数据库的连接
16                    showinf();                   // 显示删除后的数据
17                    MessageBox.Show(" 删除成功 ");
18                }
19            }
20        }
21    }
```

举一反三

根据本实例，读者可以实现以下功能。

◇ 批量删除表格中的数据。

◇ 自动删除表格中指定的数据。

实例 074 利用 SQL 语句删除数据

实例说明

为了更好地体现 SQL 语句的强大功能，本实例模拟一个 SQL 语句的运行平台。用户可以直接输入正确的 SQL 语句来删除数据。实例运行结果如图 7.11 所示。

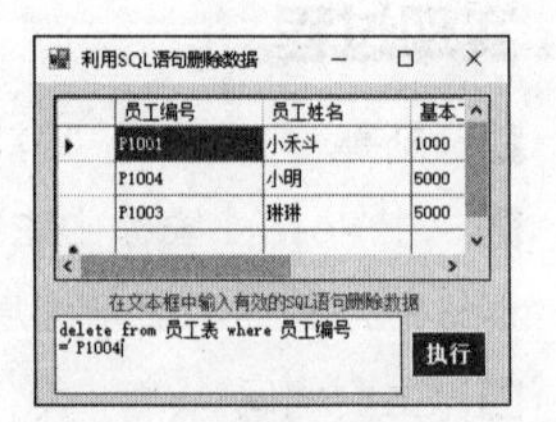

图 7.11　利用 SQL 语句删除数据

技术要点

SQL 语句中的 DELETE 语句可以删除数据。其语法如下：

```
DELETE [table.*] FROM table WHERE criteria
```

参数说明如下。

◇ table.*：从其中删除数据的表的可选名称。

◇ table：从其中删除数据的表的名称。

◇ criteria：决定哪些数据应该被删除的表达式。

注意：在执行 DELETE 语句时，需要使用 Connection 对象的 Execute 方法执行。

实现过程

01 新建一个项目，将其命名为 SQLDelete，默认主窗体为 Form1。

02 在 Form1 窗体中主要添加一个 Button 控件、一个 TextBox 控件和一个 DataGridView 控件，分别用于执行 SQL 语句（删除数据）、编辑 SQL 语句和显示信息。

03 主要代码。

```
01  private void button1_Click(object sender, EventArgs e)
02  {
03      using(SqlCommand cmd = new SqlCommand())// 实例化 SqlCommand 类
04      {
05          try
06          {
07              con.Open();// 打开数据库的连接
08              cmd.Connection = con;
09              cmd.CommandText = this.textBox1.Text;// 记录 SQL 语句
10              cmd.ExecuteNonQuery();// 执行 SQL 语句
11              con.Close();// 关闭数据库的连接
12              showinfo();// 更新删除后的数据
13              MessageBox.Show(" 删除成功 ");
14              this.textBox1.Focus();
15              this.textBox1.SelectAll();
16          }
17          catch
18          {
19              MessageBox.Show("SQL 语句有误 ");
20              this.textBox1.Focus();
21              this.textBox1.SelectAll();
22          }
23      }
24  }
```

举一反三

根据本实例，读者可以实现以下功能。

◇ 级联删除。

◇ 在删除数据时引用多个表。

实例075 分页显示信息

实例说明

上网时用户可能最常做的就是搜索信息。搜索过程中由于信息量很大，因此查询结果是以分页的形式呈现出来的，同时会提示总页数以及当前页，这样可以使用户更快速地找到相关信息。本实例将实现以上功能。实例运行结果如图 7.12 所示。

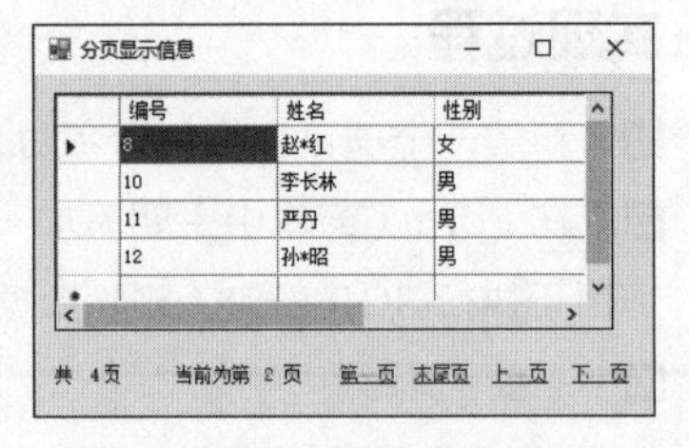

图 7.12　分页显示信息

技术要点

查询结果分页显示是以较小数据子集（页）的形式返回查询结果的过程，通常用于以易于管理的小块形式向用户显示结果。DataAdapter 对象提供了 Fill 方法的重载来实现仅返回一页数据的功能。其语法如下：

```
public int Fill(DataSet dataSet, int startRecord, int maxRecords, string srcTable)
```

参数说明如下。

◇ dataSet：要用记录和架构（如果必要）填充的 DataSet 对象。

◇ startRecord：起始记录的从 0 开始的记录号。

◇ maxRecords：要检索的最大记录数。

◇ srcTable：用于表映射的源表的名称。

◇ 返回值：已在 DataSet 对象中成功添加或刷新的行数。这不包括受不返回行的语句影响的行。

实现过程

01 新建一个项目，将其命名为 Pagination，默认主窗体为 Form1。

02 在 Form1 窗体中添加 4 个 LinkLabel 控件和一个 DataGridView 控件，分别用于显示第一页、末尾页、上一页、下一页以及显示信息。

03 主要代码。

在窗体的 Load 事件中以分页的方式显示数据表中的内容。代码如下：

```
01    public static int INum = 0, AllCount = 0;           //定义变量
02    int Sizes = 4;
03    private void Form1_Load(object sender, EventArgs e)
04    {
05        using (SqlConnection con = new SqlConnection("server=XIAOKE;pwd=;uid=sa;
              database=db_Test"))//实例化 SqlConnection 类
06        {
07            SqlDataAdapter da = new SqlDataAdapter("select * from 工资表", con);
                                                        //建立 SQL 语句与数据库的连接
08            DataTable dt = new DataTable();           //实例化 DataTable 类
```

```
09          da.Fill(dt);                                    //添加 SQL 语句并执行
10          int i = dt.Rows.Count;                          //获取数据表中记录的个数
11          AllCount = i;                                   //记录总数
12          int m = i % Sizes;                              //计算一共有多少页
13          if(m == 0)                                      //只能显示一页
14          {
15              m = i / Sizes;
16          }
17          else                                            //显示页数
18          {
19              m = i / Sizes + 1;
20          }
21          this.label3.Text = m.ToString();
22          show(0, 4);                                     //分页显示信息
23          this.label4.Text = "1";
24      }
25  }
```

自定义方法 show 用于分页显示数据表中的信息。代码如下：

```
01  private void show(int i, int j)
02  {
03      SqlConnection con = new SqlConnection("server=XIAOKE;pwd=;uid=sa;database=
                        db_Test");    //连接数据库
04      SqlDataAdapter daone = new SqlDataAdapter("select * from 工资表", con);
                              //建立 SQL 语句与数据库的连接
05       DataSet dsone = new DataSet();                   //实例化 DataSet 类
06       daone.Fill(dsone, i, j, "one");                  //显示指定范围的记录
07       this.dataGridView1.DataSource = dsone.Tables["one"].DefaultView; //显示信息
08       dsone = null;
09  }
```

举一反三

根据本实例，读者可以实现以下功能。

◇ 根据记录数统计总数量和金额。

实例 076 在 C# 中分离 SQL Server 数据库

实例说明

对于不再使用的 SQL Server 数据库，通常需要在 SQL Server 的企业管理器中进行删除或分离操作，分离后的数据库可从 SQL Server 数据库中删除。本实例将通过 .NET 实现 SQL Server 数据

库的分离。运行本实例，在文本框中输入需要分离的 SQL Server 数据库名称，单击“分离数据库”按钮，即可完成 SQL Server 数据库的分离。实例运行结果如图 7.13 所示。

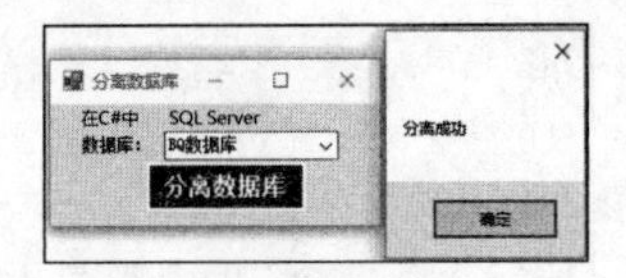

图 7.13　在 C# 中分离 SQL Server 数据库

技术要点

Transact-SQL 语句中的 sp_detach_db 语句可以分离 SQL Server 数据库。sp_detach_db 语句主要用于从服务器分离数据库，并可以选择在分离前在所有的表上执行 UPDATE STATISTICS 语句。其语法如下：

```
sp_detach_db [ @dbname = ] 'dbname' [ , [ @skipchecks = ] 'skipchecks' ]
```

参数说明如下。

◇ [@dbname =] 'dbname'：要分离的数据库名称。dbname 的数据类型为 sysname，默认值为 null。

◇ [@skipchecks =] 'skipchecks'：skipchecks 的数据类型为 nvarchar(10)，默认值为 null。如果为 true，则跳过 UPDATE STATISTICS 语句。如果为 false，则执行 UPDATE STATISTICS 语句。对于要移动到只读媒体上的数据库，此参数很有用。

◇ 返回值：0（成功）或 1（失败）。

实现过程

01 新建一个项目，将其命名为 SeparateSQLServer，默认主窗体为 Form1。

02 在 Form1 窗体中添加一个 Button 控件和一个 ComboBox 控件，分别用于执行分离数据库操作和显示数据库名称。

03 主要代码。

自定义方法 biandingiInfo 主要用于获取数据库中所有数据库的名称。代码如下：

```
01  private void biandingiInfo()
02  {
03      using (SqlConnection con = new SqlConnection("server=XIAOKE;pwd=;uid=sa;
            database=master"))
04      {
05          DataTable dt = new DataTable();              // 实例化 DataTable 类
06          SqlDataAdapter da = new SqlDataAdapter("select name from sysdatabases", con);
                                                         // 建立 SQL 语句与数据库的连接
07          da.Fill(dt);                                 // 添加 SQL 语句并执行
08          this.comboBox1.DataSource = dt.DefaultView;// 显示所有数据库名称
09          this.comboBox1.DisplayMember = "name";
10          this.comboBox1.ValueMember = "name";
11      }
12  }
```

“分离数据库”按钮的 Click 事件主要用于分离 SQL Server 中的数据库。代码如下：

```
01  private void button1_Click(object sender, EventArgs e)
02  {
```

```
03      using (SqlConnection con = new SqlConnection("server=xiaoke;pwd=;uid=sa;
                                database=master"))  //连接数据库
04      {
05          try
06          {
07              SqlCommand cmd = new SqlCommand();// 实例化 SqlCommand 类
08              con.Open();                        // 打开数据库的连接
09              cmd.Connection = con;
10              //SQL 语句
11              cmd.CommandText = "sp_detach_db @dbname='" + this.comboBox1.
                               Text + "'";
12              cmd.ExecuteNonQuery();             // 执行 SQL 语句
13              MessageBox.Show(" 分离成功 ");
14          }
15          catch(Exception ey)
16          {
17              MessageBox.Show(ey.Message);
18          }
19      }
20  }
```

举一反三

根据本实例，读者可以实现以下功能。

◇ 程序运行时自动分离数据库。

◇ 程序开启时自动备份数据库。

实例 077 判断计算机中是否安装了 SQL 软件

实例说明

SQL 软件因为功能强大而受到广大程序员的青睐。在开发数据表提取器时，首先要判断计算机中是否安装了 SQL 软件，否则会出现异常。本实例实现判断计算机中是否安装了 SQL 软件的功能。实例运行结果如图 7.14 所示。

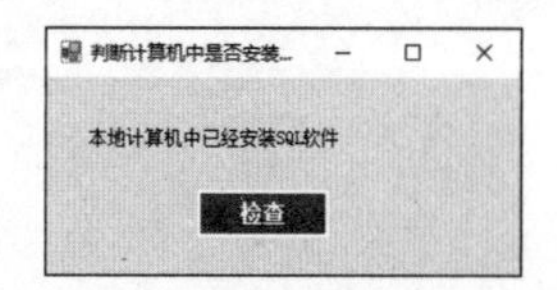

图 7.14　判断计算机中是否安装了 SQL 软件

技术要点

本实例主要通过 ServiceController 类的 GetServices 方法获取计算机中的服务列表，然后遍历服务列表，判断服务列表中是否存在名为“MSSQLSERVER”的服务，如果存在则说明已经安装了 SQL 软件。GetServices 方法的语法如下：

```
public static ServiceController[] GetServices()
```

返回值为 ServiceController 类型的数组，其中每个元素均与本地计算机上的一个服务关联。

实现过程

01 新建一个 Windows 应用程序，将其命名为“判断计算机中是否安装了 SQL 软件”，默认主窗体为 Form1。

02 在 Form1 窗体中添加一个 Button 控件和一个 Label 控件，分别用于检查和显示本地计算机中是否安装了 SQL 软件。

03 主要代码。

```
01  //自定义一个方法用于判断计算机中是否安装了 SQL 软件
02  public bool ExitSQL()
03  {
04      bool sqlFlag = false;                          //声明变量，标记是否安装了 SQL 软件
05      //获取计算机中的所有服务列表
06      ServiceController[] services = ServiceController.GetServices();
07      for (int i = 0; i < services.Length; i++) //遍历服务列表
08      {
09          //如果服务名称为 MSSQLSERVER
10          if (services[i].ServiceName.ToString() == "MSSQLSERVER")
11              sqlFlag = true;                        //说明已经安装了 SQL 软件，则变量值为 true
12      }
13      return sqlFlag;                                //返回变量
14  }
```

举一反三

根据本实例，读者可以实现以下功能。

◇ 远程连接 SQL 软件。

SQL 查询相关技术

实例 078 查询特定列数据

实例说明

通过 SELECT 语句可以查询数据表中的所有列数据，也可以查询特定列的数据。本实例主要实现将用户表中指定的学生编号信息显示到表格中。运行本实例，单击“查询”按钮，即可在表格中显示查询结果。实例运行结果如图 8.1 所示。

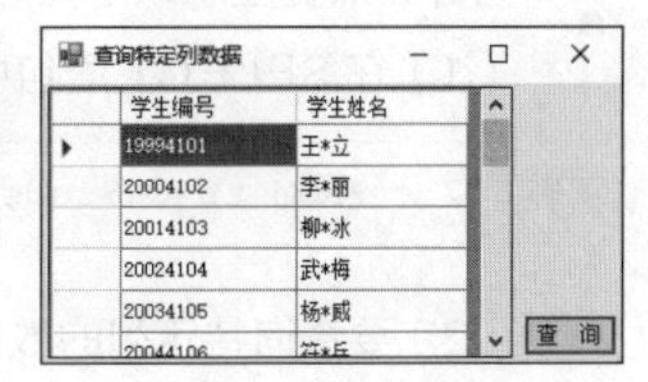

图 8.1　查询特定列数据

技术要点

SQL（Structured Query Language，结构查询语言）的主要功能就是与各种数据库建立联系，进行沟通。

注意：本书以 SQL Server 为例介绍 SQL 语法与命令。

SELECT 语句是 SQL 语句的核心，在 SQL 语句中用得最多的就是 SELECT 语句。SELECT 语句用于查询数据库并检索匹配指定条件的数据。

SELECT 语句的语法如下：

```
SELECT[predicate]{*|table.*|[table.]field1 [,[table.]field2[,…]]} [AS alias1 [,alias2[,…]]]
FROM tableexpression [,…][In externaldatabase]
[where…]
[GROUP BY…]
[HAVING…]
[ORDER BY…]
[WITH OWNER ACCESS OPTION]
```

参数说明如下。

◇ predicate：包括 ALL、DISTINCT、DISTINCTROW 和 TOP 可以利用这样的语句去限制查询后所得的结果。

◇ table：针对被选择出的数据的字段，指定表格的名称。

◇ field1、field2：想要读取数据的字段名称，如果包含一个以上的字段，会依照列出的顺序来读取数据。

◇ alias1、alias2：用来替代在表格中的实际字段名称的化名。

◇ tableexpression：表格名称或包含用户所想要的数据的表格。

◇ externaldatabase：如果使用的不是目前的数据库，则将其名称定义在 externaldatabase 当中。

注意：FROM 是唯一必需的子句。字段与字段之间以“,”分隔，最后一个字段除外。

在 SELECT 语句中，可以运用 WHERE 子句指定某些条件，将所有符合条件的记录过滤出来。下面列出了 SQL 语句提供的运算符和关键字。

◇ 算术运算符：+（加）、-（减）、*（乘）、/（除）、%（取模）。

◇ 比较运算符：=、<、>、>=、<=、<>。

◇ 字符串比较符：LIKE、NOT LIKE。

◇ 逻辑运算符：AND、OR、NOT。

◇ 值的域：BETWEEN、NOT BETWEEN。

◇ 值的列表：IN、NOT IN。

◇ 未知的值：IS null、IS NOT null。

另外，需要注意以下几点。

（1）在 SELECT 语句中，使用“*”可以返回所有列的数据。SQL 语句如下：

```
SELECT * FROM tb_CNStudent
```

（2）要查询特定列的数据，只需在 SELECT 语句中列出需要查看的列，列与列之间用“,”分隔。SQL 语句如下：

```
SELECT 学生编号，学生姓名 FROM tb_CNStudent
```

（3）要重新安排结果列，只需在 SELECT 语句中改变需要查看列的顺序。SQL 语句如下：

```
SELECT 学生姓名，学生编号 FROM tb_CNStudent
```

实现过程

01 新建一个项目，将其命名为 FindArrange，默认窗体为 Form1。

02 在 Form1 窗体中添加一个 DataGridView 控件，用来显示查询数据；添加一个 Button 控件，用来执行查询操作。

03 主要代码。

```
01    private void button1_Click(object sender, EventArgs e)
02    {
```

```
03        string cmdtxt = "SELECT 学生编号，学生姓名 FROM tb_CNStudent";// 设置 SQL 语句
04        SqlConnection cn = new SqlConnection("server=XIAOKE;database=db_Test;Uid=sa;
                                                                   Pwd=");// 连接数据库
05        cn.Open();// 打开连接的数据库
06        SqlDataAdapter dap = new SqlDataAdapter(cmdtxt, cn);// 执行 SQL 语句
07        DataSet ds = new DataSet();// 实例化 DataSet 类
08        dap.Fill(ds, "table");// 添加 SQL 语句并执行
09        dataGridView1.DataSource = ds.Tables[0].DefaultView;// 显示数据
10    }
```

注意：对 SQL Server 数据库进行操作需引用命名空间 System.Data.SqlClient，后文实例中遇到时将不再详细说明。

举一反三

根据本实例，读者可以实现以下查询。

◇ 在表中查询出操作员名称的数据。

◇ 在表中查询出操作员编号、操作员名称和操作员密码的数据。

实例 079 查询数字

实例说明

如果要查询数据表中某一字段中包含某一数字的记录，需要在查询中使用数字常量。本实例主要实现查询学生信息表中年龄是 23 岁的学生的信息。运行本实例，单击“查询”按钮，即可将年龄 23 岁的学生信息显示在表格中。实例运行结果如图 8.2 所示。

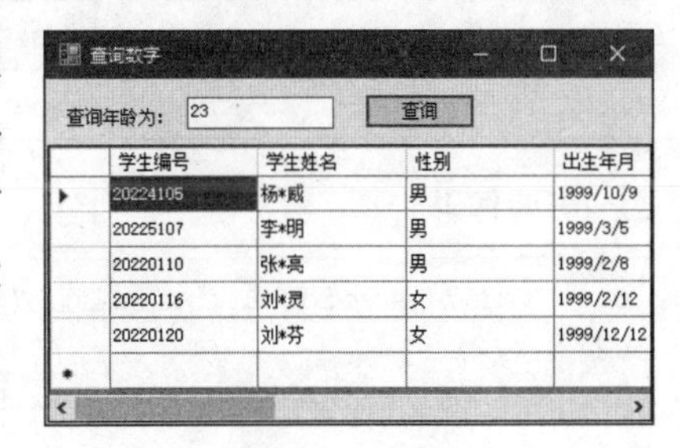

图 8.2 查询数字

技术要点

对数字进行查询时，查询谓词可以使用比较运算符。常用的比较运算符如表 8.1 所示。

表 8.1 常用的比较运算符

运算符	含义	示例	SQL 语句示例
=	等于	= 'Smith'	SELECT fname, lname FROM employees WHERE lname = 'Smith'
<> 或 !=	不等于	<> 'Active'	SELECT fname, lname FROM employees WHERE status <> 'Active'
>	大于	> '01 Jan 1995'	SELECT fname, lname FROM employees WHERE hire_date > '01 Jan 1995'
<	小于	< 90	SELECT fname, lname FROM employees WHERE job_lvl < 90
>= 或 !<	大于等于	>= 'T'	SELECT au_lname FROM authors WHERE au_lname >= 'T'
<= 或 !>	小于等于	<= '01 Jan 1995'	SELECT fname, lname FROM employees WHERE hire_date <= '01 Jan 1995'

例如，查询记录中数据等于某一数字。SQL 语句如下：

```
select * from tb_CNStudent where 年龄 =23
```

例如，查询记录中数据大于等于某一数字。SQL 语句如下：

```
select * from tb_CNStudent where 年龄 =23 or 年龄 >23
```

例如，查询记录中数据大于某一数字而小于某一数字。SQL 语句如下：

```
select * from tb_CNStudent where 年龄 >23 or 年龄 <30
```

例如，查询记录中字段值长度等于某一数字。SQL 语句如下：

```
select * from kh where len(kh)=3
```

本实例应用到的 SQL 语句如下：

```
"SELECT * FROM tb_CNStudent where 年龄 =" + textBox1.Text
```

实现过程

01 新建一个项目，将其命名为 FindFig，默认窗体为 Form1。

02 Form1 窗体主要用到的控件及说明如表 8.2 所示。

表 8.2 Form1 窗体主要用到的控件及说明

控件类型	控件名称	说明
TextBox	textBox1	输入查询条件
Button	button1	执行查询操作
DataGridView	dataGridView1	显示查询结果

03 主要代码。

```
01  private void button1_Click(object sender, EventArgs e)
02  {
03      SqlConnection cn = new SqlConnection("server=XIAOKE;database=db_Test;Uid=sa;
                                         Pwd=");// 连接数据库
04      cn.Open();// 打开连接的数据库
05      // 执行 SQL 语句
06      SqlDataAdapter dap = new SqlDataAdapter("SELECT * FROM tb_CNStudent where 年龄 =" +
                                          textBox1.Text, cn);
07      DataSet ds = new DataSet();// 实例化 DataSet 类
08      dap.Fill(ds);// 添加 SQL 语句并执行
09      dataGridView1.DataSource = ds.Tables[0].DefaultView; // 显示查询后的数据
10  }
```

举一反三

根据本实例，读者可以实现以下查询。

◇ 在工资管理系统中查询指定数字常量的员工工资信息。

◇ 在销售管理系统中查询指定数字常量的销售产品信息。

实例 080 查询空（“”或 null）数据

实例说明

数据库通常是一个现实世界的模型，因此有些数据不可避免地会出现丢失或不能用的情况。本实例将介绍如何查询空数据，即在学生信息表中查询备注信息字段为空的学生相关信息。运行本实例，在 ComboBox 控件中选择需要查询的字段，即可将备注信息字段为空的学生相关信息显示在表格中。实例运行结果如图 8.3 所示。

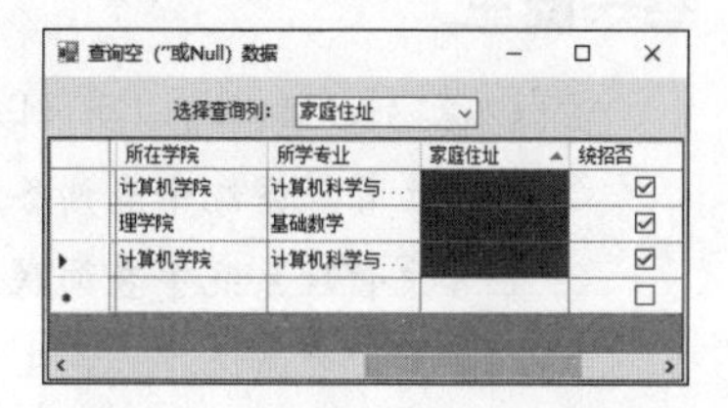

图 8.3　查询空（“”或 null）数据

技术要点

在实际操作中有几种原因会使一列成为空列，具体如下。

（1）其值未知。例如，在学生表中包括班级列，在刚入学时则可能将其值设置为 null。

（2）其值不存在。例如，在本实例中的备注信息列。

（3）列对行不可用。例如，雇员表中包括一个经理编号列，则可将公司所有者的行设置为 null。

（4）值被删除。例如，将某一单元格的值删除。

注意：

（1）在表达式中搜索空值的时候必须使用空值条件，因为从理论上讲，值表达式不能和一些未知的值进行比较，所以类似于 <Value Expression>=null 这样的条件是无效的。

（2）要将用于存储 null 数据的数据列设置为允许空。

本实例应用到的 SQL 语句如下：

```
"SELECT * FROM tb_CNStudent where " + comboBox1.Text + " is null OR " + comboBox1.
Text + "=''"
```

实现过程

01 新建一个项目，将其命名为 LookupNull，默认窗体为 Form1。

02 在 Form1 窗体中添加一个 ComboBox 控件，用来绑定数据表中的列；添加一个 DataGridView 控件，用来显示数据。

03 主要代码。

在 comboBox1 控件的 SELECTEDIndexChanged 事件中，根据指定的字段名查找空记录，并进行显示。代码如下：

```
01  private void comboBox1_selectedIndexChanged(object sender, EventArgs e)
02  {
03      SqlConnection cn = new SqlConnection("server=XIAOKE;database=db_Test;Uid=sa;
                                             Pwd=");// 连接数据库
04      // 通过 SQL 语句查询数据表中的空数据
05      SqlDataAdapter dap = new SqlDataAdapter("SELECT * FROM tb_CNStudent where " +
                  comboBox1.Text + " is null OR " + comboBox1.Text + "=''", cn);
06      DataSet ds = new DataSet();// 实例化 DataSet 类
07      dap.Fill(ds);// 刷新行
08      dataGridView1.DataSource = ds.Tables[0].DefaultView;// 显示查询后的数据
09  }
```

举一反三

根据本实例，读者可以实现以下查询。

◇ 在学生管理系统中查询备注信息为空的学生信息等。

◇ 在客户管理系统中查询联系人信息为空的客户情况等。

◇ 在生产管理系统中查询生产计划单中负责人信息为空的计划单信息等。

实例 081 利用“_”通配符进行查询

实例说明

本实例利用下画线（_）来实现模式查询。运行本实例，在 TextBox 文本框中输入“2018410”，单击“查询”按钮，程序将在数据表中查询学生编号与“2018410_”相匹配的学生的详细信息。实例运行结果如图 8.4 所示。

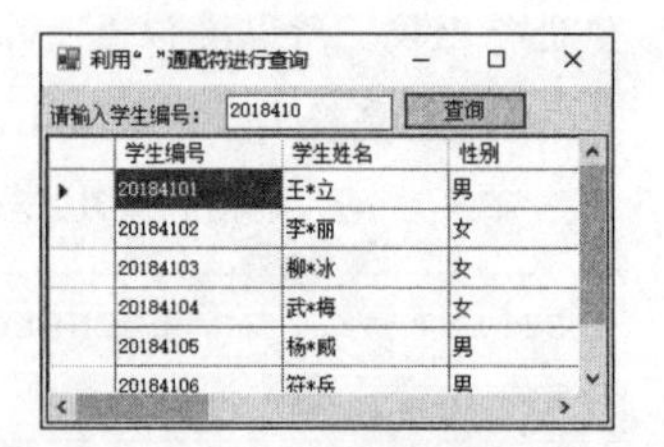

图 8.4 利用“_”通配符进行查询

技术要点

标准 SQL 也称为 ANSI SQL，由美国国家标准协会控制。各大数据库都支持 SQL，但大多数厂家都扩展了 SQL。SQL Server 的扩展版本称为 Transact-SQL（T-SQL）。如果应用程序访问 SQL Server，应使用 T-SQL，但如果访问其他厂家的数据库，建议采用标准 SQL。T-SQL 与标准 SQL 的通配符使用方法相同。

T-SQL 中 LIKE 运算符里使用的通配符及其描述如表 8.3 所示。

表8.3 LIKE运算符里使用的通配符及其描述

通配符	描述
%	0个或多个字符
_	任何单一字符
[]	在指定区域或集合内的任何单一字符
[∧]	不在指定区域或集合内的任何单一字符

LIKE谓词用于查找字符串，使用时，取“_”代表任意单个字符，“%”代表任意字符串。具体形式如下。

（1）包含字符mr的任何文本：LIKE'%mr%'。

（2）以字符mr开头的任何文本：LIKE'mr%'。

（3）以字符mr结尾的任何文本：LIKE'%mr'。

（4）取字符mr和单个任意后缀字符：LIKE'mr_'。

（5）取字符mr和单个任意前缀字符：LIKE'_mr'。

（6）以字符m或r开头的任何文本：LIKE'[mr]%'。

（7）结尾为s，开头字符为m ~ r的文本：LIKE'[m-r]s'。

（8）以字符m开头，第2个字符非r的任何文本：LIKE'm[^r]%'。

注意：

（1）查询条件中的字符串内，所有字符都有效，包括开始和结尾的空格。

（2）LIKE只用于下列数据类型：char、nchar、varchar、nvarchar和datetime。

（3）本节中的通配符适用于SQL Server、Access和Paradox。

本实例使用了“_”。“_”表示任意单个字符，该符号只能匹配一个字符。“_”可以作为通配符组成匹配模式进行查询。“_”可以放在查询条件的任意位置。

本实例应用到的SQL语句如下：

```
"select * from tb_CNStudent where 学生编号 like '" + textBox1.Text + "_'";
```

实现过程

01 新建一个项目，将其命名为WildcardFind，默认窗体为Form1。

02 在Form1窗体中添加一个DataGridView控件、一个TextBox控件和一个Button控件，分别用来显示查询结果、输入查询关键字和执行查询操作。

03 主要代码。

```
01  private void button1_Click(object sender, EventArgs e)
02  {
03      string sqlstr = "select * from tb_CNStudent where 学生编号 like '" + textBox1.
                    Text + "_'";// 设置SQL语句
04      SqlConnection cn = new SqlConnection("Server=XIAOKE;DataBase=db_Test;uid=sa;
                    pwd=;");// 连接数据库
05      SqlDataAdapter dap = new SqlDataAdapter(sqlstr, cn);// 执行SQL语句
06      DataSet ds = new DataSet();// 实例化DataSet类
07      dap.Fill(ds);// 添加SQL语句并执行
08      dataGridView1.DataSource = ds.Tables[0].DefaultView;// 显示查询后的数据
09  }
```

举一反三

根据本实例，读者可以实现以下查询。

◇ 在员工管理模块中查询姓王的员工信息。

◇ 在图书管理系统中，根据图书编号查询图书信息。

实例 082 查询前 10 条数据

实例说明

在查询数据时，经常需要查询数据中前若干条数据或最后若干条数据，例如本实例查询库存信息表中现存数量最多的前 10 条图书信息。

运行本实例，单击“查询”按钮，即可将现存数量前 10 名的图书信息（因为获取现存数量最多的前 10 条数据，所以数据应按现存数量降序查询）显示在表格中。实例运行结果如图 8.5 所示。

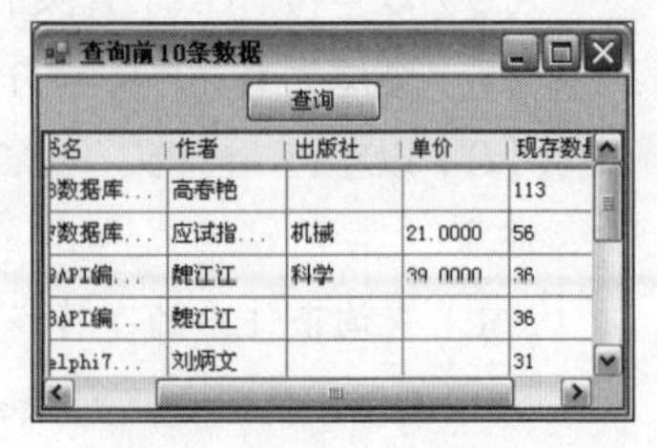

图 8.5 查询前 10 条数据

技术要点

在实现本实例时，采用 TOP n 返回满足 WHERE 子句的前 *n* 条记录。其语法如下：

```
SELECT TOP n [PERCENT]
FROM table
where …
ORDER BY…
```

参数说明如下。

◇ [PERCENT]：返回行的百分之 *n*，而不是 *n* 行。

如果 SELECT 语句中没有 ORDER BY 子句，TOP n 返回满足 WHERE 子句的前 *n* 条记录。如果子句中满足条件的记录少于 *n*，那么仅返回这些记录。

例如，返回库存信息表中现存数量的前 10% 条记录。SQL 语句如下：

```
select top 10 percent * from tb_kcb order by 现存数量
```

本实例应用到的 SQL 语句如下：

```
select top 10* from tb_kcb order by 现存数量 desc
```

注意：

（1）如果包含 ORDER BY 子句，TOP n 返回满足查询条件的前 *n* 行。但不删除重复的组，这样有可能输出大于 *n* 条记录。如果使用 ORDER BY 子句，TOP n 返回前 *n* 条记录，但是如果第 *n* 条后有与排序字段相同值的记录，也将输出这些记录。例如，如果有另外两条记录有相同的值，得到的将不是 *n* 条

记录而是 n+2 条记录。因为在使用 ORDER BY 子句时 TOP 并不删除重复的组。

（2）按升序排列一般在 ORDER BY 子句后添加 ASC 谓词，也可省略，默认按升序排列。

实现过程

01 新建一个项目，将其命名为 Top10Find，默认窗体为 Form1。

02 在 Form1 窗体中添加一个 Button 控件和一个 DataGridView 控件，分别用来查询现存数量前 10 名的图书信息和显示查询结果。

03 主要代码。

```
01   private void button1_Click(object sender, EventArgs e)
02   {
03       SqlConnection cn = new SqlConnection("Server=XIAOKE;DataBase=db_Test;UID=sa;
                              PWD=;"); //连接数据库
04       //执行 SQL 语句
05       SqlDataAdapter dap = new SqlDataAdapter("select top 10* from tb_kcb order by
                              现存数量 desc", cn);
06       DataSet ds = new DataSet();                             //实例化 DataSet 类
07       dap.Fill(ds);                                           //添加 SQL 语句并执行
08       dataGridView1.DataSource = ds.Tables[0].DefaultView;   //显示查询后的数据
09   }
```

举一反三

根据本实例，读者可以实现以下查询。

◇ 在图书管理系统中分别查询销量在前 10 位、前 5 位的图书信息。

◇ 在客户管理系统中查询与本公司业务往来数额最高的前 5% 的客户信息等。

◇ 在生产管理系统中查询生产计划完成最好的 3 个车间部门。

实例 083 查询销售数量占前 50% 的商品信息

实例说明

本实例实现在销售信息表中查询销售数量占前50%的商品信息。运行本实例，单击“查询”按钮，即可将销售数量占前 50% 的商品信息显示在 DataGridView 控件中。实例运行结果如图 8.6 所示。

查询销售数量占前50%的商品信息

查询

编号	商品名称	合计销售数量
2	18K翡翠戒	1
6	18K戒	1
7	18K手链	1
4	24K钻坠	1
3	铂金吊坠	1

图 8.6 查询销售数量占前 50% 的商品信息

技术要点

在实现本实例时，采用 TOP n PERCENT 返回满足 WHERE 子句的前 n% 条记录。关于 TOP n PERCENT 语句的详细说明，请参见实例 082。

本实例应用到的 SQL 语句如下：

```
select top 50 percent 编号,商品名称,sum(数量)as 合计销售数量 from tb_xsb group by 编号,商品名称 order by 3 asc
```

实现过程

01 新建一个项目，将其命名为 PerCentum，默认窗体为 Form1。

02 在 Form1 窗体中添加一个 Button 控件和一个 DataGridView 控件，分别用来查询销售数量占前 50% 的商品信息和显示查询结果。

03 主要代码。

```
01  private void button1_Click(object sender, EventArgs e)
02  {
03      //设置 SQL 语句
04      string sqlstr = "select top 50 percent 编号,商品名称,sum(数量)as 合计销售数量
                        from tb_xsb group by 编号,商品名称 order by 3 asc";
05      SqlConnection cn = new SqlConnection("Server=XIAOKE;DataBase=db_Test;uid=sa;
                           pwd=;");     //连接数据库
06      SqlDataAdapter dap = new SqlDataAdapter(sqlstr, cn); //执行 SQL 语句
07      DataSet ds = new DataSet();                          //实例化 DataSet 类
08      dap.Fill(ds);                                        //添加 SQL 语句并执行
09      dataGridView1.DataSource = ds.Tables[0].DefaultView;// 显示统计后的数据
10  }
```

举一反三

根据本实例，读者可以实现以下查询。

◇ 在学生成绩管理系统中查询成绩前 10 名的学生信息。

实例 084 查询指定日期的数据

实例说明

开发学生管理系统或新闻管理系统过程中，经常需要根据日期查询一些数据。本实例实现在学生信息表中查询指定日期出生的学生信息。运行本实例，首先在界面中显示所有学生的情况，当用户在 DateTimePicker 控件中选择查询日期“2000 年 10 月 11 日”，并单击“查询”按钮时，程序将在学生信息表中检索出生年月为“2000 年 10 月 11 日”的学生信息，并将结果显示在 DataGridView 控件中。实例运行结果如图 8.7 所示。

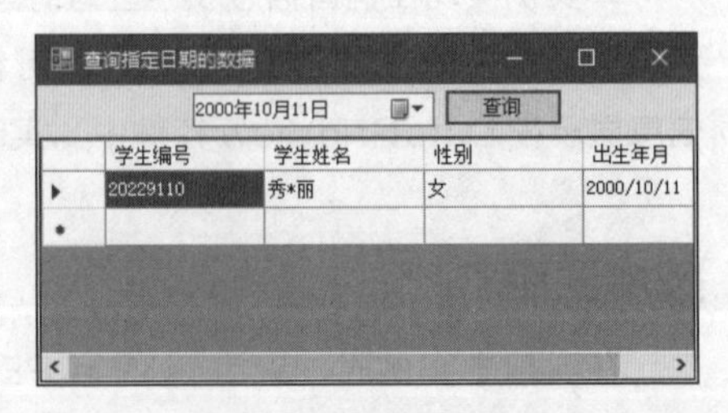

图 8.7 查询指定日期的数据

技术要点

要实现对指定日期数据的查询，只需在 SQL 语句的 WHERE 子句中加入条件“出生年月 = '" + dateTimePicker1.Value.Date + "'”，运行时在 DateTimePicker 控件中选择查询日期即可。

本实例应用到的 SQL 语句如下：

```
"select 学生编号，学生姓名，性别，出生年月 from tb_CNStudent where 出生年月='" + dateTimePicker1.
Value.Date + "'"
```

实现过程

01 新建一个项目，将其命名为 DateFind，默认窗体为 Form1。

02 在 Form1 窗体中添加一个 DataGridView 控件、一个 DateTimePicker 控件和一个 Button 控件，分别用来显示查询结果、选择查询日期和执行查询操作。

03 主要代码。

```
01    private void button1_Click(object sender, EventArgs e)
02    {
03        string sqlstr = "select 学生编号，学生姓名，性别，出生年月 from tb_CNStudent where
                  出生年月='" + dateTimePicker1.Value.Date + "'";// 设置 SQL 语句
04        SqlConnection cn = new SqlConnection("Server=XIAOKE;DataBase=db_Test;uid=sa;
                     pwd=;");// 连接数据库
05        SqlDataAdapter dap = new SqlDataAdapter(sqlstr, cn);// 执行 SQL 语句
06        DataSet ds = new DataSet();// 实例化 DataSet 类
07        dap.Fill(ds);// 添加 SQL 语句并执行
08        dataGridView1.DataSource = ds.Tables[0].DefaultView;// 显示查询后的数据
09    }
```

举一反三

根据本实例，读者可以实现以下查询。

◇ 在学生管理系统中查询指定日期请假的学生信息等。

◇ 在商品销售管理系统中查询指定日期某种商品的销售额信息等。

◇ 在生产管理系统中查询指定日期的入库物料的相关信息等。

实例 085 查询指定时间段的数据

实例说明

在开发学生管理系统时，经常要查询某一时间段内的数据信息。下面将对指定时间段内数据记录的

查询方法做详细的介绍。运行本实例，输入“2000 年 1 月 1 日”至“2000 年 12 月 31 日”的时间段信息，单击“查询”按钮，即可在表格中显示出生年月在这段时间内的学生信息。实例运行结果如图 8.8 所示。

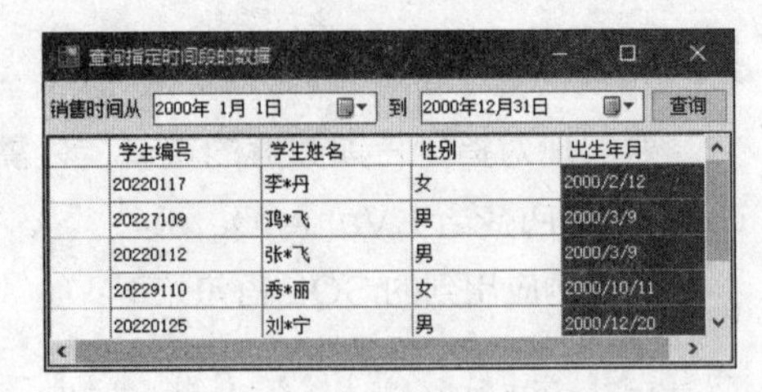

图 8.8　查询指定时间段的数据

技术要点

要实现对指定时间段数据的查询，可以在 SQL 语句中使用 BETWEEN 运算符。BETWEEN 运算符可以用在 WHERE 子句中以选取给定范围的列值所在的行。BETWEEN 运算符中包含查询时间段两端的数据，例如在本实例的查询中包含出生年月在 2000/1/1 到 2000/12/31 之间所有的学生信息。

也可利用 <（小于）和 >（大于）运算符来查询指定时间段的数据。在使用 < 和 > 运算符时，由于这些运算符是非包含的，因此返回的查询结果与 BETWEEN 运算符不同，不包含查询时间段两端的数据。SQL 语句如下：

```
"select 学生编号，学生姓名，性别，出生年月 from tb_CNStudent where 出生年月 >'" + dateTimePicker1.
Value.Date + "'and 出生年月 <'" + dateTimePicker2.Value.Date + "' order by 出生年月"
```

<、>和 =（等于）运算符配合使用，可以实现和 BETWEEN 运算符相同的执行效果。SQL 语句如下：

```
"select 学生编号，学生姓名，性别，出生年月 from tb_CNStudent where 出生年月 >='" + dateTimePicker1.
Value.Date + "'and 出生年月 <='" + dateTimePicker2.Value.Date + "' order by 出生年月"
```

本实例应用到的 SQL 语句如下：

```
"select 学生编号，学生姓名，性别，出生年月 from tb_CNStudent where 出生年月 between'" + dateTimePicker1.
Value.Date + "'and '" + dateTimePicker2.Value.Date + "' order by 出生年月"
```

注意：

（1）在 Access 数据库中用来表示日期的各种格式，可以接收数字形式的日期和文本形式的日期。在 Access 数据库中，数据必须放在“#”之间。

（2）如果比较的字段值为 null，或者表示范围的两个值之一为空，BETWEEN 运算符将返回 null 值，这种记录被忽略。

实现过程

01 新建一个项目，将其命名为 TimeFind，默认窗体为 Form1。

02 在 Form1 窗体中添加两个 DataTimePicker 控件、一个 Button 控件和一个 DataGridView 控件，分别用来选择查询日期、执行查询操作和显示查询结果。

03 主要代码。

```
01    private void button1_Click(object sender, EventArgs e)
02    {
03        string sqlstr = "select 学生编号，学生姓名，性别，出生年月 from tb_CNStudent where
                          出生年月 between'" + dateTimePicker1.Value.Date + "'and '" +
                          dateTimePicker2.Value.Date + "' order by 出生年月"; //设置 SQL 语句
```

```
04        SqlConnection cn = new SqlConnection("Server=XIAOKE;DataBase=db_Test;Uid=sa;
                 pwd=;");// 连接数据库
05        SqlDataAdapter dap = new SqlDataAdapter(sqlstr, cn);// 执行 SQL 语句
06        DataSet ds = new DataSet();// 实例化 DataSet 类
07        dap.Fill(ds);// 添加 SQL 语句并执行
08        dataGridView1.DataSource = ds.Tables[0].DefaultView;// 显示查询后的数据
09    }
```

举一反三

根据本实例，读者可以实现以下查询。

◇ 在仓库管理系统中，查询某一时间段内的商品入库、出库和库存信息。

◇ 在网上图书订购系统中，利用 NOT BETWEEN 运算符查询不在某一时间段内的图书订购信息。

实例 086 按年、月或日查询数据

实例说明

在数据库应用程序开发中，经常会按年、月或日等时间进行数据统计。本实例将介绍如何按年、月或日查询数据。运行本实例，在文本框中输入要查询的日期，单击“查询”按钮，即可将指定出生年月的学生信息显示在表格中。实例运行结果如图 8.9 所示。

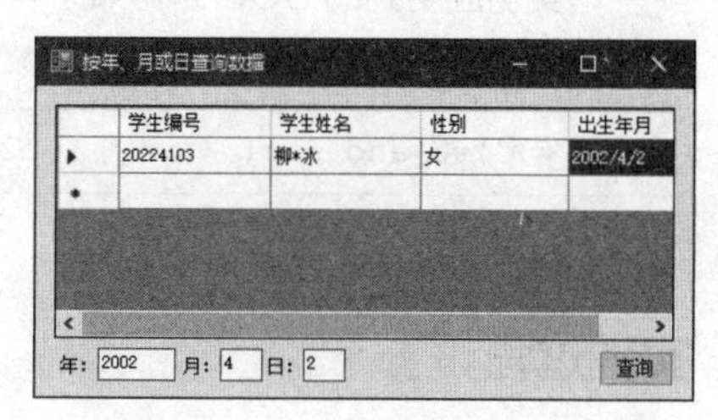

图 8.9　按年、月或日查询数据

技术要点

要实现日期的查询，应当使用 YEAR、MONTH 和 DAY 函数来组合指定的日期。下面对这 3 个函数进行详细说明。

（1）YEAR 函数。该函数返回表示指定日期中的年份的整数。其语法如下：

```
YEAR(date)
```

参数说明如下。

◇ date：datetime 或 smalldatetime 数据类型的表达式。

例如，返回指定日期的年份。SQL 语句如下：

```
SELECT YEAR('09/03/2018')
```

返回结果为 2018。

（2）MONTH 函数。该函数返回表示指定日期中的月份的整数。其语法如下：

```
MONTH(date)
```

参数说明如下。

◇ date：返回 datetime 或 smalldatetime 数据类型的值或日期格式字符串的表达式。仅对 1753 年 1 月 1 日后的日期使用 datetime 数据类型。

例如，返回指定日期的月份。SQL 语句如下：

```
SELECT MONTH('09/03/2018')
```

返回结果为 3。

注意：日期表达式 date 必须是 datetime 或 smalldatetime 数据类型，如果将 date 设置成 0，SQL Server 会将 0 视为 1900 年 1 月 1 日。

（3）DAY 函数。该函数返回表示指定日期中的天的整数。其语法如下：

```
DAY(date)
```

参数说明如下。

◇ date：datetime 或 smalldatetime 数据类型的表达式。

例如，返回当前日期是几号。SQL 语句如下：

```
SELECT DAY('09/03/2018')
```

返回结果为 9。

本实例应用到的 SQL 语句如下：

```
select 学生编号，学生姓名，性别，出生年月 from tb_CNStudent where year(出生年月)=1991 and month
(出生年月)=2 and day(出生年月)=12
```

实现过程

01 新建一个项目，将其命名为 YearMonthDayFind，默认窗体为 Form1。

02 在 Form1 窗体中添加 3 个 TextBox 控件、1 个 Button 控件和 1 个 DataGridView 控件，分别用来输入查询日期、执行查询操作和显示查询结果。

03 主要代码。

自定义方法 ShowDate 用来执行指定的 SQL 语句，参数 SQL 表示 SQL 语句，参数 DataGridV 表示显示查询结果的 DataGridView 控件。代码如下：

```
01    public void ShowDate(string SQL, DataGridView DataGridV)
02    {
03        SqlConnection cn = new SqlConnection("Server=XIAOKE;DataBase=db_Test;UID=sa;
                             PWD=;");//连接数据库
04        SqlDataAdapter dap = new SqlDataAdapter(SQL, cn);//建立SQL语句与数据库的连接
05        DataSet ds = new DataSet();//实例化DataSet类
06        dap.Fill(ds);//刷新行
07        DataGridV.DataSource = ds.Tables[0].DefaultView;//显示结果
08    }
```

“查询”按钮的 Click 事件将日期的查询条件添加到 SQL 语句中，然后在 DataGridView 控件中

显示查询后的结果。代码如下：

```
01   private void button1_Click(object sender, EventArgs e)
02   {
03       string DataSQL = "select 学生编号，学生姓名，性别，出生年月 from tb_CNStudent";
                                                            //设置 SQL 语句
04       if(textBox1.Text.Length > 0)//如果年份有值
05           DataSQL = DataSQL + " where year(出生年月)=" + textBox1.Text + "";
                                                            //添加年的条件
06       if(textBox2.Text.Length > 0)//如果月份有值
07           DataSQL = DataSQL + " and month(出生年月)=" + textBox2.Text + "";//添加月的条件
08       if(textBox3.Text.Length > 0)//如果日有值
09           DataSQL = DataSQL + " and day(出生年月)=" + textBox3.Text + "";//添加日的条件
10       ShowDate(DataSQL, dataGridView1);//调用自定义方法
11   }
```

举一反三

根据本实例，读者可以实现以下查询。

◇ 在数据处理中将出生年月、数据处理时间、计划的预计完成时间，按年、季、月进行统计，这些都属于日期处理的范畴。

◇ 在金银饰品销售管理系统中查询按年、季、月的销售统计等。

◇ 在生产管理系统中查询某一生产车间某一季度生产计划的完成情况等。

实例 087 利用运算符查询指定条件的数据

实例说明

本实例主要用运算符来查询指定条件的数据。运行本实例，在“字段名”下拉列表中选择当前表中的字段名，在“运算符”下拉列表中按条件选择运算符，在“条件”文本框中输入要查询的条件，单击“查询”按钮，将显示指定条件的查询信息。实例运行结果如图 8.10 所示。

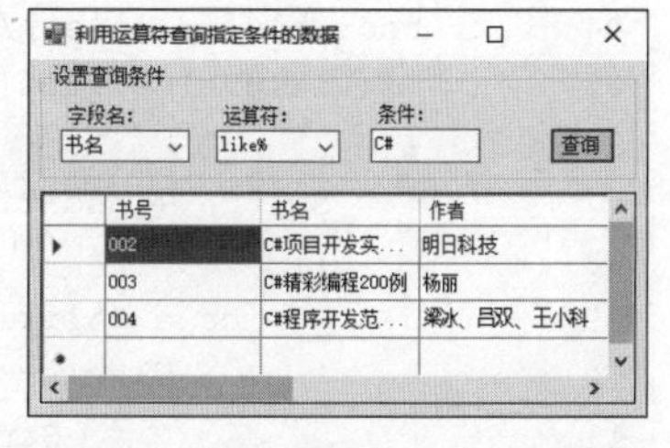

图 8.10 利用运算符查询指定条件的数据

技术要点

本实例主要使用比较运算符和通配符 %，对指定的字段进行任意查询。比较运算符用于测试两个表达式是否相同。除了 text、ntext 或 image 数据类型的表达式外，比较运算符可以用于所有的表达式。

比较运算符应用规则如下。

（1）比较中所使用数据的数据类型必须匹配。即文本只能比较文本、数字只能比较数字等。

（2）比较文本数据时，结果取决于当前使用的字符集。

（3）如果比较值是空值，则结果未知。空值不与任何值匹配。

比较运算符的相关说明如表 8.4 所示

表 8.4　比较运算符的相关说明

比较运算符	说明
=（等于）	当比较非空表达式时，如果两个操作数相等，则结果为 true；否则结果为 false
>（大于）	当比较非空表达式时，如果左边操作数的值大于右边操作数的值，则结果为 true；否则结果为 false
<（小于）	当比较非空表达式时，如果左边操作数的值小于右边操作数的值，则结果为 true；否则结果为 false
>=（大于或等于）	当比较非空表达式时，如果左边操作数的值大于或等于右边操作数的值，则结果为 true；否则结果为 false
<=（小于或等于）	当比较非空表达式时，如果左边操作数的值小于或等于右边操作数的值，则结果为 true；否则结果为 false
<>（不等于）	当比较非空表达式时，如果左边操作数的值不等于右边操作数的值，则结果为 true；否则结果为 false
!=（不等于）	比较某个表达式是否不等于另一个表达式（比较运算符）
!<（不小于）	当比较非空表达式时，如果左边操作数的值不小于右边操作数的值，则结果为 true；否则结果为 false
!>（不大于）	当比较非空表达式时，如果左边操作数的值不大于右边操作数的值，则结果为 true；否则结果为 false

实现过程

01 新建一个项目，将其命名为 OperatorFind，默认主窗体为 Form1。

02 在 Form1 窗体中，添加两个 ComboBox 控件，分别用于选择字段名和运算符；添加一个 TextBox 控件，用于输入查询条件；添加一个 Button 控件和一个 DataGridView 控件，分别用于执行查询操作和显示查询结果。

03 主要代码。

自定义方法 BuildSQL 用于组合查询的 SQL 语句，参数 TableName 表示查询的数据表名称，参数 FieldName 表示查询的字段名称，参数 Condition 表示选择的运算符，参数 FieldValue 表示要查询的值。代码如下：

```
01  public string BuildSQL(string TableName, string FieldName, string Condition,
                          string FieldValue)
02  {
03      string StrSQL = "select * from " + TableName;//组合 SQL 查询语句
04      bool blur = false;//如果为 true，则添加模糊查询
05      if(FieldValue.Trim().Length > 0)//如果查询条件不为空
06      {
07          switch (Condition)
08          {
09              case "%like%"://左右模糊查询
10                  {
11                      StrSQL = StrSQL + " where " + FieldName + " like '%" + FieldValue +
                            "%'";//组合 SQL 查询语句
12                      blur = true;
13                      break;
14                  }
15              case "%like"://左模糊查询
16                  {
```

```
17                  StrSQL = StrSQL + " where " + FieldName + " like '%" + FieldValue +
                            "'";// 组合 SQL 查询语句
18                  blur = true;
19                  break;
20              }
21          case "like%":// 右模糊查询
22              {
23                  StrSQL = StrSQL + " where " + FieldName + " like '" + FieldValue +
                            "%'";// 组合 SQL 查询语句
24                          blur = true;
25                          break;
26                      }
27              }
28              if(!blur)// 如是不是模糊查询
29                  StrSQL = StrSQL + " where " + FieldName + Condition + "'" +
                             FieldValue + "'";// 组合 SQL 查询语句
30      }
31      else// 查询条件为空
32          StrSQL = StrSQL + " where " + FieldName + " IS null or " + FieldName + "=''";
33      return StrSQL;// 返回 SQL 语句
34  }
```

自定义方法 getDataSet 根据 SQL 语句执行查询操作并返回 DataSet，参数 SQLstr 表示 SQL 语句，参数 tableName 表示要查询的表名，该参数可以为空。代码如下：

```
01  public DataSet getDataSet(string SQLstr, string tableName)
02  {
03      SqlConnection My_con = new SqlConnection(M_str_sqlcon);
                                  // 用 SqlConnection 对象与指定的数据库相连接
04      My_con.Open();  // 打开数据库连接
05      SqlDataAdapter SQLda = new SqlDataAdapter(SQLstr, My_con);
                                  // 创建一个 SqlDataAdapter 对象，并获取指定数据表的信息
06      DataSet My_DataSet = new DataSet(); // 创建 DataSet 对象
07      if (tableName == "")
08          SQLda.Fill(My_DataSet);
09      else
10          SQLda.Fill(My_DataSet, tableName);
                              // 通过 SqlDataAdapter 对象的 Fill 方法，将数据表信息添加到 DataSet 对象中
11      My_con.Close();    // 关闭数据库的连接
12      return My_DataSet;  // 返回 DataSet 对象的信息
13  }
```

“查询”按钮的 Click 事件主要用于调用自定义方法 BuildSQL 和 getDataSet，实现指定条件的查询。代码如下：

```
01  private void button1_Click(object sender, EventArgs e)
02  {
03      DataSet Dset = getDataSet(BuildSQL("tb_kcb", comboBox1.Text, comboBox2.
                    Text, textBox1.Text), "");// 调用自定义方法组合 SQL 语句，并查询
04      dataGridView1.DataSource = Dset.Tables[0];// 显示查询后的结果
05  }
```

举一反三

根据本实例，读者可以实现以下查询。

◇ 在客户信息管理系统中查询某段日期的业务往来值大于某一特定值的客户的相关信息。

◇ 在销售管理系统中对多表进行组合查询。

◇ 在生产管理系统中查询生产产品数量大于某一特定值的生产车间的信息。

实例 088 同时利用 OR、AND 运算符进行查询

实例说明

一个语句中可以有多个表达式作为查询条件，由于表达式分组方式的不同，自然会产生不同的结果集。本实例将详细讲解多个表达式的功能及用法。本实例实现在学生成绩表中查询数学成绩大于 90 分或者音乐成绩大于 90 分同时英语成绩大于 90 分的学生信息。实例运行结果如图 8.11 所示。

技术要点

在搜索条件中，可以利用多个 AND 和 OR 运算符的组合进行查询。

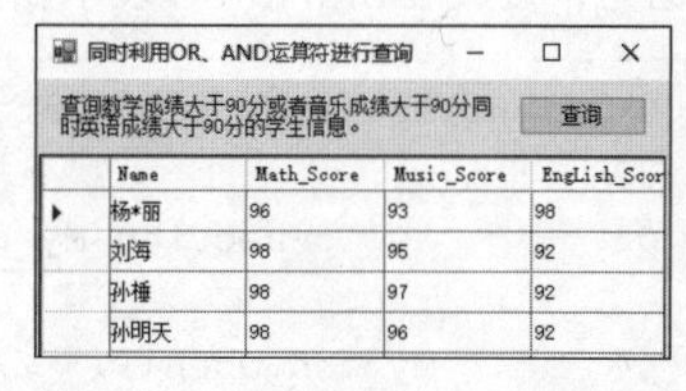

图 8.11 同时利用 OR、AND 运算符进行查询

1. 使用逻辑运算符时遵循的指导原则

（1）使用 AND 运算符返回满足所有条件的行。

（2）使用 OR 运算符返回满足任一条件的行。

（3）使用 NOT 运算符返回不满足条件的行。

2. 优先级

当执行查询时，首先计算用 AND 运算符连接的子句，然后计算用 OR 运算符连接的子句。如果要调整 AND 和 OR 运算符的默认优先级，可以在 SQL 语句中将指定的条件用括号括起来。

注意：

（1）使用括号时，要注意括号的位置。添加括号的位置不同，查询结果也不一样。

（2）SQL Server 的执行顺序：首先求 NOT 运算符的值，然后求 AND 运算符的值，最后求 OR 运算符的值。

（3）当表达式中所有的运算符优先级相同时，求值顺序是由左到右。

（4）清楚起见，建议在组合 AND 和 OR 子句时始终使用括号，而不要依赖默认的优先级。

3. AND 子句如何与多个 OR 子句相关

理解 AND 和 OR 子句组合时是如何相关的，有助于构造和理解查询设计器中的复杂查询。

如果使用 AND 运算符连接多个条件，则用 AND 运算符连接的第 1 组条件适用于第 2 组的所有条件。也就是说，用 AND 运算符与另一个条件连接的某个条件被分配到第 2 组的所有条件中。例如，下面的原理表示法说明与一组 OR 条件连接的 AND 条件。

```
A AND (B OR C)
```

上面的原理表示法与下面的原理表示法在逻辑上是相等的，说明 AND 条件如何被分配到第 2 组条件中。

```
(A AND B) OR (A AND C)
```

假设查找在公司工作 5 年以上的低级或中级职位的所有员工，可以在 SQL 窗格的语句中输入下面的 WHERE 子句。

```
where (hire_date < '01/01/90' ) AND (job_lvl = 100 OR job_lvl = 200)
```

用 AND 运算符连接的子句适用于用 OR 运算符连接的两个子句。表示这种情况的一种显式方法是对 OR 子句的每个条件重复一次 AND 条件。下面的语句比前面的语句更直接（也更长），但逻辑上是相等的。

```
where(hire_date < '01/01/90' ) AND (job_lvl = 100) OR (hire_date < '01/01/90' ) AND
(job_lvl = 200)
```

将 AND 子句分配到连接的 OR 子句的原理也适用于涉及多个条件的情况。例如，假设想查找在公司工作 5 年以上或已退休的中级或更高职位的员工，WHERE 子句可能像下面这样：

```
where (job_lvl = 200 OR job_lvl = 300) AND (hire_date < '01/01/90' ) OR (status = 'R')
```

分配了用 AND 运算符连接的条件后，WHERE 子句可能像下面这样：

```
where (job_lvl = 200 AND hire_date < '01/01/90' ) OR (job_lvl = 200 AND status = 'R') OR
(job_lvl = 300 AND hire_date < '01/01/90' ) OR (job_lvl = 300 AND status = 'R')
```

本实例应用到的 SQL 语句如下：

```
select * from tb_Score where (Math_Score>90 or Music_Score>90) and English_Score>90
```

实现过程

01 新建一个项目，将其命名为 ORANDFind，默认窗体为 Form1。

02 在 Form1 窗体中添加一个 Button 控件和一个 DataGridView 控件，分别用于查询信息和显示查询结果。

03 主要代码。

```
01  private void button1_Click(object sender, EventArgs e)
02  {
03      SqlConnection cn = new SqlConnection("Server=XIAOKE;DataBase=db_Test;uid=sa;
                          pwd=;"); //连接数据库
04      //执行 SQL 语句
05      SqlDataAdapter dap = new SqlDataAdapter("select * from tb_Score where
                            (Math_Score>90 or Music_Score>90) and English_Score>90 ", cn);
06      DataSet ds = new DataSet();// 实例化 DataSet 类
07      dap.Fill(ds);// 添加 SQL 语句并执行
```

```
08        dataGridView1.DataSource = ds.Tables[0].DefaultView;// 显示查询后的数据
09    }
```

举一反三

根据本实例，读者可以实现以下查询。

◇ 查询商品编号为 P005 且日销售额为 5000 元，以及商品编号为 P001 且日销售额为 500 元的商品的销售日期。

◇ 查询房屋销售价格为 20 万元以上和 10 万元以下，同时工作年限在一年以下的销售员信息。

实例 089 在分组查询中使用 ALL 关键字

实例说明

本实例实现在图书销售信息表（tb_BookSell）中对吉林大学出版社出版的不同图书的销售情况进行统计，并列出其他出版社的图书（不做统计）。运行本实例，单击“查询”按钮，即可将所查询的数据通过 DataGridView 控件显示出来，实例运行结果如图 8.12 所示。

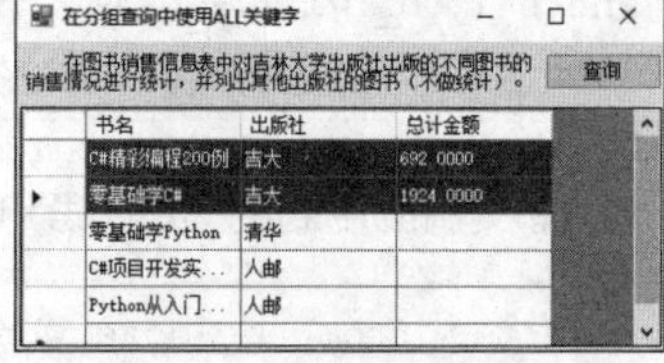

图 8.12　在分组查询中使用 ALL 关键字

技术要点

分组查询是查询中很重要的功能，用 GROUP BY 子句可以对数据按照某列进行分组。GROUP BY 子句的作用是把 FROM 子句中的关系按分组属性划分为若干组，同一组内所有记录在分组属性上具有相同值。即 SELECT 子句中不用统计函数的列名必须与 GROUP BY 子句后的一致。

本实例利用 GROUP BY 子句和 ALL 关键字。在 GROUP BY 子句中使用 ALL 关键字时，只有在 SQL 语句中包含 WHERE 子句时，ALL 关键字才有意义。

如果使用 ALL 关键字，那么查询结果将包括由 GROUP BY 子句产生的所有组，即使某些组没有符合查询条件的行。没有 ALL 关键字，包含 GROUP BY 子句的 SELECT 语句将不显示没有符合条件的行的组。例如，本实例中将不符合条件的“吉大”出版社出版的图书也显示在结果中，而如果不使用 ALL 关键字，将只显示“吉大”出版社出版的图书。

实现过程

01 新建一个项目，将其命名为 GroupingFindAll，默认窗体为 Form1。

02 在 Form1 窗体中添加一个 DataGridView 控件和一个 Button 控件，分别用于显示数据和执行查询操作。

03 主要代码。

```
01   private void button1_Click(object sender, EventArgs e)
02   {
03       SqlConnection cn = new SqlConnection("Server=XIAOKE;DataBase=db_Test;uid=sa;
                             pwd=;");//连接数据库
04       //执行SQL语句
05       SqlDataAdapter dap = new SqlDataAdapter("select 书名,出版社,sum(金额) as 总计金额
                  from tb_BookSell where 出版社 = '吉大' group by all 书名, 出版社 ", cn);
06       DataSet ds = new DataSet();//实例化DataSet类
07       dap.Fill(ds);//添加SQL语句并执行
08       dataGridView1.DataSource = ds.Tables[0].DefaultView;//显示查询后的数据
09   }
```

举一反三

根据本实例，读者可以实现以下查询。

◇ 在图书信息表中查询作者是“张三”的图书的书名、平均价格，并按所有的书名分组。

◇ 在商品信息表中查询商品名称是“饮水机”的商品的产地、规格，并按产地和规格分组。

实例 090 对数据进行多条件排序

实例说明

本实例实现的是在数据表中对数据进行多条件排序。运行本实例，单击“查询”按钮，即可将数据表中的数据信息按书号升序、日期降序排列后显示在下面的表格中。实例运行结果如图8.13所示。

图8.13 对数据进行多条件排序

技术要点

本实例实现对图书销售信息按书号升序、日期降序排序的功能，其中应用到ORDER BY子句和ASC、DESC关键字。

实现过程

01 新建一个项目，将其命名为ManyCompositor，默认窗体为Form1。

02 在Form1窗体中添加一个Button控件和一个DataGridView控件，分别用于查询信息和显示查询结果。

03 主要代码。

```
01    private void button1_Click(object sender, EventArgs e)
02    {
03        SqlConnection cn = new SqlConnection("server=XIAOKE;user id=sa;pwd=;
                                 Database=db_Test");//连接数据库
04        //执行 SQL 语句
05        SqlDataAdapter dap = new SqlDataAdapter("select distinct 书号,书名,作者,金额,
                                   日期 from tb_BookSell order by 书号 asc, 日期 desc ", cn);
06        DataSet ds = new DataSet();//实例化 DataSet 类
07        dap.Fill(ds);//添加 SQL 语句并执行
08        dataGridView1.DataSource = ds.Tables[0].DefaultView;//显示查询后的数据
09    }
```

举一反三

根据本实例，读者可以实现以下查询。

◇ 在某信息管理系统中查询存在于某一范围内的数据信息，并对数据信息进行多条件排序。

实例 091 多表分组统计

实例说明

本实例实现的是在图书销售信息表和图书库存信息表中查询图书的销售数量和现存数量，并按书号、书名等分组。运行本实例，单击“查询”按钮，即可在下面的表格中显示图书的现存数量和销售数量信息。实例运行结果如图 8.14 所示。

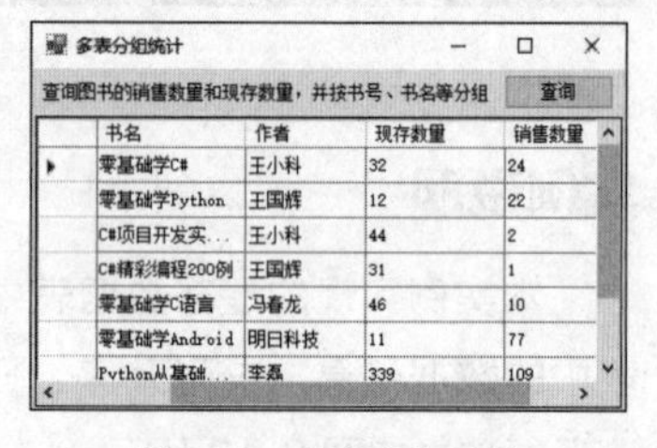

图 8.14　多表分组统计

技术要点

在本实例中利用 SUM 函数与 GROUP BY 子句统计图书的销售数量和现存数量。SUM 函数的详细说明请参见实例 268。

本实例应用到的 SQL 语句如下：

```
select k.书号,k.书名,x.作者, sum(k.现存数量)as 现存数量 ,sum(x.销售数量) as 销售数量 from
xsb x ,kcb k where x.书号 = k.书号  group by k.书号,k.书名,x.作者, k.现存数量 order by 1
```

实现过程

01 新建一个项目，将其命名为 ManyTableStat，默认窗体为 Form1。

02 在 Form1 窗体中添加一个 Button 控件和一个 DataGridView 控件，分别用于查询信息和显示查

询结果。

03 主要代码。

```
01    private void button1_Click(object sender, EventArgs e)
02    {
03        SqlConnection cn = new SqlConnection("server=XIAOKE;uid=sa;pwd=;
                              Database=db_Test");  //连接数据库
04        //执行 SQL 语句
05        SqlDataAdapter dap = new SqlDataAdapter("select k.书号,k.书名,x.作者, sum(k.
              现存数量)as 现存数量,sum(x.销售数量) as 销售数量 from xsb x ,kcb k where x.书号 =
              k.书号 group by k.书号,k.书名,x.作者, k.现存数量 order by 1", cn);
06        DataSet ds = new DataSet();//实例化 DataSet 类
07        dap.Fill(ds);//添加 SQL 语句并执行
08        dataGridView1.DataSource = ds.Tables[0].DefaultView;//显示查询后的数据
09    }
```

举一反三

根据本实例，读者可以实现以下查询。

◇ 在客户管理系统中查询某年与本企业有业务联系的客户信息及其业务量，以及相应的业务员的信息。

◇ 在商品销售管理系统中查询某月商品销售数量和库存信息。

实例 092 利用聚合函数 SUM 对销售额进行汇总

实例说明

在数据查询中，经常需要对某些列的数据进行统计汇总，使用 SUM 函数可以轻松实现数据汇总。本实例将利用 SUM 函数对销售表（tb_xsb）中的商品数量和商品销售单价信息进行汇总。实例运行结果如图 8.15 所示。

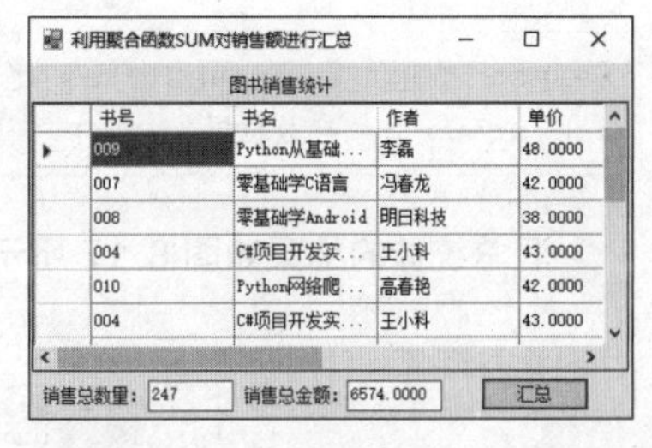

图 8.15 利用聚合函数 SUM 对销售额进行汇总

技术要点

SQL 提供一组聚合函数，能够对整个数据集进行计算，将一组原始数据转换为有用的信息，以便用户使用，例如求成绩表中的总成绩、学生表中的平均年龄等。

SQL 的聚合函数如表 8.5 所示。

表 8.5　聚合函数

聚合函数	支持的数据类型	功能描述
SUM	数字	对指定列中的所有非空值求和
AVG	数字	对指定列中的所有非空值求平均值
MIN	数字、字符、日期	返回指定列中的最小数字、最小的字符串和最早的日期
MAX	数字、字符、日期	返回指定列中的最大数字、最大的字符串和最近的日期
COUNT([DISTINCT] *)	任意基于行的数据类型	统计结果集中全部记录行的数量。最多可达 2 147 483 647 行
COUNT_BIG([DISTINCT] *)	任意基于行的数据类型	类似于 COUNT 函数，但因其返回值使用了 bigint 数据类型，所以最多可以统计 $2^{63}-1$ 行

当使用聚合函数时，默认情况下，汇总信息包含所有的指定行。在某些情况下，结果集包含非唯一的行。可使用聚合函数的 DISTINCT 选项筛选出非唯一的行。

本实例中利用 SUM 函数实现对销售额的汇总。下面介绍在 SQL 语句中如何使用 SUM 函数。

SUM 函数用于返回在某一集合上对数值表达式求得的和。其语法如下：

```
sum([ALL|DISTINCT] expression )
```

参数说明如下。

◇ ALL：对所有的值进行聚合函数运算。ALL 是默认设置。

◇ DISTINCT：指定 SUM 函数返回唯一值的和。

◇ expression：常量、列名或函数，或者是算术、按位与字符串等运算符的任意组合。expression 是精确数字或近似数字数据类型分类（bit 数据类型除外）的表达式。其中不允许使用聚合函数和子查询。

利用上面所讲到的聚合函数 SUM 汇总入库商品的数量和金额。SQL 语句如下：

```
select sum(库存数量)as 合计数量,sum(金额)as 合计金额 from tb_xsb
```

汇总统计的结果如图 8.16 所示。

利用聚合函数 SUM 和 GROUP BY 子句可实现数据分组统计汇总，例如汇总入库商品的数量和金额，并且通过存放位置进行分组。SQL 语句如下：

```
select 存放位置, count(*)as 记录数, sum(库存数量)as 合计数量,sum(金额)as 合计金额 from tb_
xsb group by 存放位置
```

汇总统计的结果如图 8.17 所示。

	合计数量	合计金额
1	354	14150.00

图 8.16　汇总统计的结果 1

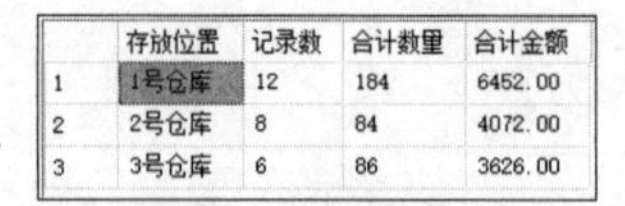

	存放位置	记录数	合计数量	合计金额
1	1号仓库	12	184	6452.00
2	2号仓库	8	84	4072.00
3	3号仓库	6	86	3626.00

图 8.17　汇总统计的结果 2

注意：

（1）适当的索引能够加快聚合函数的运行。例如，如果想对字段 number 进行汇总计算，字段 number 上的索引能够加快查询的速度。

（2）SUM 函数只能用于数据类型是 int、smallint、tinyint、decimal、numeric、float、real、money 和 smallmoney 的字段。

（3）在使用 SUM 函数时，SQL Server 把结果集中的 smallint 或 tinyint 这些数据类型当作 int 数据类型处理。

（4）在使用 SUM 函数时，SQL Server 将忽略空值，即计算时不计算这些空值。

实现过程

01 新建一个项目，将其命名为 SUMStat，默认窗体为 Form1。

02 在 Form1 窗体中，主要添加一个 DataGridView 控件、一个 Button 控件、两个 TextBox 控件，分别用于显示汇总数据、执行查询并汇总操作以及显示汇总结果。

03 主要代码。

```
01    private void button1_Click(object sender, EventArgs e)
02    {
03        SqlConnection cn = new SqlConnection("server=XIAOKE;user id=sa;pwd=;
                                Database=db_Test");// 连接数据库
04        // 执行 SQL 语句
05        SqlDataAdapter dap = new SqlDataAdapter("select sum(销售数量) as 总数量,
                                     sum(金额) as 总金额 from xsb", cn);
06        DataSet ds = new DataSet();// 实例化 DataSet 类
07        dap.Fill(ds);// 添加 SQL 语句并执行
08        textBox1.Text = ds.Tables[0].Rows[0][0].ToString();// 显示总数量
09        textBox2.Text = ds.Tables[0].Rows[0][1].ToString();// 显示总金额
10    }
```

举一反三

根据本实例，读者可以实现以下功能。

◇ 使用 SUM 和 AVG 函数进行计算，例如计算所有商业类书籍的平均预付款和本年度迄今为止的销售额。对检索到的所有行，每个聚合函数都生成一个单独的汇总值。

实例 093 利用 FROM 子句进行多表查询

实例说明

FROM 子句用于从指定的表中检索行。本实例利用 FROM 子句进行多表查询。在学生成绩信息表和学生信息表中查询高数成绩大于 85 分的学生的详细信息。运行本实例，单击“查询”按钮，DataGridView 控件中将显示高数成绩大于 85 分的学生的详细信息。实例运行结果如图 8.18 所示。

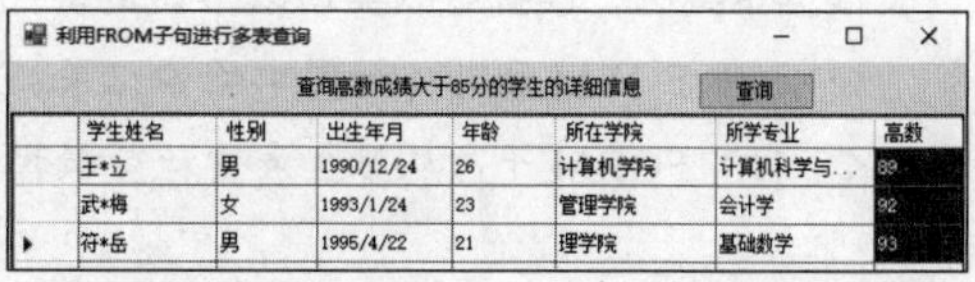

图 8.18　利用 FROM 子句进行多表查询

技术要点

本实例利用 FROM 子句进行多表查询。其中，FROM 子句指定从其中检索行的表。一般在每一条要从表或视图中检索数据的 SELCET 语句中，都需要使用 FROM 子句。用 FROM 子句可以列出选择列表和 WHERE 子句中引用列所在的表与视图。可以用 AS 子句为表和视图的名称指定别名。

FROM 子句是用逗号分隔的表名、视图名和 JOIN 子句的列表。

FROM 子句可以指定以下内容。

（1）一个或多个表或视图。

（2）两个表或视图之间的连接。

（3）一个或多个派生表，这些派生表是 FROM 子句中的 SELECT 语句，以别名或用户指定的名称来引用这些派生表。FROM 子句中 SELECT 语句的结果集构成了外层 SELECT 语句所用的表。

（4）用 sp_addlinkedserver 定义的链接服务器中的一个或多个表或者视图。链接服务器可以是任何 OLEDB 数据源。

（5）用 OPENROWSET 或 OPENQUERY 函数返回的 OLEDB 行集。

实现过程

01 新建一个项目，将其命名为 FROMClause，默认窗体为 Form1。

02 在 Form1 窗体中添加一个 Button 控件和一个 DataGridView 控件，分别用于查询信息和显示查询的结果。

03 主要代码。

```
01  private void button1_Click(object sender, EventArgs e)
02  {
03      SqlConnection cn = new SqlConnection("server=XIAOKE;user id=sa;pwd=;
                                Database=db_Test");// 连接数据库
04      // 执行 SQL 语句
05      SqlDataAdapter dap = new SqlDataAdapter("select  distinct s.学生编号,s.学生姓名,
               s.性别,s.出生年月,s.年龄,s.所在学院, s.所学专业, m.高数 from tb_CNStudent s ,
               tb_mark m where s.学生编号 = m.学生编号 and m.高数 > 85", cn);
06      DataSet ds = new DataSet();// 实例化 DataSet 类
07      dap.Fill(ds);// 添加 SQL 语句并执行
08      dataGridView1.DataSource = ds.Tables[0].DefaultView;// 显示查询后的数据
09  }
```

举一反三

根据本实例，读者可以实现以下查询。

◇ 利用 FORM 子句从视图中检索记录。

◇ 利用 FORM 子句从派生表中检索数据。

实例094 简单嵌套查询

实例说明

本实例利用嵌套查询在学生信息表和学生分数表中查询总分为580分以上的学生的信息。运行本实例，单击“查询”按钮，即可将总分为580分以上的学生的信息显示在DataGridView控件中。实例运行结果如图8.19所示。

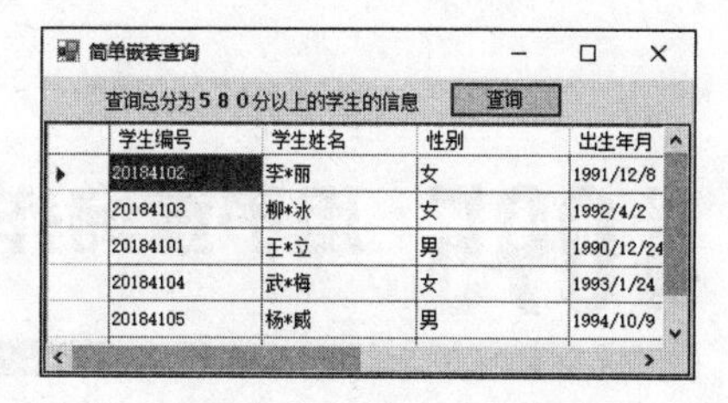

图8.19 简单嵌套查询

技术要点

本实例的实现利用一个嵌套子查询。子查询是一个SELECT查询，返回单个值，且嵌套在SELECT、INSERT、UPDATE、DELETE语句或其他查询中。任何可以使用表达式的地方都可以使用子查询。

子查询也称为内部查询或内部连接，而包含子查询的语句也称为外部查询或外部选择。许多包含子查询的SQL语句都可以通过连接实现。

子查询可以把一个复杂的查询分解成一系列的逻辑步骤，这样就可以用一个简单语句解决复杂的查询问题。当一个查询依赖于另一个查询的结果时，子查询会很有用。

在使用IN的子查询时，通过IN（或NOT IN）引入的子查询结果是一列零值或更多值。子查询返回结果之后，外部查询将利用这些结果。

实现过程

01 新建一个项目，将其命名为NestingFind，默认窗体为Form1。

02 在Form1窗体中，主要添加一个Button控件和一个DataGridView控件，分别用于查询信息和显示查询的结果。

03 主要代码。

```
01  private void button1_Click(object sender, EventArgs e)
02  {
03      SqlConnection cn = new SqlConnection("server=XIAOKE;user id=sa;pwd=;
                   Database=db_Test");  //连接数据库
04      //执行SQL语句
05      SqlDataAdapter dap = new SqlDataAdapter("select distinct 学生姓名,学生编号,
            性别,出生年月,年龄,所在学院,所学专业 from tb_CNStudent where 学生姓名 in
            (select  学生姓名 from tb_mark where 总分 >= 580)", cn);
06      DataSet ds = new DataSet();                              //实例化DataSet类
07      dap.Fill(ds);                                            //添加SQL语句并执行
08      dataGridView1.DataSource = ds.Tables[0].DefaultView; //显示查询后的数据
09  }
```

举一反三

根据本实例，读者可以执行以下操作。

◇ 利用子查询产生一个派生的类。

◇ 利用子查询关联数据。

◇ 利用子查询产生的结果集模拟 HAVING 子句产生的结果集。

实例 095 用子查询作为派生表

实例说明

应用子查询可以替换 SQL 语句中的 WHERE 子句，完成相应的功能。本实例利用子查询派生出一个数据表。运行本实例，在窗体的数据网格中将显示所有学生的信息，单击“查询”按钮，在 DataGridView 控件中将显示学生编号排在前 10 位并且具有相同名字的学生个数。实例运行结果如图 8.20 所示。

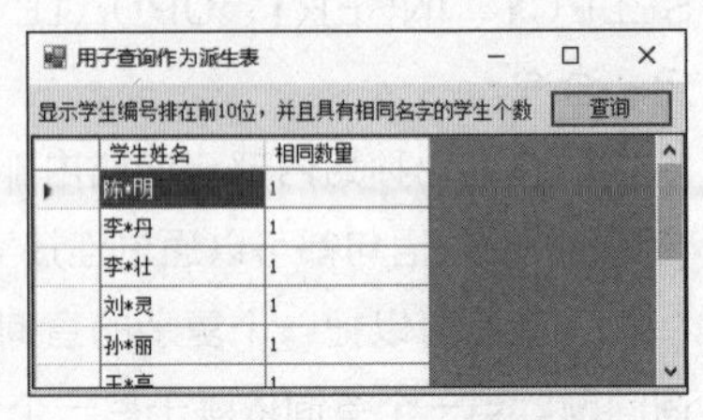

图 8.20　用子查询作为派生表

技术要点

子查询的语法如下：

```
(SELECT [ALL | DISTINCT]<select item list>
FROM <table list>
[where<search condition>]
[GROUP BY <group item list>
[HAVING <group by search conditoon>]])
```

把子查询用作派生表可以应用在很多方面。

例如，本实例中通过子查询在学生信息表 tb_CNStudent 中派生出一个显示学生编号在前 10 位的具有相同名字的学生个数的新表。SQL 语句如下：

```
SELECT 学生姓名 , count(*) AS 相同数量 FROM (SELECT top 10 学生姓名 FROM tb_CNStudent
order BY 学生编号 asc) as T GROUP BY 学生姓名
```

实现过程

01 新建一个项目，将其命名为 SonFindDerive，默认窗体为 Form1。

02 在 Form1 窗体中添加一个 Button 控件和一个 DataGridView 控件，分别用于查询信息和显示查询的结果。

03 主要代码。

```
01   private void button1_Click(object sender, EventArgs e)
02   {
03       SqlConnection cn = new SqlConnection("server=XIAOKE;user id=sa;pwd=;
                                   Database=db_Test");// 连接数据库
04       SqlDataAdapter dap = new SqlDataAdapter("SELECT 学生姓名 , count(*) AS 相同数量
                                    FROM (SELECT top 10 学生姓名 FROM tb_CNStudent order BY 学生编
                                    号 asc) as T GROUP BY 学生姓名 ", cn); // 执行 SQL 语句
05       DataSet ds = new DataSet();// 实例化 DataSet 类
06       dap.Fill(ds);// 添加 SQL 语句并执行
07       dataGridView1.DataSource = ds.Tables[0].DefaultView;// 显示查询后的数据
08   }
```

举一反三

根据本实例，读者可以执行以下操作。

◇ 通过子查询查询不同表之间的相同信息。

◇ 从多个表中派生出一个新表。

实例 096 使用联合查询

实例说明

利用 Union 语句可以实现将不同数据表中符合条件的不同列中的数据信息显示在另一个表中。在本实例中，通过 Union 语句，将高考成绩表中总成绩大于 500 分的考生与高考学生信息表中籍贯为中国北京的考生信息一起显示出来。实例运行结果如图 8.21 所示。

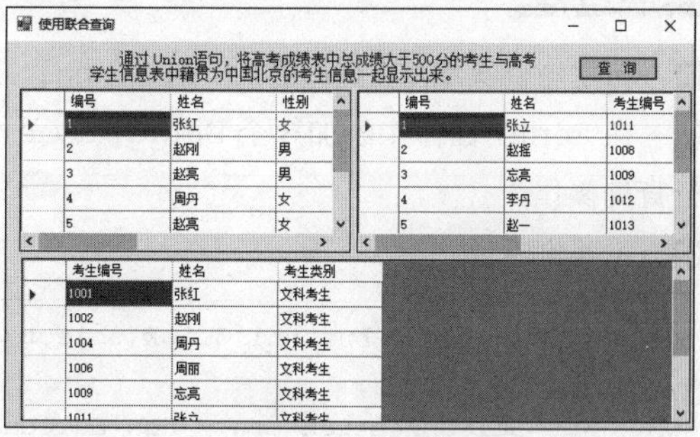

图 8.21 使用联合查询

技术要点

Union 运算符主要用于将两个或更多查询的结果组合为单个结果集，该结果集包含联合查询中所有查询的全部行。其语法如下：

```
select 语句 union select 语句 where 条件表达式
```

在使用 Union 运算符时请遵循以下准则。

（1）在使用 Union 运算符组合的语句中，所有选择列表的表达式数目必须相同（列名、算术表达式、聚合函数等）。

（2）在使用 Union 运算符组合的结果集中的相应列、个别查询中使用的任意列的子集必须具有

相同数据类型，并且两种数据类型之间必须存在可能的隐性数据类型转换或提供了显式转换。例如，在 datetime 数据类型的列和 binary 数据类型的列之间不可能存在 Union 运算符，除非提供了显式转换；而在 money 数据类型的列和 int 数据类型的列之间可以存在 Union 运算符，因为它们可以进行隐性转换。

（3）用 Union 运算符组合的各语句中对应的结果集列出现的顺序必须相同，因为 Union 运算符是按照各个查询给定的顺序逐个比较各列的。

（4）在 Union 语句中组合不同的数据类型时，这些数据类型将使用数据类型优先级的规则进行转换。例如，int 值转换成 float 值，因为 float 型的优先级比 int 型高。

（5）通过 Union 语句生成的表中的列名来自 Union 语句中的第 1 个单独的查询。如果要用新名称引用结果集中的某列（例如在 ORDER BY 子句中），必须按第 1 个 SELECT 语句中的方式引用该列。例如下面的 SQL 语句：

```
SELECT city AS Cities FROM stores_west UNION SELECT city FROM stores_east ORDER BY city
```

Union 语句返回组合查询的结果，在默认情况下，将删除重复的行。但如果使用 Union ALL 运算符（它可以覆盖这个行为）来合并，将返回这两个查询的所有记录，不会删除重复记录。

Union 语句能够返回对两个集合进行 Union 运算所生成的集合。其语法如下：

```
SELECT select 语句 union select 语句 where 条件表达式
```

在本实例中利用 Union 语句将高考成绩表中总成绩大于 500 分的考生与高考学生信息表中籍贯为中国北京的考生信息显示在同一列中。SQL 语句如下：

```
select 考生编号，姓名，考生类别 From 高考学生信息表 where 籍贯 = '中国北京' UNION select 考生编号，姓名，考生类别 from 高考成绩表  where 总成绩 > 500 AND 考生类别 = '文科考生'
```

实现过程

01 新建一个项目，将其命名为 UniteFind，默认窗体为 Form1。

02 在 Form1 窗体中添加 3 个 DataGridView 控件和 1 个 Button 控件，分别用于显示查询结果和执行查询操作。

03 主要代码。

```
01   private void button1_Click(object sender, EventArgs e)
02   {
03       SqlConnection con = new SqlConnection("Server=XIAOKE;database=db_Test;Uid=sa;
                                  Pwd=");//连接数据库
04       //执行 SQL 语句
05       SqlDataAdapter dap = new SqlDataAdapter("select 考生编号，姓名，考生类别 From 高考
             学生信息表 where 籍贯 = '中国北京' UNION select 考生编号，姓名，考生类别
             from 高考成绩表 where 总成绩 > 500 AND 考生类别 = '文科考生'", con);
06       DataSet ds = new DataSet();//实例化 DataSet 类
07       dap.Fill(ds);//添加 SQL 语句并执行
08       dataGridView3.DataSource = ds.Tables[0].DefaultView;//显示查询后的数据
09   }
```

注意：对 SQL Server 数据库操作时需引用命名空间 System.Data.SqlClient。

举一反三

根据本实例，读者可以实现以下查询。

◇ 使用 Union 语句实现一对多联合查询。

◇ 使用 Union 语句实现多对一联合查询。

实例 097 简单内连接查询

实例说明

利用内连接可以将两个表或多个表的相关信息连接起来，实现某些特定的查询功能。本实例将介绍如何通过内连接对两个数据表进行连接查询。运行本实例，单击“查询”按钮，将员工信息表中的员工姓名、员工编号、联系电话、基本工资和奖金等显示出来。实例运行结果如图 8.22 所示。

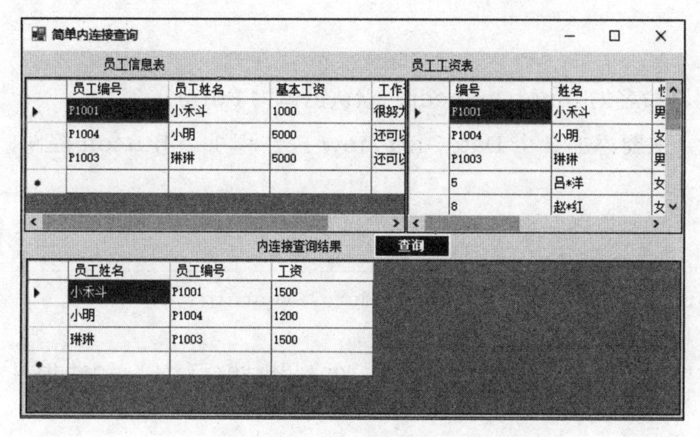

图 8.22 简单内连接查询

技术要点

在 SQL-92 标准中，内连接可以在 FROM 或 WHERE 子句中指定。

内连接查询的语法如下：

```
SELECT fieldlist
FROM table1 [INNER] JOIN table2
ON table1.column=table2.column
```

下面是内连接的一个示例：

```
SELECT * FROM 商品销售表  INNER JOIN 商品入库表 ON 商品销售表 . 商品编号 = 商品入库表 . 商品编号
ORDER BY 商品销售表 . 销售编号 DESC
```

此内连接称为相等连接，返回两个表中的所有列，但只返回在连接列中具有相等值的行。

在结果集中，“商品编号”列出现两次。由于重复相同的信息没有意义，因此可以通过更改选择列表消除两个相同列中的一个，其结果称为自然连接。自然连接只需在查询语句中列出需要显示的列即可，例如：

```
SELECT 商品入库表.入库数量，商品入库表.入库金额，商品入库表.入库时间，商品销售表.* FROM 商品入库表 INNER JOIN 商品销售表 ON 商品销售表.city =商品入库表.city ORDER BY 商品销售表.销售编号 ASC
```

在以上语句中，如果商品入库表需要列出的列较多，SQL 语句就比较长了，可以使用表别名来简化语句。例如，将“商品销售表”用表别名“a”代替，将“商品入库表”用表别名“b”代替：

```
SELECT b.入库数量，b.入库金额，b.入库时间，a.* FROM 商品入库表 b INNER JOIN 商品销售表 a ON  a.city =b.city ORDER BY a.销售编号 ASC
```

本实例中使用内连接将员工信息表与员工工资表中员工编号相等的信息查询出来（例如员工姓名、员工编号、工资等）。SQL 语句如下：

```
SELECT 员工信息表.员工姓名，员工信息表.员工编号，员工工资表.工资 FROM 员工信息表 INNER JOIN 员工工资表 ON 员工信息表.员工编号 = 员工工资表.编号
```

实现过程

01 新建一个项目，将其命名为 InnerConnect，默认窗体为 Form1。

02 在 Form1 窗体中，主要添加 3 个 DataGridView 控件和 1 个 Button 控件，分别用于显示查询结果和执行查询操作。

03 主要代码。

```
01  private void button1_Click(object sender, EventArgs e)
02  {
03      SqlConnection con = new SqlConnection("Server=XIAOKE;database=db_Test;Uid=sa;
                           Pwd="); //连接数据库
04      //执行SQL语句
05      SqlDataAdapter dap = new SqlDataAdapter("SELECT 员工信息表.员工姓名，员工信息表.
                           员工编号，员工工资表.工资 FROM 员工信息表 INNER JOIN 员工工资表
                           ON 员工信息表.员工编号 = 员工工  资表.编号", con);
06      DataSet ds = new DataSet();// 实例化DataSet类
07      dap.Fill(ds, "table");// 添加SQL语句并执行
08      dataGridView3.DataSource = ds.Tables[0].DefaultView;// 显示查询后的数据
09  }
```

举一反三

根据本实例，读者可以实现以下查询。

◇ 具有复杂条件的内连接查询。

◇ 具有限定范围的内连接查询。

实例 098　左外连接查询

实例说明

利用左外连接可以实现统计数据的功能，例如统计每个月的销售额（包括没有销售额的月份）。本实例实现利用左外连接统计员工的基本工资。实例运行之后，在 DataGridView 控件中将显示员工的基本工资的信息（包括没有基本工资的员工）。实例运行结果如图 8.23 所示。

图 8.23　左外连接查询

技术要点

内连接消除与另一个表中的任何行不匹配的行，如果要在结果集中包含在连接表中没有匹配项的数据行，可以使用外连接。外连接会返回 FROM 子句中提到的至少一个表或视图的所有行，只要这些行符合任何 WHERE 或 HAVING 搜索条件。外连接将检索通过左外连接引用的左表的所有行，以及通过右外连接引用的右表的所有行。完整外连接中两个表的所有行都将返回。

外连接有 3 种类型，即左外连接（Left Outer Join）、右外连接（Right Outer Join）和完整外连接（Full Outer Join）。

Left Outer Join 逻辑运算符返回每个满足第 1 个（顶端）输入与第 2 个（底端）输入的连接的行，还返回任何在第 2 个输入中没有匹配行的第 1 个输入中的行。第 2 个输入中的非匹配行作为空值返回。如果 Argument 列内不存在任何连接谓词，则每行都是一个匹配行。

Right Outer Join 逻辑运算符返回满足第 2 个（底端）输入与第 1 个（顶端）输入中的每个匹配行连接的每一行，还返回第 2 个输入中在第 1 个输入中没有匹配行的任何行，即与 null 连接。如果 Argument 列内不存在任何连接谓词，则每行都是一个匹配行。

Full Outer Join 逻辑运算符从第 1 个（顶端）输入中与第 2 个（底端）输入相连接的行中返回每个满足连接谓词的行。

左外连接查询的语法如下：

```
SELECT table1.column, table1.column2, table2.column, table2.column2
FROM table1 LEFT OUTER JOIN table2
ON table1.column=table2.column
```

下面是左外连接的一个示例，将明细工资表和员工信息表通过 Left Outer Join 连接，并且显示员工编号相等的数据信息。

```
SELECT * FROM 员工信息表 LEFT OUTER JOIN 明细工资表 ON 员工信息表 . 员工编号 = 明细工资表 . 员工编号
```

本实例使用左外连接将员工信息表中的数据与工资信息表中的数据连接起来，将显示员工信息表中的所有数据和工资信息表中的匹配数据。SQL 语句如下：

```
SELECT 员工信息表 . 员工编号 , 员工信息表 . 员工姓名 , 明细工资表 . 月份, 明细工资表 . 基本工资 FROM 员工
信息表 LEFT OUTER JOIN 明细工资表 ON 员工信息表 . 员工编号 = 明细工资表 . 员工编号
```

实现过程

01 新建一个项目，将其命名为 LeftOuterJoin，默认窗体为 Form1。

02 在 Form1 窗体中添加一个 DataGridView 控件，用于显示查询结果。

03 主要代码。

```
01  private void Form1_Load(object sender, EventArgs e)
02  {
03      SqlConnection con = new SqlConnection("Server=XIAOKE;database=db_Test;Uid=sa;
                        Pwd="); //连接数据库
04      //执行 SQL 语句
05      SqlDataAdapter dap = new SqlDataAdapter("SELECT 员工信息表.员工编号,员工信息表.
            员工姓名, 明细工资表.月份, 明细工资表.基本工资 FROM 员工信息表 LEFT OUTER JOIN
            明细工资表 ON 员 工信息表.员工编号 = 明细工资表.员工编号", con);
06      DataSet ds = new DataSet();//实例化 DataSet 类
07      dap.Fill(ds, "table");//添加 SQL 语句并执行
08      dataGridView1.DataSource = ds.Tables[0].DefaultView;//显示查询后的数据
09  }
```

举一反三

根据本实例，读者可以执行以下操作。

◇ 使用左外连接关联多个表中的数据。

◇ 使用左外连接显示数据统计结果。

实例 099 用 IN 查询表中的记录信息

实例说明

利用关键字 IN 可以替代 WHERE 子句查询数据表中的记录信息。本实例实现通过关键字 IN 查询记录信息。运行本实例，在文本框中输入要查询的员工编号信息之后，单击“查询”按钮，在 DataGridView 控件中将显示符合查询条件的记录信息。实例运行结果如图 8.24 所示。

图 8.24 用 IN 查询表中的记录信息

技术要点

IN 关键字主要用于选择与列表中的任意一个值匹配的行。IN 的格式是：IN(列表值 1, 列表值 2,…)。列表中的列表值之间必须使用逗号分隔并且用圆括号柱注。这样写最大的好处是可以使查询语句简练。用关键字 IN 实现查询表中记录信息的语法如下：

```
SELECT column_name
FROM table_name
WHERE column_name IN (value1,value2,...)
```

NOT IN 正好是对 IN 取反，查询结果将返回不在列表范围内的所有记录。

例如，查询姓名等于小禾斗、张三、李四的员工信息。SQL 语句如下：

```
SELECT 薪资编号,员工姓名,基本工资 From  tb_laborage where 员工姓名 IN('小禾斗','张三','李四')
```

其实，上面的语句也可以使用 OR 语句实现（例如下面的语句），但使用 IN 语句可以使查询语句简练。SQL 语句如下：

```
SELECT 薪资编号，员工姓名，基本工资 FROM tb_laborage where 员工姓名 = '小禾斗' OR 员工姓名 =
'张三' OR 员工姓名 = '李四'
```

例如，查询员工姓名不等于小禾斗、张三、李四的员工信息，可以通过 NOT IN 语句实现。SQL 语句如下：

```
SELECT 薪资编号，员工姓名，基本工资 From tb_laborage where 员工姓名 NOT IN('小禾斗','张三',
'李四')
```

本实例应用到的 SQL 语句如下：

```
SELECT * FROM 明细工资表 where (员工编号 IN ('P1001'))
```

实现过程

01 新建一个项目，将其命名为 INFind，默认窗体为 Form1。

02 在 Form1 窗体中，主要添加一个 DataGridView 控件、一个 TextBox 控件和一个 Button 控件，分别用于显示查询结果、输入查询员工编号和执行查询操作。

03 主要代码。

```
01  private void button1_Click(object sender, EventArgs e)
02  {
03      if (textBox1.Text == "")
04      {
05          MessageBox.Show("查询内容不能为空！");
06          textBox1.Focus();
07          return;
08      }
09      SqlConnection con = new SqlConnection("Server=XIAOKE;database=db_Test;Uid=sa;
                        Pwd="); //连接数据库
10      //执行 SQL 语句
11      SqlDataAdapter dap = new SqlDataAdapter("SELECT * FROM 明细工资表 where (员工编号
                         IN ('" + textBox1.Text + "'))", con);
12      DataSet ds = new DataSet();//实例化 DataSet 类
13      dap.Fill(ds, "table");//添加 SQL 语句并执行
14      dataGridView1.DataSource = ds.Tables[0].DefaultView;//显示查询后的数据
15  }
```

举一反三

根据本实例，读者可以实现以下查询。

◇ 将关键字 IN 放在条件表达式中作为查询条件查询信息。

◇ 将 IN 放在子查询中实现复杂查询。

实例 100 静态交叉表（SQL Server）

实例说明

本实例介绍在 SQL Server 数据库下利用 Case 语句建立静态交叉表的方法。运行本实例，可以分别按照部门和员工姓名分析销售业绩，如图 8.25 和图 8.26 所示。

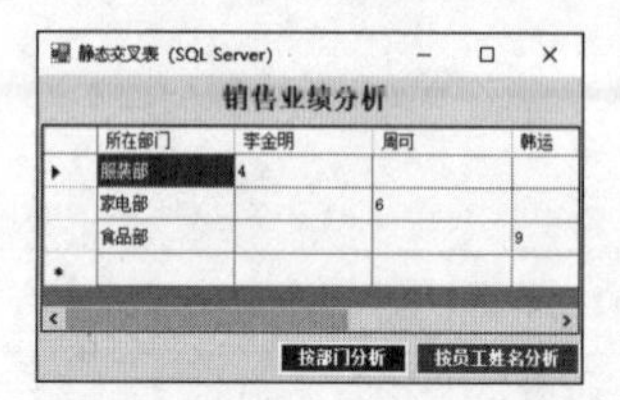

图 8.25 按部门分析的静态交叉表

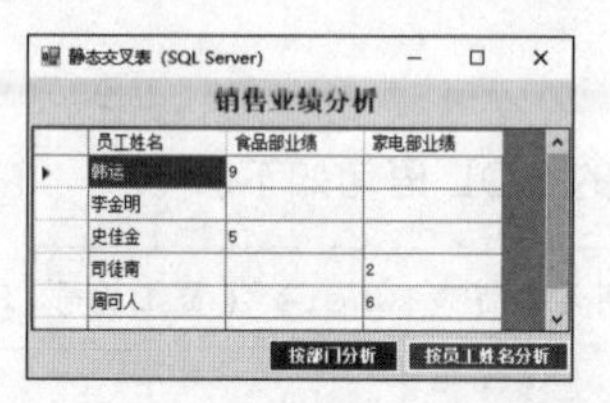

图 8.26 按员工姓名分析的静态交叉表

技术要点

静态交叉表，就是列数在语句中需要一一指定，不能根据数据动态调整列数。例如本实例，在语句中指定了食品部、家电部和服装部，交叉表中也只能统计食品部、家电部和服装部的数据。静态交叉表可以通过 Select 语句查询实现。下面是本实例实现静态交叉表的 SQL 语句：

```
SELECT 员工姓名, sum(CASE 所在部门 WHEN '食品部' THEN 销售业绩 ELSE null END) AS[食品部业绩],sum(CASE 所在部门 WHEN '家电部' THEN 销售业绩 ELSE null END) AS[家电部业绩] FROM 销售表 GROUP BY 员工姓名
```

上面的语句利用了 CASE 语句进行判断，如果是相应的列，则取需要统计的“销售业绩”的值，否则取 null，然后合计。CASE 语句具有简单 CASE 和 CASE 搜索两种函数格式，本实例使用了简单 CASE 语句。下面介绍简单 CASE 语句的语法。

简单 CASE 语句：将某个表达式与一组简单表达式进行比较以确定结果。其语法如下：

```
CASE input_expression
    WHEN when_expression THEN result_expression
        [ ...n ]
    [
        ELSE else_result_expression]
    END
```

参数说明如下。

◇ input_expression：使用简单 CASE 语句时所计算的表达式。input_expression 是任何有效的 SQL 表达式。

◇ WHEN when_expression：使用简单 CASE 语句时 input_expression 所比较的简单表达式。when_expression 是任意有效的 SQL Server 表达式。input_expression 与每个 when_expression 的数据类型必须相同，或者是能够进行隐式转换。

◇ n：占位符，表明可以使用多个 WHEN when_expression THEN result_expression 子句或 WHEN Boolean_expression THEN result_expression 子句。

◇ THEN result_expression：当 input_expression = when_expression 取值为 true，或者 Boolean_expression 取值为 true 时返回的表达式。result_expression 是任意有效的 SQL Server 表达式。

◇ ELSE else_result_expression：当比较运算取值不为 true 时返回的表达式。如果省略此参数并且比较运算取值不为 true，CASE 语句将返回 null 值。else_result_expression 是任意有效的 SQL Server 表达式。else_result_expression 和所有 result_expression 的数据类型必须相同，或者是能够进行隐式转换。

WHEN Boolean_expression 是使用 CASE 语句时所计算的布尔表达式。Boolean_expression 是任意有效的布尔表达式。

注意：用 null 而不用 0 是有道理的，假如用 0，虽然求和函数 SUM 可以取到正确的数，但类似 COUNT 函数(取记录个数)，结果就不对了。因为 null 不算一条记录，而 0 要算。同理、空字符串也是这样。总之在这里应该用 null，这样任何函数都没问题。

实现过程

01 新建一个项目，将其命名为 StaticCrosstab，默认窗体为 Form1。

02 在 Form1 窗体中，主要添加一个 DataGridView 控件和两个 Button 控件，分别用于显示查询结果和执行查询操作。

03 主要代码。

在“按员工姓名分析”按钮的 Click 事件中实现按员工姓名分析的静态交叉表。代码如下：

```
01  private void button1_Click(object sender, EventArgs e)
02  {
03      SqlConnection con = new SqlConnection("Server=XIAOKE;database=db_Test;Uid=sa;
            Pwd="); //连接数据库
04      //执行 SQL 语句
05      SqlDataAdapter dap = new SqlDataAdapter("SELECT 所在部门, sum(CASE 员工姓名 WHEN
            '李金明' THEN 销售业绩 ELSE null END)AS[李金明],sum(CASE 员工姓名 WHEN '周可' THEN
            销售业绩 ELSE null END) as [周可] ,sum(CASE 员工姓名 WHEN '韩运' THEN 销售业绩
            ELSE null END)AS[韩运],sum(CASE 员工姓名 WHEN '司徒南' THEN 销售业绩 ELSE null END)
            AS[司徒南],sum(CASE 员工姓名 WHEN '史佳金' THEN 销售业绩 ELSE null END)AS[史佳金]
            FROM 销售表 GROUP BY 所在部门", con);
06      DataSet ds = new DataSet();// 实例化 DataSet 类
07      dap.Fill(ds);// 添加 SQL 语句并执行
08      dataGridView1.DataSource = ds.Tables[0].DefaultView;// 显示查询后的数据
09  }
```

在“按部门分析”按钮的 Click 事件中实现按员工部门分析的静态交叉表。代码如下：

```
01    private void button2_Click(object sender, EventArgs e)
02    {
03        SqlConnection con = new SqlConnection("Server=XIAOKE;database=db_Test;Uid=sa;
                              Pwd="); //连接数据库
04        //执行 SQL 语句
05        SqlDataAdapter dap = new SqlDataAdapter("SELECT 员工姓名 , sum(CASE 所在部门 WHEN
              '食品部' THEN 销售业绩 ELSE null END) AS[食品部业绩],sum(CASE 所在部门 WHEN
              '家电部'  THEN 销售业绩 ELSE null END) AS[家电部业绩] FROM 销售表 GROUP BY
              员工姓名", con);
06        DataSet ds = new DataSet();//实例化 DataSet 类
07        dap.Fill(ds);//添加 SQL 语句并执行
08        dataGridView1.DataSource = ds.Tables[0].DefaultView;//显示查询后的数据
09    }
```

举一反三

根据本实例，读者可以执行以下操作。

◇ 按年统计不同商品名称的销售额数据。

◇ 按月统计不同产品的月销售额数据。

实例 101 在查询语句中使用格式化函数

实例说明

数据表中保存的日期型数据不允许含有字符信息，要将数据表中的日期型数据显示成字符型数据，可以使用格式化函数来实现。本实例实现将数据表中员工出生日期的数据信息格式化成“年月日”的形式。运行本实例，单击“格式化日期”按钮，出生日期信息将被格式化成“年月日”的形式。实例运行结果如图 8.27 和图 8.28 所示。

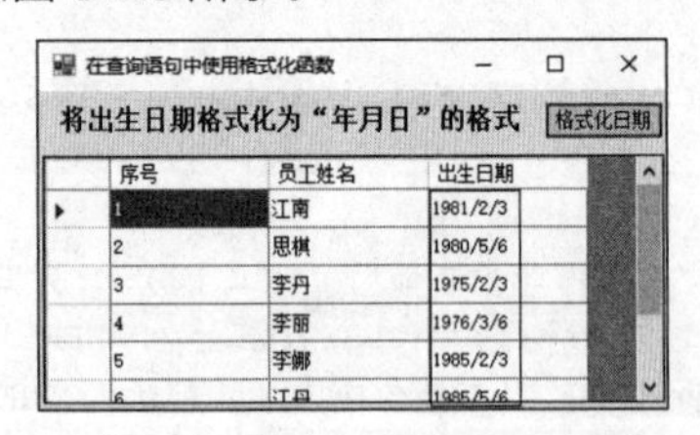

图 8.27　原始数据

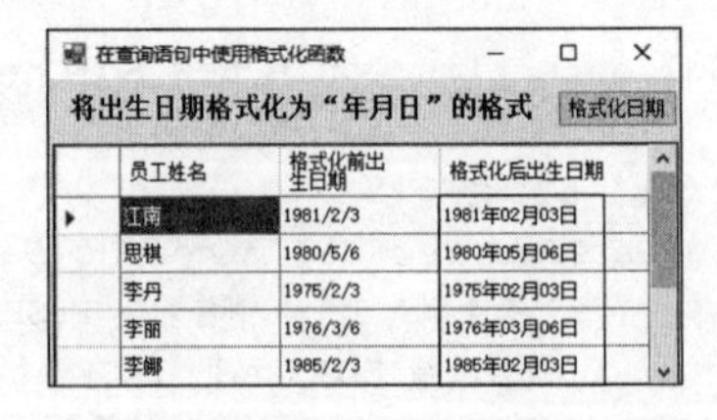

图 8.28　格式化出生日期后的数据

技术要点

在 SQL 表达式的查询表达式中可以利用 Format 函数将查询的字段信息格式化成所需要的形式。其语法如下：

```
Format(expression[, format[, firstdayofweek[, firstweekofyear]]])
```

参数说明如下。

◇ expression：必要参数。任何有效的表达式。

◇ format：可选参数。有效的命名表达式或用户自定义格式表达式。

◇ firstdayofweek：可选参数。常数，表示一星期的第1天。

◇ firstweekofyear：可选参数。常数，表示一年的第1周。

注意：Format函数不支持SQL Server数据库，适用于Access数据库。

使用格式化函数Format可以将数值型数据按照规定的格式显示，例如让扣除金额按照保留两位小数位数显示。SQL语句如下：

```
SELECT tb_Job.员工编号, tb_Job.请假天数, format(扣除金额,"00.00") AS 扣除金额 FROM tb_Job
```

使用格式化函数Format可以将日期型数据格式化成“月日年”的形式。SQL语句如下：

```
SELECT tb_employee.员工姓名, format(出生日期,'mm/dd/yy') AS 出生日期 FROM tb_employee
```

除了Format函数，还可以利用Ltrim、Rtrim函数去除字段或变量中的空格。SQL语句如下：

```
SELECT * FROM xsb where LTRIM(客户) like '北京诚信科技公司'
```

本实例中将员工的出生日期信息格式化成“年月日”的形式的SQL语句如下：

```
SELECT 序号,员工姓名, format(出生日期,'yyyy年mm月dd日') AS 出生日期 FROM 员工信息表
```

实现过程

01 新建一个项目，将其命名为FormatFind，默认窗体为Form1。

02 在Form1窗体中，主要添加一个DataGridView控件和一个Button控件，分别用于显示出生日期格式化结果和执行格式化操作。

03 主要代码。

```
01  private void button1_Click(object sender, EventArgs e)
02  {
03      OleDbConnection con = new OleDbConnection("Provider=Microsoft.ACE.OLEDB.12.0;
            Data Source=db_Test.mdb;Persist Security Info=false");  //连接数据库
04      OleDbDataAdapter dap = new OleDbDataAdapter("SELECT [员工生日表].[员工姓名],
            出生日期 as 格式化前出生日期, format([员工生日表].[出生日期], 'yyyy年mm月dd日')
            AS 格式化后出生日期 FROM 员工生日表; ", con);//执行SQL语句
05      DataSet ds = new DataSet(); //实例化DataSet类
06      dap.Fill(ds, "table");//添加SQL语句并执行
07      dataGridView1.DataSource = ds.Tables[0].DefaultView;//显示查询后的数据
08  }
```

举一反三

根据本实例，读者可以实现以下功能。

◇ 将数值型数据格式化成小数位数的格式。

◇ 将数值型数据格式化成百分比格式。

◇ 将日期型数据格式化成"时分秒"的格式。

实例 102 在 C# 中应用视图

实例说明

对数据库进行操作时，经常会遇到从多个相互关联的数据表中提取数据的情况，这时可以使用 SQL 语句中的 INNER JOIN ON 语句实现。但是如果一个程序中多次需要此类信息，则每次都需要写一遍 SQL 语句，很不方便。如果将需要的数据提取在一个视图中，那么每次只需访问该视图即可，这样就会方便很多。运行本实例，在窗体中将会显示明细工资表中的薪资编号、月份、基本工资、奖金和员工请假表中的员工编号、请假天数、扣除金额等数据。实例运行结果如图 8.29 所示。

图 8.29 在 C# 中应用视图

技术要点

在 C# 中应用视图，首先需要创建视图。创建视图有两种方法，一种是应用 Create View 语句创建视图；另一种是使用向导创建视图。本实例采用的是第二种方法。创建视图自动生成的 SQL 语句如下：

```
CREATE VIEW dbo.v_员工工资
AS
SELECT dbo.员工请假表.员工编号, dbo.明细工资表.薪资编号, dbo.明细工资表.月份,
       dbo.明细工资表.基本工资, dbo.员工请假表.请假天数, dbo.员工请假表.扣除金额,
       dbo.明细工资表.奖金
FROM dbo.明细工资表 INNER JOIN
     dbo.员工请假表 ON dbo.明细工资表.员工编号 = dbo.员工请假表.员工编号
```

注意：视图是存在于数据库中的虚拟数据表，对视图的操作与对数据表的操作基本相同。

实现过程

01 新建一个项目，将其命名为 AppView，默认窗体为 Form1。

02 在 Form1 窗体中添加一个 DataGridView 控件，用来显示查询结果。

03 主要代码如下。

```
01   private void Form1_Load(object sender, EventArgs e)
02   {
03       SqlConnection con = new SqlConnection("Server=XIAOKE;database=db_Test;Uid=sa;
                           Pwd=");//连接数据库
04       SqlDataAdapter dap = new SqlDataAdapter("select * from v_员工工资", con);
                                                   //查询视图中的数据
```

```
05        DataSet ds = new DataSet(); // 实例化 DataSet 类
06        dap.Fill(ds, "table");// 添加 SQL 语句并执行
07        dataGridView1.DataSource = ds.Tables[0].DefaultView;// 显示查询后的数据
08    }
```

举一反三

根据本实例，读者可以执行以下操作。

◇ 在网页中通过视图查看商品销售信息。

◇ 在网页中通过视图统计分析商品销售信息。

实例 103 应用存储过程添加数据

实例说明

本实例主要应用存储过程实现员工基本信息的添加，这样不仅可以提高程序的执行效率，而且便于程序的后期维护。实例运行结果如图 8.30 所示。

图 8.30　应用存储过程添加数据

技术要点

创建存储过程的语法如下：

```
CREATE PROC[EDURE] Procedure_name
[;number] [ @Parameter data_type [VARYING] [=default] [OUTPUT] ]
[,…n]
[WITH { RECOMPILE | ENCRYPTION | RECOMPILE, ENCRYPTION }]
[FOR REPLICATION]
AS sql_statement […n]
```

本实例创建的存储过程 procInsertEmployee 的代码如下：

```
CREATE  PROCEDURE procInsertEmployee
     (@ 员工编号    varchar(50),
      @ 员工姓名    varchar(50),
      @ 基本工资    float,
      @ 工作评价    varchar(50))
AS INSERT INTO [ 员工表 ] (
      [ 员工编号 ],
      [ 员工姓名 ],
      [ 基本工资 ],
```

```
    [工作评价])
VALUES (
    @员工编号,
    @员工姓名,
    @基本工资,
    @工作评价)
GO
```

实现过程

01 新建一个项目，将其命名为ProcedureAdd，默认窗体为Form1。

02 在Form1窗体中，主要添加4个TextBox控件和2个Button控件，分别用于输入员工的基本信息、添加员工的基本信息、关闭窗体；添加1个DataGridView控件，用来显示所有的员工信息。

03 主要代码。

```
01  private void button1_Click(object sender, EventArgs e)
02  {
03      SqlConnection con = new SqlConnection("Server=XIAOKE;database=db_Test;Uid=sa;
                            Pwd=");// 连接数据库
04      con.Open();// 打开连接的数据库
05      SqlCommand cmd = new SqlCommand("procInsertEmployee", con);// 执行 SQL 语句
06      cmd.CommandType = CommandType.StoredProcedure;// 设置类型为存储过程
07      SqlParameter[] prams = {
08       new SqlParameter("@员工编号", SqlDbType.VarChar, 50),
09       new SqlParameter("@员工姓名", SqlDbType.VarChar, 50),
10       new SqlParameter("@基本工资", SqlDbType.Float),
11       new SqlParameter("@工作评价", SqlDbType.VarChar, 50)
12    }; // 设置存储过程的参数值
13      prams[0].Value = textBox1.Text;// 获取参数值
14      prams[1].Value = textBox2.Text;
15      prams[2].Value = textBox3.Text;
16      prams[3].Value = textBox4.Text;
17      foreach (SqlParameter parameter in prams)// 添加参数
18      {
19          cmd.Parameters.Add(parameter);
20      }
21      cmd.ExecuteNonQuery();// 执行 SQL 语句
22      con.Close();// 关闭数据库的连接
23      this.Form1_Load(sender, e);// 调用窗体的 Load 事件，显示更新后的结果
24  }
```

举一反三

根据本实例，读者可以执行以下操作。

◇ 创建具有复杂结构的存储过程。

◇ 创建涉及多个表的存储过程。

实例 104 Insert 触发器的应用

实例说明

在开发程序时经常会用到 Insert 触发器，本实例通过一个简单的小程序来介绍在应用程序中如何应用 Insert 触发器。

在添加新员工基本信息的时候，同时利用触发器在工资表中添加新员工的编号和姓名并且初始化新员工基本工资为 3000 元。这样才能保证数据库中数据的一致性，在运行程序的时候才不会出现错误。具体如图 8.31、图 8.32 和图 8.33 所示。

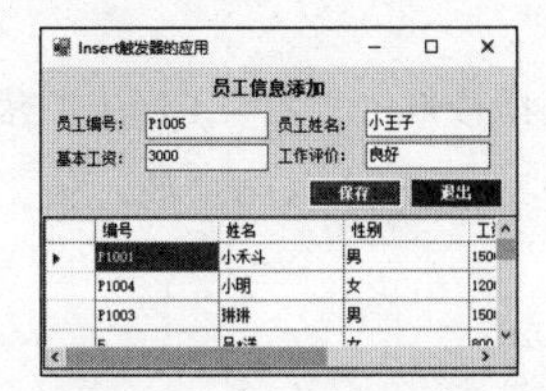

图 8.31 Insert 触发器的应用

XIAOKE.db_Test - dbo.员工表 × SQLQuery1.sql - X....db_Test (sa (54))*

员工编号	员工姓名	基本工资	工作评价
P1001	小禾斗	5000	优秀
P1004	小明	5000	还可以
P1003	琳琳	5000	还可以
P1005	小王子	3000	良好

图 8.32 员工表

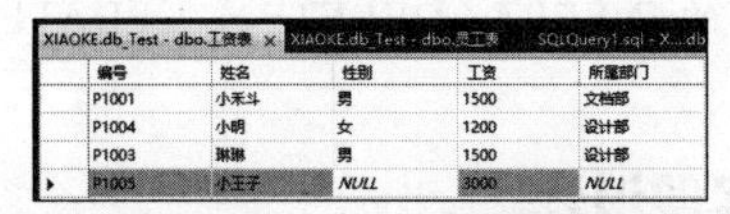

XIAOKE.db_Test - dbo.工资表 × XIAOKE.db_Test - dbo.员工表 SQLQuery1.sql - X....db

编号	姓名	性别	工资	所属部门
P1001	小禾斗	男	1500	文档部
P1004	小明	女	1200	设计部
P1003	琳琳	男	1500	设计部
P1005	小王子	NULL	3000	NULL

图 8.33 初始化新员工基本工资

技术要点

创建触发器的语法如下：

```
CREATE TRIGGER trigger_name
ON {table | view}
[WITH ENCRYPTION]
{FOR | AFTER | INSTEAD OF} {[DELETE] [,] [INSERT] [,] [UPDATE]}
AS
Sql_statements
```

本实例创建的“员工工资触发器”的代码如下：

```
CREATE TRIGGER 员工工资触发器 ON [dbo].[员工表]
FOR INSERT
AS
insert into 工资表 (编号，姓名，工资) select inserted.员工编号， inserted.员工姓名，3000
from inserted
```

触发器语句中使用了两个特殊的表，即 Deleted 表和 Inserted 表。SQL Server 自动创建和管理这些表。可以使用这两个临时驻留在内存中的表，测试某些数据修改的效果及设置触发器操作的条件，但是不能直接对表中的数据进行更改。

Inserted 和 Deleted 表主要用于触发器中，有以下作用。

◇ 扩展表间引用完整性。

◇ 在以视图为基础的基表中插入或更新数据。

◇ 检查错误并基于错误采取行动。

◇ 找到数据修改前后表状态的差异，并基于此差异采取行动。

Deleted 表用于存储 DELETE 和 UPDATE 语句所影响的行的副本。在执行 DELETE 或 UPDATE 语句时，行从触发器表中删除，并传输到 Deleted 表中。Deleted 表和触发器表通常没有相同的行。

Inserted 表用于存储 INSERT 和 UPDATE 语句所影响的行的副本。在一个插入或更新事务处理中，新建行被同时添加到 Inserted 表和触发器表中。Inserted 表中的行是触发器表中新行的副本。更新事务类似于在删除之后执行插入操作，首先旧行被复制到 Deleted 表中，然后新行被复制到触发器表和 Inserted 表中。

在设置触发器条件时，应当为引发触发器的操作恰当使用 Inserted 和 Deleted 表。虽然在测试 INSERT 语句时引用 Deleted 表或在测试 DELETE 语句时引用 Inserted 表不会引起任何错误，但是在这种情形下这些触发器测试表中不会包含任何行。

说明：如果触发器操作取决于一个数据修改所影响的行数，应该为多行数据修改（基于 SELECT 语句的 INSERT、DELETE 或 UPDATE）使用测试（例如检查 @@ROWCOUNT），然后采取相应的对策。

实现过程

01 新建一个项目，将其命名为 InsertTrigger，默认窗体为 Form1。

02 在 Form1 窗体中，主要添加 4 个 TextBox 控件、2 个 Button 控件和 1 个 DataGridView 控件，分别用于输入员工基本信息、执行保存操作和显示触发结果。

03 主要代码。

```
01   private void button1_Click(object sender, EventArgs e)
02   {
03       SqlConnection con = new SqlConnection("Server=XIAOKE;database=db_Test;Uid=sa;
                 Pwd=");// 连接数据库
04       con.Open();// 打开连接的数据库
05       // 执行 SQL 语句
06       SqlCommand cmd = new SqlCommand("insert into 员工表 (员工编号，员工姓名，基本工资，
             工作评价) values ('" + textBox1.Text + "','" + textBox2.Text + "','" +
             textBox3.Text + "', '" + textBox4.Text + "')", con);
07       cmd.ExecuteNonQuery();// 执行 SQL 语句
08       con.Close();// 关闭数据库的连接
09       MessageBox.Show("数据添加成功！");
10       this.Form1_Load(sender, e);// 显示更新后的数据
11   }
```

举一反三

根据本实例，读者可以执行以下操作。

◇ 在应用程序中应用触发器向数据表中插入数据。

◇ 在应用程序中应用触发器删除数据表中的数据。

实例 105 在存储过程中使用事务

实例说明

本实例在存储过程中使用事务，利用事务创建存储过程 proc_TransInProc，实现在存储过程中声明一个整型变量 @truc，并且通过 if 条件判断语句判断变量的值，如果变量等于 2，则回滚事务，并且返回一个值为 25；如果变量等于 0，则提交事务，并且返回一个值为 0。实例运行结果如图 8.34 所示。

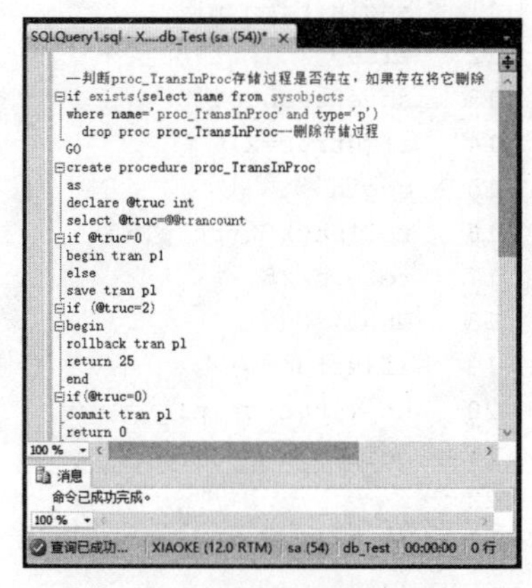

图 8.34 在存储过程中使用事务

技术要点

本实例实现时，重点需要熟悉事务在存储过程中使用时的注意事项，下面进行详细介绍。

在存储过程中，可以使用所有面向事务的语句，如 COMMIT、ROLLBACK 和 START TRANSACTION 等，但是事务不能开始于一个存储过程的开始，也不会在存储过程的结尾停止。

例如，在存储过程中使用事务处理数据的代码如下：

```
CREATE PROCEDURE CRE_P
AS
    BEGIN TRANSACTION tran1-- 事务开始
    SAVE TRANSACTION tran1-- 保存事务
    INSERT [table1] ( [content] ) VALUES ('12345')-- 数据操作
    COMMIT TRANSACTION tran1-- 提交事务
    IF( @@ERROR <> 0 )-- 判断是否有错误
    BEGIN
        RAISERROR('Insert data error!',16,1)-- 自定义错误输出
        ROLLBACK TRANSACTION tran1-- 事务回滚
    END
    IF( @@TRANCOUNT > 0 )-- 判断事务数是否大于 0
    BEGIN
        ROLLBACK TRANSACTION tran1-- 事务回滚
    END
GO
```

实现过程

01 打开 SQL Server 的 SQL Server Management Studio 窗体，新建一个查询。

02 选择要操作的数据库为 db_Test。

03 在代码编辑区中输入如下 SQL 语句：

```
01  --判断proc_TransInProc存储过程是否存在，如果存在将它删除
02  if exists(select name from sysobjects
03  where name='proc_TransInProc'and type='p')
04    drop proc proc_TransInProc-- 删除存储过程
05  GO
06  create procedure proc_TransInProc
07  as
08  declare @truc int
09  select @truc=@@trancount
10  if @truc=0
11  begin tran p1
12  else
13  save tran p1
14  if(@truc=2)
15  begin
16  rollback tran p1
17  return 25
18  end
19  if(@truc=0)
20  commit tran p1
21  return 0
22
```

04 单击 ! 执行(X) 按钮即可。

举一反三

根据本实例，读者可以执行以下操作。

◇ 在批量插入数据的存储过程中使用事务。

◇ 在批量修改数据的存储过程中使用事务。

第 9 章

LINQ 查询技术

实例 106 使用 LINQ 技术查询 SQL 数据库中的数据

实例说明

本实例通过 LINQ to SQL 技术查询数据，可以根据输入的关键字，在数据表中的姓名、性别、年龄和职位字段中检索数据，并将检索出来的数据绑定到控件中显示出来。实例运行结果如图 9.1 所示。

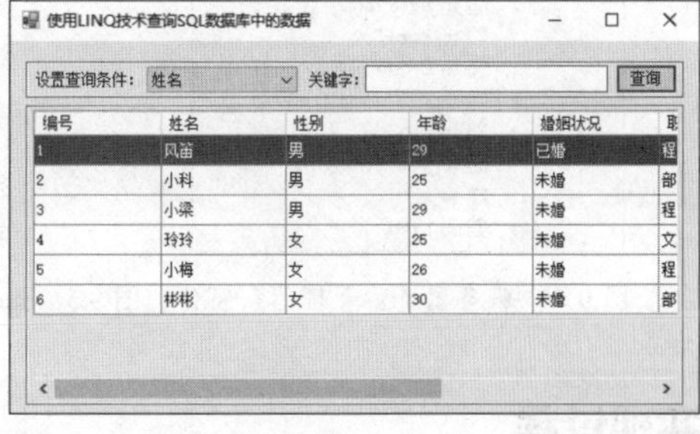

图 9.1　使用 LINQ 技术查询 SQL 数据库中的数据

技术要点

首先，介绍如何创建 LinqToSql 类文件。

（1）选中当前项目，单击鼠标右键，在弹出的快捷菜单中选择“添加”→“新建项”，弹出“添加新项”对话框，如图 9.2 所示，在该对话框中选择“LINQ to SQL 类”，并输入名称，单击“添加”按钮，添加一个 LinqToSql 类文件。

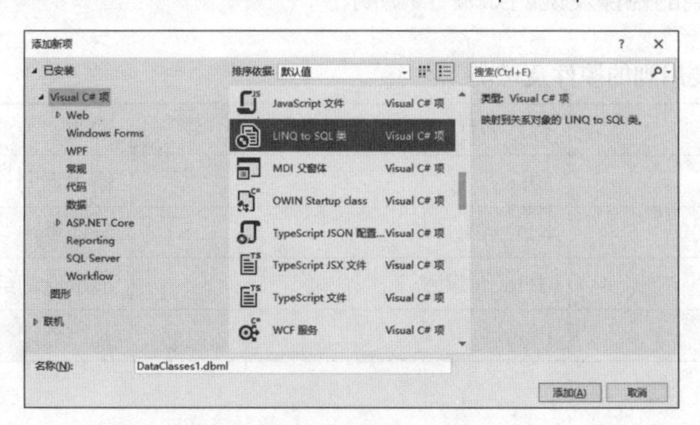

图 9.2 “添加新项”对话框

（2）在“服务器资源管理器”窗体中单击鼠标右键，在弹出的快捷菜单中选择“添加连接”，弹出图 9.3 所示的“添加连接”对话框，在该对话框中选择服务器名，并选择要连接的数据库。

（3）在图 9.3 所示的对话框中单击“确定”按钮，返回“服务器资源管理器”窗体中，如图 9.4 所示，展开新建的连接对象。

（4）在“服务器资源管理器”窗体中选中要连接的表，将其拖放到 linqtosqlDataContext.dbml 设计界面中，如图 9.5 所示。

（5）单击工具栏中的按钮，可以看到“解决方案资源管理器”窗体中存在 linqtosql.dbml 文件，如图 9.6 所示，双击 linqtosql.designer.cs 文件，即可查看其详细代码。

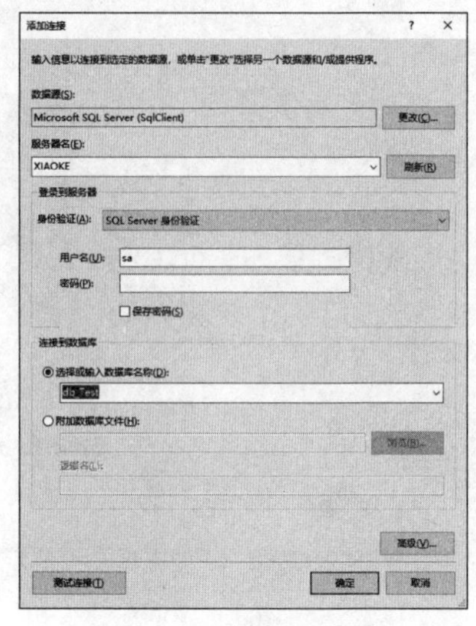

图 9.3 “添加连接”对话框

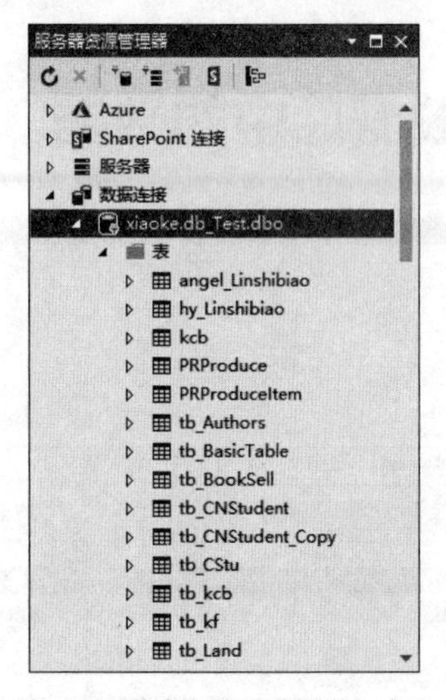

图 9.4 “服务器资源管理器”窗体

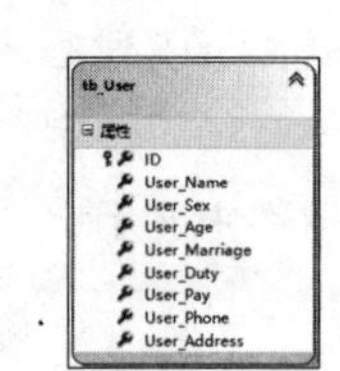

图 9.5 linqtosqlDataContext.dbml 设计界面

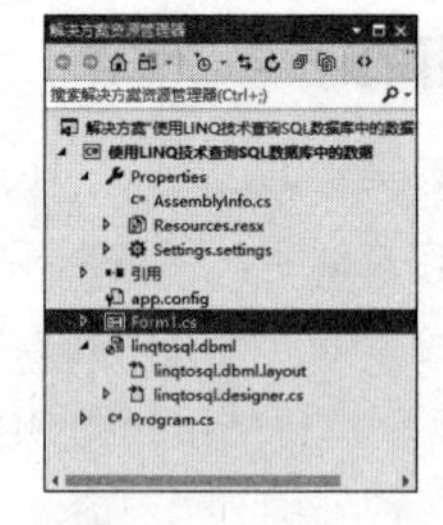

图 9.6 “解决方案资源管理器”窗体

实现过程

01 新建一个 Windows 应用程序，将其命名为“使用 LINQ 技术查询 SQL 数据库中的数据”，默认主窗体为 Form1。

02 Form1 窗体主要用到的控件及说明如表 9.1 所示。

表 9.1 Form1 窗体主要用到的控件及说明

控件类型	控件名称	说明
TextBox	txtKey	输入查询关键字
ComboBox	comboBox1	选择查询的范围
DataGridView	dataGridView1	显示查询结果
Button	button1	开始查询

03 主要代码。

```
01  #region 定义公共变量及linq对象
02  //定义数据库连接字符串
03  string strCon = "Data Source=XIAOKE;Database=db_Test;Uid=sa;Pwd=;";
04  linqtosqlDataContext linq;                              //声明linq对象
05  #endregion
06  private void SearchInfo()
07  {
08      linq = new linqtosqlDataContext(strCon);            //实例化linq对象
09      if (txtKey.Text == "")                              //如果没有输入查询的关键字
10      {
11          var result = from info in linq.tb_User          //查找数据库中所有的员工信息
12                       select new
13                       {
14                           编号 = info.ID,                             //显示编号
15                           姓名 = info.User_Name.Trim(),               //姓名
16                           性别 = info.User_Sex.Trim(),                //性别
17                           年龄 = info.User_Age.Trim(),                //年龄
18                           婚姻状况 = info.User_Marriage.Trim(),       //婚姻状况
19                           职位 = info.User_Duty.Trim(),               //职位
20                           联系电话 = info.User_Phone.Trim(),          //联系电话
21                           联系地址 = info.User_Address.Trim()         //联系地址
22                       };
23          dataGridView1.DataSource = result;//将检索的数据绑定到dataGridView1控件
24      }
25      else   //如果输入了关键字
26      {
27          int i = comboBox1.SelectedIndex;                //获取查询的范围
28          switch (i)
29          {
30              case 0:                                     //如果根据姓名查找
31                  var resultName = from info in linq.tb_User
32                                   where info.User_Name.IndexOf(txtKey.Text) >= 0
                                                                  //模糊查询
33                                   select new
34                                   {
35                                       编号 = info.ID,
36                                       姓名 = info.User_Name,
37                                       性别 = info.User_Sex,
38                                       年龄 = info.User_Age,
39                                       婚姻状况 = info.User_Marriage,
40                                       职位 = info.User_Duty,
41                                       联系电话 = info.User_Phone,
42                                       联系地址 = info.User_Address
43                                   };
44                  dataGridView1.DataSource = resultName;
45                  break;
46              case 1:   //如果根据性别查找
47                  var resultSex = from info in linq.tb_User
48                                  where info.User_Sex == txtKey.Text.Trim()
                                                                  //判断员工性别是否等于输入的关键字
49                                  select new
```

```
50                                  {
51                                      编号 = info.ID,
52                                      姓名 = info.User_Name,
53                                      性别 = info.User_Sex,
54                                      年龄 = info.User_Age,
55                                      婚姻状况 = info.User_Marriage,
56                                      职位 = info.User_Duty,
57                                      联系电话 = info.User_Phone,
58                                      联系地址 = info.User_Address
59                                  };
60                  dataGridView1.DataSource = resultSex;
61                  break;
62              case 2:                     //如果根据年龄查找
63                 //判断数据库中的员工年龄是否以输入的关键字开头
64                  var resultAge = from info in linq.tb_User
65                          where info.User_Age.StartsWith(txtKey.Text)
66                                  select new
67                                  {
68                                      编号 = info.ID,
69                                      姓名 = info.User_Name,
70                                      性别 = info.User_Sex,
71                                      年龄 = info.User_Age,
72                                      婚姻状况 = info.User_Marriage,
73                                      职位 = info.User_Duty,
74                                      联系电话 = info.User_Phone,
75                                      联系地址 = info.User_Address
76                                  };
77                  dataGridView1.DataSource = resultAge;
78                  break;
79              case 3:                             //如果根据职位查找
80                  var resultDuty = from info in linq.tb_User
81                                  where info.User_Duty == txtKey.Text.Trim()
                                        //判断员工职位是否等于输入的关键字
82                                   select new
83                                   {
84                                       编号 = info.ID,
85                                       姓名 = info.User_Name,
86                                       性别 = info.User_Sex,
87                                       年龄 = info.User_Age,
88                                       婚姻状况 = info.User_Marriage,
89                                       职位 = info.User_Duty,
90                                       联系电话 = info.User_Phone,
91                                       联系地址 = info.User_Address
92                                   };
93                  dataGridView1.DataSource = resultDuty
94                  break;
95          }
96      }
97  }
```

举一反三

根据本实例，读者可以实现以下功能。

◇ 制作日志查询系统。

实例 107 使用 LINQ 技术向 SQL 数据库中添加数据

实例说明

本实例使用 LINQ to SQL 技术将输入的数据添加到数据库中，首先判断数据是否输入完整，其次判断输入的电话号码和年龄是否为数字，如果输入的数据无误，单击“添加数据”按钮，即可将输入的数据添加到数据库中。实例运行结果如图 9.7 所示。

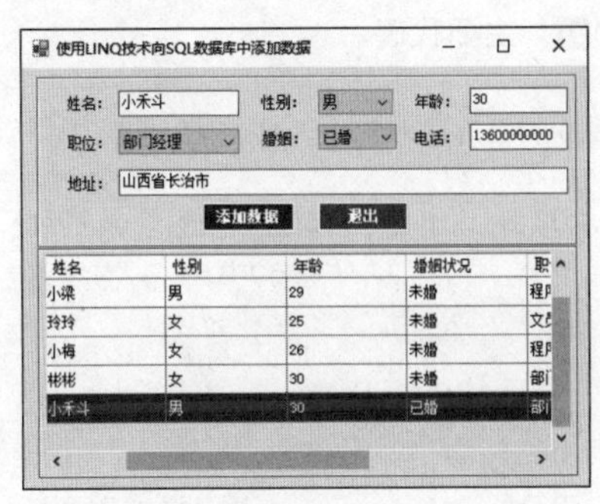

图 9.7　使用 LINQ 技术向 SQL 数据库中添加数据

技术要点

本实例主要通过 InsertOnSubmit 方法将数据添加到数据库中，然后通过 SubmitChanges 方法提交数据并对数据库进行更改。下面介绍这两种方法。

（1）InsertOnSubmit 方法。InsertOnSubmit 方法用来将处于待插入（pending insert）状态的实体添加到数据表中。其语法如下：

```
void InsertOnSubmit(Object entity)
```

参数说明如下。

◇ entity：表示要添加的实体。

（2）SubmitChanges 方法。SubmitChanges 方法用来计算要插入、更新或删除的已修改对象的集合，并执行相应命令以实现对数据库的更改。其语法如下：

```
public void SubmitChanges()
```

实现过程

01 新建一个 Windows 应用程序，将其命名为“使用 LINQ 技术向 SQL 数据库中添加数据”，默认主窗体为 Form1。

02 Form1 窗体主要用到的控件及说明如表 9.2 所示。

表 9.2 Form1 窗体主要用到的控件及说明

控件类型	控件名称	说明
DataGridView	dataGridView1	显示数据
TextBox	txtName	输入姓名
	txtage	输入年龄
	txtphone	输入电话号码
	txtaddress	输入家庭地址
ComboBox	cbbSex	选择性别
	cbbduty	选择职位
	cbbmary	选择婚姻状况
Button	button1	执行添加数据操作
	button2	退出程序

03 主要代码。

```
01  private void button1_Click(object sender, EventArgs e)
02  {
03      //判断是否输入姓名、年龄、电话号码和家庭地址
04      if(txtaddress.Text != "" && txtage.Text != "" && txtName.Text != "" &&
                                txtphone.Text != "")
05      {
06          if (txtphone.Text.Length != 11)                  //判断输入的电话号码是否合法
07          {
08              MessageBox.Show("电话号码位数不正确");       //不合法则弹出提示信息
09          }
10          else                                              //如果输入的电话号码合法
11          {
12              linq = new linqtosqlDataContext(strCon);  //实例化linq对象
13              tb_User users = new tb_User();             //实例化tb_User类
14              users.User_Name = txtName.Text.Trim();     //设置姓名
15              users.User_Sex = cbbSex.Text;              //性别
16              users.User_Age = txtage.Text;              //年龄
17              users.User_Marriage = cbbmary.Text;        //婚姻状况
18              users.User_Duty = cbbduty.Text;            //职位
19              users.User_Phone = txtphone.Text;          //电话号码
20              users.User_Address = txtaddress.Text;      //家庭地址
21              linq.tb_User.InsertOnSubmit(users);        //提交数据
22              linq.SubmitChanges();                      //执行对数据库的修改
23              binginfo();                                //重新绑定数据
24              MessageBox.Show("添加成功");               //弹出提示信息
25          }
26      }
27  }
```

举一反三

根据本实例，读者可以实现以下功能。

◇ 制作员工信息录入系统。

实例108 使用LINQ技术在SQL数据库中修改数据

实例说明

本实例主要通过LINQ to SQL技术修改指定的数据，首先查询数据库中所有的数据并将其显示出来，然后选择某条数据后会显示其详细信息，修改某条数据，通过单击“修改数据”按钮完成修改数据操作。实例运行结果如图9.8所示。

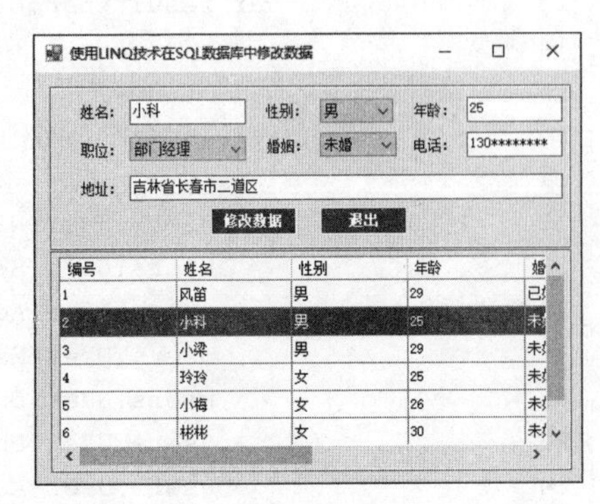

图9.8 使用LINQ技术在SQL数据库中修改数据

技术要点

本实例在修改数据后，主要通过SubmitChanges方法确认修改。

实现过程

01 新建一个Windows应用程序，将其命名为“使用LINQ技术在SQL数据库中修改数据”，默认主窗体为Form1。

02 Form1窗体主要用到的控件及说明如表9.3所示。

表9.3 Form1窗体主要用到的控件及说明

控件类型	控件名称	说明
DataGridView	dataGridView1	显示数据
TextBox	txtName	显示姓名，并可以输入修改后的数据
	txtage	显示年龄，并可以输入修改后的数据
	txtphone	显示电话号码，并可以输入修改后的数据
	txtaddress	显示家庭地址，并可以输入修改后的数据
ComboBox	cbbSex	显示员工性别，并提供选择新的性别
	cbbduty	显示员工职位，并提供选择新的职位
	cbbmary	显示员工婚姻状况，并提供选择新的婚姻状况
Button	button1	执行修改数据操作
	button2	退出程序

03 主要代码。

```
01    private void button1_Click(object sender, EventArgs e)
02    {
03        //判断是否输入姓名、年龄、电话号码和家庭地址
04        if(txtaddress.Text != "" && txtage.Text != "" && txtName.Text != "" &&
                        txtphone.Text != "")
05        {
```

```
06          if(txtphone.Text.Length != 11)// 如果电话号码错误
07          {
08              MessageBox.Show(" 电话号码位数不正确 ");// 弹出提示信息
09          }
10          else
11          {
12              linq = new linqtosqlDataContext(strCon);
13              var resultChange = from info in linq.tb_User
14                                 where info.ID == Pid // 实例化 linq 对象，设置其根据 ID 值进行修改
15                                 select info;
16              foreach(tb_User users in resultChange)
17              {
18                  users.User_Name = txtName.Text; // 姓名
19                  users.User_Sex = cbbSex.Text;// 性别
20                  users.User_Age = txtage.Text;// 年龄
21                  users.User_Marriage = cbbmary.Text;// 婚姻状况
22                  users.User_Duty = cbbduty.Text;// 职位
23                  users.User_Phone = txtphone.Text;// 电话号码
24                  users.User_Address = txtaddress.Text;// 家庭地址
25                  linq.SubmitChanges();// 调用 SubmitChanges 方法提交修改
26              }
27              MessageBox.Show(" 修改成功 ");// 弹出成功的提示信息
28              binginfo();// 重新绑定数据
29          }
30      }
31  }
```

举一反三

根据本实例，读者可以实现以下功能。

◇ 修改企业员工信息。

实例 109 使用 LINQ 技术在 SQL 数据库中删除数据

实例说明

本实例主要通过 LINQ to SQL 技术删除指定的数据，首先将数据库中的数据检索出来并将其显示在控件中，然后选择某项后，单击“删除”按钮删除数据。实例运行结果如图 9.9 所示。

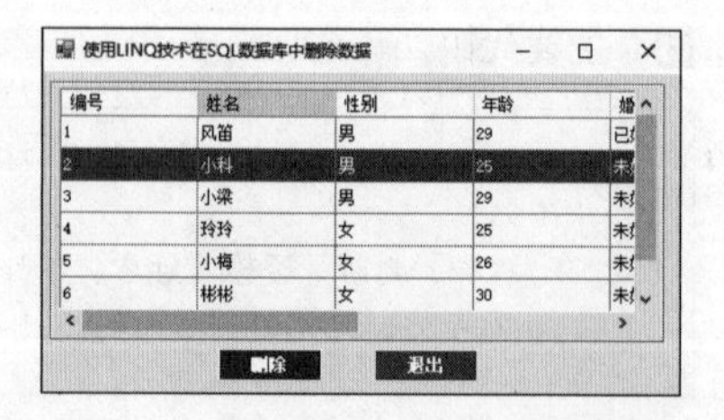

图 9.9　使用 LINQ 技术在 SQL 数据库中删除数据

技术要点

本实例主要通过 DeleteAllOnSubmit 方法删除数据，并通过

SubmitChanges 方法确认对数据库的更改。下面主要介绍 DeleteAllOnSubmit 方法。

DeleteAllOnSubmit 方法用来将集合中的所有实体置于待删除（pending delete）状态。其语法如下：

```
void DeleteAllOnSubmit(IEnumerable entities)
```

参数说明如下。

◇ entities：表示要移除所有项的集合。

实现过程

01 新建一个 Windows 应用程序，将其命名为“使用 LINQ 技术在 SQL 数据库中删除数据”，默认主窗体为 Form1。

02 Form1 窗体主要用到的控件及说明如表 9.4 所示。

表 9.4 Form1 窗体主要用到的控件及说明

控件类型	控件名称	说明
Button	button1	执行删除操作
	button2	退出程序
DataGridView	dataGridView1	显示数据

03 主要代码。

```
01   private void button1_Click(object sender, EventArgs e)
02   {
03       if (dataGridView1.SelectedRows.Count != 0)// 判断是否选择了项
04       {
05           linq = new linqtosqlDataContext(strCon);
06           var result = from info in linq.tb_User
07                        where info.ID == id
08                        select info;// 实例化 linq 对象，并设置删除的条件
09           linq.tb_User.DeleteAllOnSubmit(result);// 通过 DeleteAllOnSubmit 方法删除指定的数据
10           linq.SubmitChanges();// 提交对数据表的修改
11           MessageBox.Show(" 删除成功 ");// 弹出提示信息
12           bindinfo();// 重新绑定数据
13       }
14       else// 如果没有选择项
15       {
16           MessageBox.Show(" 请选择删除项 ");// 弹出提示信息
17       }
18   }
```

举一反三

根据本实例，读者可以实现以下功能。

◇ 批量删除数据库中的过期信息。

打印技术

实例 110 打印窗体中的数据

实例说明

开发程序时，经常需要将窗体中的数据打印出来，那么如何在程序中使用打印组件打印窗体中的数据呢？运行本实例，如图 10.1 所示，在文本框中输入相应的信息，单击“打印”按钮，将窗体中的数据显示在“打印预览”窗体中（见图 10.2），然后单击“打印预览”窗体中的打印图标，即可将窗体中的数据打印出来。

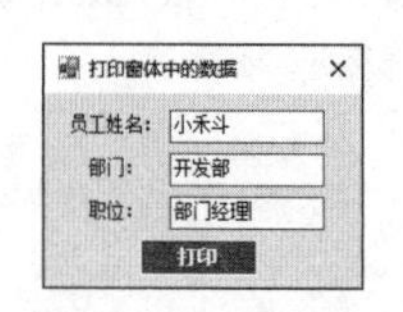

图 10.1 打印窗体中的数据

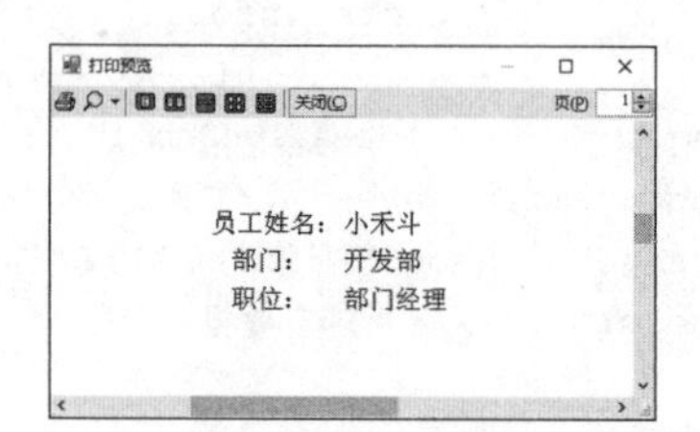

图 10.2 “打印预览”窗体

技术要点

本实例在实现打印窗体中数据的功能时，主要用到打印组件 PrintDocument、PrintPreview Dialog 和 PrintDialog。下面将分别进行介绍。

（1）PrintDocument 组件。PrintDocument 组件用于设置一些属性，这些属性说明在基于 Windows 操作系统的应用程序中要打印什么内容以及打印文档的能力，可将其与 PrintDialog 组件一起使用来控制文档打印的各个方面。

PrintDocument 组件是最重要的 Windows 打印对象之一，负责建立和其他打印对象的联系，该组件的常用属性及方法如表 10.1 所示。

表 10.1 PrintDocument 组件的常用属性及方法

属性及方法	说明
DefaultPageSettings（属性）	获取或设置页设置，这些页设置用于要打印的所有页的默认设置
DocumentName（属性）	获取或设置打印文档时要显示的文档名（例如，在“打印状态”对话框或打印机队列中显示）
OriginAtMargins（属性）	获取或设置一个值，该值指示与页关联的图形对象的位置是位于用户指定边距内，还是位于该页可打印区域的左上角
PrintController （属性）	获取或设置指导打印进程的打印控制器
PrinterSettings（属性）	获取或设置对文档进行打印的打印机
Print（方法）	开始文档的打印进程

（2）PrintPreviewDialog 组件。PrintPreviewDialog 组件是一个预先配置的对话框，用于显示 PrintDocument 组件在打印时的外观，该组件的常用属性及方法如表 10.2 所示。

表 10.2 PrintPreviewDialog 组件的常用属性及方法

属性及方法	说明
Document（属性）	获取或设置要预览的文档
UseAntiAlias （属性）	获取或设置一个值，该值指示打印是否使用操作系统的防锯齿功能
ShowDialog（方法）	显示“打印预览”窗体

（3）PrintDialog 组件。PrintDialog 组件是一个预先配置的对话框，用于在 Windows 应用程序中选择打印机、选择要打印的页以及确定其他与打印相关的设置，该组件的常用属性及方法如表 10.3 所示。

表 10.3 PrintDialog 组件的常用属性及方法

属性及方法	说明
AllowCurrentPage（属性）	获取或设置一个值，该值指示是否显示“当前页”单选按钮
AllowPrintToFile （属性）	获取或设置一个值，该值指示是否启用“打印到文件”复选框
AllowSelection（属性）	获取或设置一个值，该值指示是否启用“选择”单选按钮
AllowSomePages（属性）	获取或设置一个值，该值指示是否启用“页”单选按钮
Document（属性）	获取或设置一个值，该值指示用于获取 PrinterSettings 类的 PrintDocument 对象
PrinterSettings（属性）	获取或设置对话框修改的打印机设置
PrintToFile（属性）	获取或设置一个值，该值指示是否选中“打印到文件”复选框
Reset（方法）	将所有选项、最后选定的打印机和页面设置重新设置为其默认值
ShowDialog（方法）	显示“打印”对话框

实现过程

01 新建一个 Windows 应用程序，将其命名为 PrintFormData，修改默认主窗体为 PrintFormData。

02 PrintFormData 窗体主要用到的控件及说明如表 10.4 所示。

表 10.4 PrintFormData 窗体主要用到的控件及说明

控件	控件名称	说明
TextBox	textBox1	输入员工姓名
	textBox2	输入员工所在部门
	textBox3	输入员工担任职位
Button	button1	执行打印操作
PrintDocument	printDocument1	设置要打印的文档
PrintPreviewDialog	printPreviewDialog1	显示“打印预览”窗体
PrintDialog	printDialog1	显示“打印”对话框

03 主要代码。

```
01  private void printDocument1_PrintPage(object sender, System.Drawing.Printing.
                                        PrintPageEventArgs e)
02  {
03      e.Graphics.DrawString(label1.Text, new Font("宋体", 10, FontStyle.Regular),
                            Brushes.Black, 260, 400); //绘制 label1 中的内容
04      e.Graphics.DrawString(textBox1.Text, new Font("宋体", 10, FontStyle.Regular),
                            Brushes.Black, 330, 400); //绘制 textBox1 中的内容
05      e.Graphics.DrawString(label2.Text, new Font("宋体", 10, FontStyle.Regular),
                            Brushes.Black, 270, 420); //绘制 label2 中的内容
06      e.Graphics.DrawString(textBox2.Text, new Font("宋体", 10, FontStyle.Regular),
                            Brushes.Black, 330, 420); //绘制 textBox2 中的内容
07      e.Graphics.DrawString(label3.Text, new Font("宋体", 10, FontStyle.Regular),
                            Brushes.Black, 270, 440); //绘制 label3 中的内容
08      e.Graphics.DrawString(textBox3.Text, new Font("宋体", 10, FontStyle.Regular),
                            Brushes.Black, 330, 440); //绘制 textBox3 中的内容
09  }
10  private void button1_Click(object sender, EventArgs e)
11  {
12      printDialog1.ShowDialog();//用默认的所有者使用的通用对话框
13      printPreviewDialog1.Document = this.printDocument1;//设置打印文档
14      printPreviewDialog1.ShowDialog();//将窗体显示为模式对话框
15  }
```

举一反三

根据本实例，读者可以实现以下功能。

◇ 打印窗体上带表格的数据。

◇ 在窗体上打印图表。

实例 111 自定义横向或纵向打印

实例说明

现实生活中，人们在打印文档时，有时候需要根据实际情况设置横向或纵向打印。本实例使用 C# 实现自定义横向或纵向打印功能。运行本实例，选择“横向打印”复选框，可以在该复选框上方看到横向打印的预览效果；取消该复选框的选择，则可以在该复选框上方看到纵向打印的预览效果。实例运行结果如图 10.3 所示。

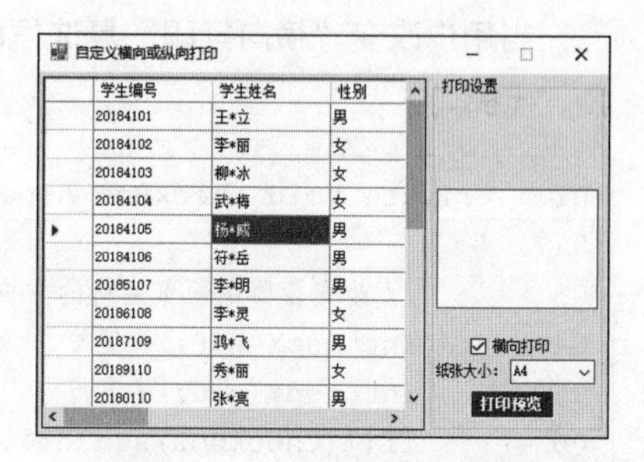

图 10.3 自定义横向或纵向打印

技术要点

本实例在设置横向或纵向打印时用到 PrintDocument 类的 DefaultPageSettings.Landscape 属性，下面对其进行详细讲解。

PrintDocument 类主要用来定义 Windows 应用程序进行打印时，将输出发送到打印机的可重用对象，其 DefaultPageSettings.Landscape 属性用来获取或设置一个值，该值指示是横向还是纵向打印该页。其语法如下：

```
public bool Landscape { get; set; }
```

如果页面横向打印，属性值为 true，否则为 false。默认值由打印机决定。

说明：PrintDocument 类位于 System.Drawing.Printing 命名空间下。

实现过程

01 新建一个 Windows 应用程序，将其命名为 PrintDirection，默认窗体为 Form1。

02 Form1 窗体主要用到的控件及说明如表 10.5 所示。

表 10.5 Form1 窗体主要用到的控件及说明

控件名称	属性设置	说明
panel_Line	BorderStyle 属性设置为 FixedSingle	预览打印方向
checkBox_Aspect	Text 属性设置为“横向打印”	设置是否横向打印
comboBox_PageSize	无	选择打印纸张
button_Preview	Text 属性设置为“打印预览”	执行打印预览操作
dataGridView1	无	显示要打印的数据

03 主要代码。

Form1 窗体获得焦点时，首先在 Panel 控件中绘制一个预览表格。代码如下：

```
01    private void Form1_Activated(object sender, EventArgs e)
02    {
```

```
03        // 在 Panel 控件中绘制一个预览表格
04        Graphics g = panel_Line.CreateGraphics();
05        int paneW = panel_Line.Width;// 设置表格的宽度
06        int paneH = panel_Line.Height;// 设置表格的高度
07        g.DrawRectangle(new Pen(Color.WhiteSmoke, paneW), 0, 0, paneW, paneH);// 绘制一个矩形
08    }
```

当用户改变“横向打印”复选框的选中状态时，在 Panel 控件中绘制打印纸张的横向或纵向预览效果。代码如下：

```
01    private void checkBox_Aspect_MouseDown(object sender, MouseEventArgs e)
02    {
03        // 改变窗体中预览表格的方向
04        int aspX = 0;// 宽度
05        int aspY = 0;// 高度
06        if(((CheckBox)sender).Checked == false)// 如果不是纵向打印
07        {
08            aspX = 136;// 设置大小
09            aspY = 98;
10            PrintClass.PageScape = true;// 横向打印
11        }
12        else
13        {
14            aspX = 100;// 设置大小
15            aspY = 116;
16            PrintClass.PageScape = false;// 纵向打印
17        }
18        panel_Line.Width = aspX;// 设置控件的宽度
19        panel_Line.Height = aspY;// 设置控件的高度
20        aspX = (int)((groupBox1.Width - aspX) / 2);
21        panel_Line.Location = new Point(aspX, 90);// 设置控件的位置
22        Form1_Activated(sender, e);// 设置 Activated 事件
23    }
```

PrintClass 类的构造函数主要用来对打印信息进行初始化，它有 3 个参数，即 datagrid、PageS、lendscape，分别表示打印数据、纸张大小和是否横向打印。PrintClass 类的构造函数实现代码如下：

```
01    public PrintClass(DataGridView datagrid, int PageS, bool lendscape)
02    {
03        this.datagrid = datagrid;// 获取打印数据
04        this.PageSheet = PageS;// 纸张大小
05        printdocument = new PrintDocument();// 实例化 PrintDocument 类
06        pagesetupdialog = new PageSetupDialog();// 实例化 PageSetupDialog 类
07        pagesetupdialog.Document = printdocument;// 获取当前页的设置
08        printpreviewdialog = new PrintPreviewDialog();// 实例化 PrintPreviewDialog 类
09        printpreviewdialog.Document = printdocument;// 获取预览文档的信息
10        printpreviewdialog.FormBorderStyle = FormBorderStyle.Fixed3D;// 设置窗体的边框样式
11        // 横向打印的设置
12        if(PageSheet >= 0)
```

```
13          {
14              if(lendscape == true)
15              {
16                  printdocument.DefaultPageSettings.Landscape = lendscape;// 横向打印
17              }
18              else
19              {
20                  printdocument.DefaultPageSettings.Landscape = lendscape;// 纵向打印
21              }
22          }
23          pagesetupdialog.Document = printdocument;
24          printdocument.PrintPage += new PrintPageEventHandler(this.printdocument_
                                          printpage);// 事件的重载
25      }
```

print方法为自定义的无返回值类型方法，该方法主要用来根据要打印的数据显示打印预览窗体。print方法实现代码如下：

```
01  public void print()
02  {
03      rowcount = 0;// 记录数据的行数
04      string paperName = Page_Size(PageSheet);// 获取当前纸张的大小
05      PageSettings storePageSetting = new PageSettings();// 实例化PageSettings对象
06      foreach(PaperSize ps in printdocument.PrinterSettings.PaperSizes)
07          if(paperName == ps.PaperName)// 如果找到当前纸张的名称
08          {
09              storePageSetting.PaperSize = ps;// 获取当前纸张的信息
10          }
11      if(datagrid.DataSource.GetType().ToString() == "System.Data.DataTable")
12      {
13          rowcount = ((DataTable)datagrid.DataSource).Rows.Count;// 获取数据的行数
14      }
15      else if (datagrid.DataSource.GetType().ToString() == "System.Collections.
                                                            ArrayList")// 判断数据类型
16      {
17          rowcount = ((ArrayList)datagrid.DataSource).Count;// 获取数据的行数
18      }
19      try
20      {
21          printdocument.DefaultPageSettings.Landscape = PageScape;// 设置横向打印
22          pagesetupdialog.Document = printdocument;
23          printpreviewdialog.ShowDialog();// 显示打印预览窗体
24      }
25      catch(Exception e)
26      {
27          throw new Exception("printer error." + e.Message);
28      }
29  }
```

举一反三

根据本实例，读者可以实现以下功能。

◇ 自定义横向打印。

◇ 自定义纵向打印。

实例 112 分页打印

实例说明

用户在打印文档时，有时候为了能够更加清楚地看到数据，通常在一页中设置打印更少的行数，这时就需要用到文档的分页打印功能。本实例使用 C# 制作一个分页打印程序。运行本实例，在“每页打印行数”文本框中输入每页要打印的行数，按 <Enter> 键，即可在后面的 Label 控件中显示总页数，然后单击“打印”按钮，则按获得的总页数打印文档。实例运行结果如图 10.4 所示。

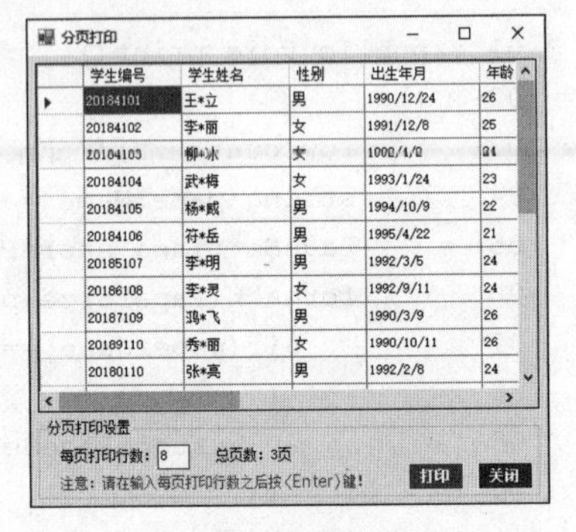

图 10.4 分页打印

技术要点

本实例主要用到 PrintPageEventArgs.HasMorePages 属性和 PrintDocument 控件的 PrintPage 事件。

PrintDocument 控件的 PrintPage 事件主要在需要为当前页打印输出时发生，其语法如下：

```
public event PrintPageEventHandler PrintPage
```

技巧：如果要指定打印输出，请使用 PrintPageEventArgs 中包含的 Graphics。除了指定输出之外，还可以通过将 PrintPageEventArgs. HasMorePages 属性设置为 true 来指示还有更多的页要打印，其默认值为 false，表示没有更多要打印的页。还可以通过 PageSettings 来修改单独的页设置，通过将 PrintPageEventArgs.Cancel 属性设置为 true 来取消打印作业。若要使用不同的页设置打印文档的每一页，请处理 QueryPageSettings 事件。

实现过程

01 新建一个 Windows 应用程序，将其命名为 PagesPrint，默认窗体为 Form1。

02 Form1 窗体主要用到的控件及说明如表 10.6 所示。

表 10.6　Form1 窗体主要用到的控件及说明

控件名称	属性设置	说明
dataGridView1	无	显示打印数据
textBox1	Text 属性设置为"30"	输入每页打印的行数
label2	Text 属性设置为"总页数："	显示总页数
button1	Text 属性设置为"打印"	执行分页打印操作
button2	Text 属性设置为"关闭"	关闭当前窗体
printPreviewDialog1	Document 属性设置为 printDocument1	显示"打印预览"窗体
printDocument1	无	设置打印文档

03 主要代码。

在 Form1 窗体中，在"每页打印行数"文本框中输入行数，按 <Enter> 键，记录要打印的总页数，并将总页数显示在 Label 控件中。TextBox 控件的 KeyPress 事件的代码如下：

```
01  private void textBox1_KeyPress(object sender, KeyPressEventArgs e)
02  {
03      if(textBox1.Text != "")
04      {
05          if(e.KeyChar == 13)
06          {
07              intRows = Convert.ToInt32(textBox1.Text);
08              EndRows = (dataGridView1.Rows.Count - 2) % intRows;// 去掉标题和最后一行的空行
09              if(EndRows > 0)
10                  intPage = Convert.ToInt32((dataGridView1.Rows.Count - 2) / intRows) + 1;
11              else
12                  intPage = Convert.ToInt32((dataGridView1.Rows.Count - 2) / intRows);
13              label2.Text = " 总页数: " + intPage + " 页 ";
14          }
15      }
16  }
```

分页打印文档之前，首先需要对要打印的文档进行设置，这时需要用到 PrintDocument 控件的 PrintPage 事件。该事件中，首先判断是否有要打印的数据，如果有，则根据总页数对其每页文档进行顺序打印。PrintDocument 控件的 PrintPage 事件的代码如下：

```
01  private void printDocument1_PrintPage(object sender, System.Drawing.Printing.
 PrintPageEventArgs e)
02  {
03      if(dataGridView1.Rows.Count > 0)
04      {
05          PrintPageWidth = e.PageBounds.Width;// 获取打印纸张的宽度
06          PrintPageHeight = e.PageBounds.Height;// 获取打印纸张的高度
07          #region 绘制边框线
08          e.Graphics.DrawLine(myPen, leftmargin, topmargin, PrintPageWidth -
                        leftmargin - rightmargin, topmargin);
09          e.Graphics.DrawLine(myPen, leftmargin, topmargin, leftmargin, PrintPageHeight -
                        topmargin - buttommargin);
10          e.Graphics.DrawLine(myPen, leftmargin, PrintPageHeight - topmargin -
                        buttommargin, PrintPageWidth - leftmargin - rightmargin,
                        PrintPageHeight - topmargin - buttommargin);
```

```
11          e.Graphics.DrawLine(myPen, PrintPageWidth - leftmargin - rightmargin,
                              topmargin, PrintPageWidth - leftmargin - rightmargin,
                              PrintPageHeight - topmargin - buttommargin);
12          #endregion
13          #region 打印
14          int intPrintRows = currentpageindex * intRows;
15          rowgap = Convert.ToInt32((PrintPageHeight - topmargin - buttommargin -
                                  5 * intRows) / intRows)+3;
16          int j = 0;
17          for(int i = 0 + (intPrintRows - intRows); i < intPrintRows; i++)
18          {
19              if(i <= dataGridView1.Rows.Count - 2)
20              {
21                  e.Graphics.DrawString(dataGridView1.Rows[i].Cells[0].Value.ToString(),
 myFont, myBrush, leftmargin + 5, topmargin + j * rowgap + 5);
22  e.Graphics.DrawString(dataGridView1.Rows[i].Cells[1].Value.ToString(), myFont,
 myBrush, leftmargin + columnWidth1 + 5, topmargin + j * rowgap + 5);
23  e.Graphics.DrawString(dataGridView1.Rows[i].Cells[2].Value.ToString(), myFont,
 myBrush, leftmargin + columnWidth1 + columnWidth2 + 5, topmargin + j * rowgap + 5);
24  e.Graphics.DrawLine(myPen, leftmargin, topmargin + j * rowgap + 1, PrintPageWidth -
 leftmargin - rightmargin, topmargin + j * rowgap + 1);
25  e.Graphics.DrawLine(myPen, leftmargin + columnWidth1, topmargin + j * rowgap,
 leftmargin + columnWidth1, PrintPageHeight - topmargin - buttommargin);
26  e.Graphics.DrawLine(myPen, leftmargin + columnWidth1 + columnWidth2, topmargin + j *
 rowgap, leftmargin + columnWidth1 + columnWidth2, PrintPageHeight - topmargin - buttommargin);
27  e.Graphics.DrawString("共 " + intPage + " 页   第 " + currentpageindex + " 页", myFont,
 myBrush, PrintPageWidth - 200, (int)(PrintPageHeight - buttommargin / 2));
28                  j++;
29              }
30          }
31          currentpageindex++;// 下一页的页码
32          if(currentpageindex <= intPage)// 如果当前页不是最后一页
33          {
34              e.HasMorePages = true;// 打印其余页
35          }
36          else
37          {
38              e.HasMorePages = false;// 不打印其余页
39              currentpageindex = 1;// 当前打印的页编号设为 1
40          }
41          #endregion
42      }
43  }
```

举一反三

根据本实例，读者可以实现以下功能。

◇ 设置每页只能打印 30 条记录。

实例 113 打印商品入库单

实例说明

商品入库单的打印在现实生活中经常遇到，比如一个公司每天都会有商品的出入库信息，这时就需要用到商品的出、入库单。由于商品的出库单与入库单类似，这里以商品入库单为例来讲解。运行本实例，在主窗体的 DataGridView 控件中选择要打印的商品入库单所在的行，单击“打印”按钮，即可打印指定的商品入库单信息；如果 DataGridView 控件中不存在要打印的商品入库单信息，用户可以根据实际情况添加商品入库单信息，然后按以上步骤进行打印。实例运行结果如图 10.5 所示。

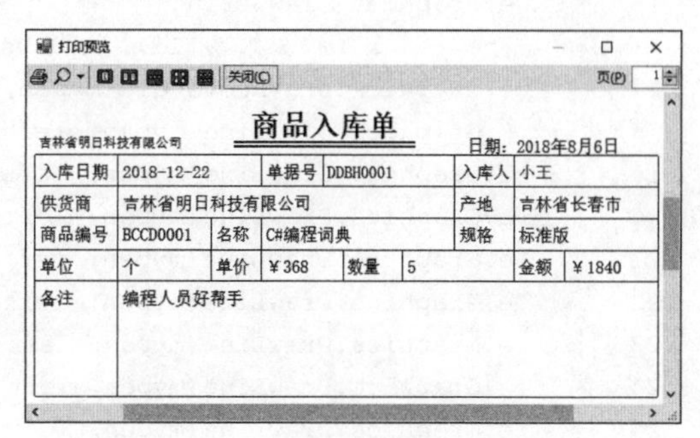

图 10.5　打印商品入库单

技术要点

本实例实现打印商品入库单时，分别使用 Graphics 类的 DrawRectangle 方法、DrawLine 方法和 DrawString 方法将商品入库单包含的各种信息绘制到打印纸张上，然后进行打印。

实现过程

01 新建一个 Windows 应用程序，将其命名为 PrintGoodsInBill，默认窗体为 Form1。

02 在 Form1 窗体中添加一个 DataGridView 控件，用来显示要打印的商品入库单信息；添加 PrintDocument 和 PrintPreviewDialog 控件，分别用来设置打印文档和显示“打印预览”窗体；添加一个 Button 控件，用来执行打印商品入库单操作。

03 主要代码。

打印商品入库单之前，首先需要将要打印的商品入库单信息绘制到打印纸张上，这时需要用到 PrintDocument 控件的 PrintPage 事件，该事件主要用来绘制商品入库单信息。PrintDocument 控件的 PrintPage 事件的代码如下：

```
01  private void printDocument1_PrintPage(object sender, System.Drawing.Printing.
                                         PrintPageEventArgs e)
02  {
03      int printWidth = e.PageBounds.Width;// 定义打印纸张的宽度
04      int printHeight = e.PageBounds.Height;// 定义打印纸张的高度
05      int left = printWidth / 2 - 305;// 左边距
06      int right = printWidth / 2 + 305;// 右边距
07      int top = printHeight / 2 - 200;// 上边距
08      Brush myBrush = new SolidBrush(Color.Black);// 定义画刷
09      Pen mypen = new Pen(Color.Black);// 定义画笔
```

```
10        Font myFont = new Font("宋体", 12);// 定义字体
11        // 绘制商品入库单标题
12        e.Graphics.DrawString("商品入库单", new Font("宋体", 20, FontStyle.Bold),
                    myBrush, new Point(printWidth / 2 - 100, top));
13        e.Graphics.DrawLine(new Pen(Color.Black, 2), 300, top + 30, 480, top + 30);
14        e.Graphics.DrawLine(new Pen(Color.Black, 2), 300, top + 34, 480, top + 34);
15        e.Graphics.DrawString("吉林省明日科技有限公司", new Font("宋体", 9), myBrush,
                    new Point(left + 2, top + 25));
16        e.Graphics.DrawString("日期：" + DateTime.Now.ToLongDateString(), new Font
                    ("宋体", 12), myBrush, new Point(right - 190, top + 25));
17        e.Graphics.DrawRectangle(mypen, left, top + 42, 610, 230);// 绘制矩形框
18        e.Graphics.DrawLine(mypen, left, top + 72, left + 610, top + 72);// 第 1 行
19        e.Graphics.DrawLine(mypen, left, top + 102, left + 610, top + 102);// 第 2 行
20        e.Graphics.DrawLine(mypen, left, top + 132, left + 610, top + 132);// 第 3 行
21        e.Graphics.DrawLine(mypen, left, top + 162, left + 610, top + 162);// 第 4 行
22        e.Graphics.DrawLine(mypen, left + 80, top + 42, left + 80, top + 272);// 第 1 列
23        e.Graphics.DrawLine(mypen, left + 220, top + 42, left + 220, top + 72);// 第 2 列
24        e.Graphics.DrawLine(mypen, left + 280, top + 42, left + 280, top + 72);// 第 3 列
25        e.Graphics.DrawLine(mypen, left + 410, top + 42, left + 410, top + 132);// 第 4 列
26        e.Graphics.DrawLine(mypen, left + 470, top + 42, left + 470, top + 162);// 第 5 列
27        e.Graphics.DrawLine(mypen, left + 170, top + 102, left + 170, top + 162);
                                                            // 第 3 行第 2 列
28        e.Graphics.DrawLine(mypen, left + 220, top + 102, left + 220, top + 162);
                                                            // 第 3 行第 3 列
29        e.Graphics.DrawLine(mypen, left + 300, top + 132, left + 300, top + 162);
                                                            // 第 4 行第 4 列
30        e.Graphics.DrawLine(mypen, left + 360, top + 132, left + 360, top + 162);
                                                            // 第 4 行第 5 列
31        e.Graphics.DrawLine(mypen, left + 520, top + 132, left + 520, top + 162);
                                                            // 第 4 行第 7 列
32        // 第 1 行数据
33        e.Graphics.DrawString("入库日期", myFont, myBrush, new Point(left + 2, top + 50));
34        e.Graphics.DrawString(strInDate, myFont, myBrush, new Point(left + 82, top + 50));
35        e.Graphics.DrawString("单据号", myFont, myBrush, new Point(left + 222, top + 50));
36        e.Graphics.DrawString(strID, myFont, myBrush, new Point(left + 282, top + 50));
37        e.Graphics.DrawString("入库人", myFont, myBrush, new Point(left + 412, top + 50));
38        e.Graphics.DrawString(strInPeople, myFont, myBrush, new Point(left + 472, top + 50));
39        // 第 2 行数据
40        e.Graphics.DrawString("供货商", myFont, myBrush, new Point(left + 2, top + 80));
41        e.Graphics.DrawString(strInProvider, myFont, myBrush, new Point(left + 82, top + 80));
42        e.Graphics.DrawString("产地", myFont, myBrush, new Point(left + 412, top + 80));
43        e.Graphics.DrawString(strPlace, myFont, myBrush, new Point(left + 472, top + 80));
44        // 第 3 行数据
45        e.Graphics.DrawString("商品编号", myFont, myBrush, new Point(left + 2, top + 110));
46        e.Graphics.DrawString(strGID, myFont, myBrush, new Point(left + 82, top + 110));
47        e.Graphics.DrawString("名称", myFont, myBrush, new Point(left + 172, top + 110));
48        e.Graphics.DrawString(strGName, myFont, myBrush, new Point(left + 222, top + 110));
49        e.Graphics.DrawString("规格", myFont, myBrush, new Point(left + 412, top + 110));
50        e.Graphics.DrawString(strGSpec, myFont, myBrush, new Point(left + 472, top + 110));
51        // 第 4 行数据
52        e.Graphics.DrawString("单位", myFont, myBrush, new Point(left + 2, top + 140));
53        e.Graphics.DrawString(strGUnit, myFont, myBrush, new Point(left + 82, top + 140));
```

```
54        e.Graphics.DrawString("单价", myFont, myBrush, new Point(left + 172, top + 140));
55        e.Graphics.DrawString(strGMoney, myFont, myBrush, new Point(left + 222, top + 140));
56        e.Graphics.DrawString("数量", myFont, myBrush, new Point(left + 302, top + 140));
57        e.Graphics.DrawString(strGNum, myFont, myBrush, new Point(left + 362, top + 140));
58        e.Graphics.DrawString("金额", myFont, myBrush, new Point(left + 472, top + 140));
59        e.Graphics.DrawString(strSMoney, myFont, myBrush, new Point(left + 522, top + 140));
60        //第 5 行数据
61        e.Graphics.DrawString("备注", myFont, myBrush, new Point(left + 2, top + 170));
62        e.Graphics.DrawString(strRemark, myFont, myBrush, new Point(left + 82, top + 170));
63    }
```

举一反三

根据本实例，读者可以实现以下功能。

◇ 打印商品出库单。

实例 114 利用 Word 打印员工报表

实例说明

Microsoft Word 是微软公司提供的文档处理软件，在处理文档和资料的过程中展现出了强大的功能。本实例在打印某企业的员工报表时，实现将数据导入 Word 文档中进行打印的功能。运行本实例，如图 10.6 所示，单击“输出 Word”按钮，DataGridView 控件中的数据便以 Word 文档方式打开（见图 10.7），然后用户便可以使用 Word 文档自带的打印功能对员工报表进行打印。

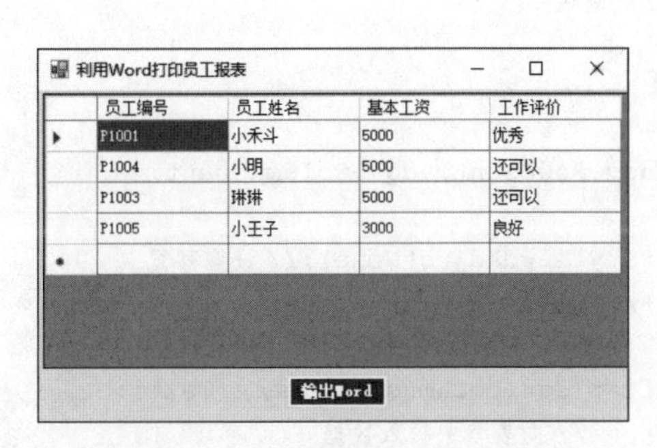

图 10.6 利用 Word 打印员工报表

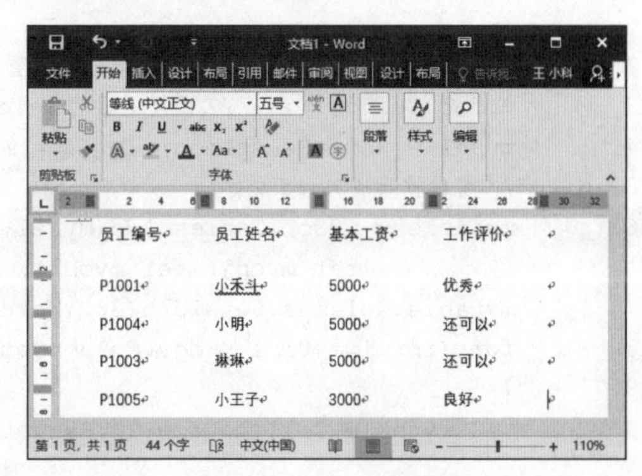

图 10.7 输出的 Word 文档

技术要点

本实例通过使用 Microsoft Word 自动化对象模型中的 Cell 对象，将 DataGridView 控件中的数据导出到 Word 文档中。

在 Microsoft Word 自动化对象模型中，Tables 集合是由 Table 对象组成的集合，这些对象代表选定内容、范围或文档中的表格。Table 对象的 Cell 对象代表表格中的单个单元格，Cell 对象是 Cells 集合中的元素，Cells 集合表示指定对象中所有的单元格。本实例中主要用到 Cell 对象的 InsertAfter 方法。

InsertAfter 方法用来将指定文本插入某区域或选定内容的后面，其语法如下：

```
public void InsertAfter(string Text)
```

参数说明如下。

◇ Text：要插入的文本。

实现过程

01 新建一个 Windows 应用程序，将其命名为 PrintStuffReport，修改默认主窗体为 PrintStuffReport。

02 在 PrintStuffReport 窗体中添加一个 DataGridView 控件和一个 Button 控件，其中 DataGridView 控件用来显示数据库中的数据，Button 控件用来将 DataGridView 控件中的数据以 Word 文档格式输出。

03 主要代码。

自定义方法 ExportDataGridview，用来实现将 DataGridView 控件中的数据导出到 Word 文档。代码如下：

```
01    public bool ExportDataGridview(DataGridView dgv, bool isShowWord)
02    {
03        Word.Document mydoc = new Word.Document();   // 实例化一个 Word 对象
04        Word.Table mytable;// 定义一个 Table 型的对象
05        Word.Selection mysel; // 定义一个 mysel 对象
06        Object myobj;// 定义一个 Object 型的 myobj 对象
07        if (dgv.Rows.Count == 0) // 当 DataGridView 控件中不存在内容时
08            return false; // 返回 false
09        Word.Application word = new Word.Application();   // 建立 word 对象
10        myobj = System.Reflection.Missing.Value; // 实例化 myobj 对象
11        mydoc = word.Documents.Add(ref myobj, ref myobj, ref myobj, ref myobj);
                                                   // 实例化 mydoc 对象
12        word.Visible = isShowWord; // 设置 word 的显示格式
13        mydoc.Select();   // 调用对象的 Select 方法
14        mysel = word.Selection; // 实例化 mysel 对象
15        // 将数据生成 Word 文件
16        mytable = mydoc.Tables.Add(mysel.Range, dgv.RowCount, dgv.ColumnCount,
                  ref myobj, ref myobj);
17        mytable.Columns.SetWidth(30, Word.WdRulerStyle.wdAdjustNone);// 设置列宽
18        for (int i = 0; i < dgv.ColumnCount; i++)// 输出列标题数据
19        {
20            mytable.Cell(1, i + 1).Range.InsertAfter(dgv.Columns[i].HeaderText);
                                                           // 向表格中插入数据
21        }
22        for(int i = 0; i < dgv.RowCount - 1; i++)// 输出控件中的记录
23        {
24            for(int j = 0; j < dgv.ColumnCount; j++)// 循环遍历 DataGridView 控件中的每一列
25            {
```

```
26                mytable.Cell(i + 2, j + 1).Range.InsertAfter(dgv[j, i].Value.
                                                 ToString());// 向表格中插入数据
27            }
28        }
29        return true; // 返回 true
30    }
```

注意：在程序中对 Word 进行操作控制时，需要引用 Word 动态连接库。添加方法如下：选中当前项目，单击鼠标右键，选择“添加引用”，在弹出的“添加引用”对话框中选择“COM”选项卡，然后找到要引用的 Word 动态连接库，单击“确定”按钮即可。

举一反三

根据本实例，读者可以开发以下程序。

◇ 各种打印报表的模块。

◇ 程序中调用 Word 的模块。

图表技术

实例 115 绘制柱形图

实例说明

本实例通过绘制简单的柱形图让读者初步了解绘制柱形图的技术。实例运行结果如图 11.1 所示。

图 11.1 绘制柱形图

技术要点

绘制柱形图时，主要通过调用 Graphics 类的 FillRectangle 方法实现，该方法用于填充由坐标对、宽度和高度指定的矩形的内部。其语法如下：

```
public void FillRectangle(Brush brush,int x,int y,int width,int height)
```

实现过程

01 新建一个项目，将其命名为“绘制柱形图”，默认主窗体为 Form1。

02 在 Form1 窗体中主要添加一个 Panel 控件，用于显示绘图结果。

03 主要代码。

```
01   private void ShowPic()
02   {
03       Conn();// 打开数据库连接
04       using (cmd = new SqlCommand("SELECT TOP 3 * FROM tb_Rectangle order by
                t_Num desc", con))
```

```
05      {
06          SqlDataReader dr = cmd.ExecuteReader();// 创建 SqlDataReader 对象
07          Bitmap bitM = new Bitmap(this.panel1.Width, this.panel1.Height);// 创建画布
08          Graphics g = Graphics.FromImage(bitM);// 创建 Graphics 对象
09          g.Clear(Color.White);// 设置画布背景
10          for (int j = 0; j < 4; j++)// 开始读取数据库中的数据并绘图
11          {
12              if (dr.Read()) // 读取记录集
13              {
14                  int x, y, w, h;// 声明变量，存储坐标和宽度、高度
15                  g.DrawString(dr[0].ToString(), new Font("宋体", 8, FontStyle.Regular),
  new SolidBrush(Color.Black), 76 + 40 * j, this.panel1.Height - 16);// 绘制文字
16                  x = 78 + 40 * j;//x 坐标
17                  y = this.panel1.Height - 20 - Convert.ToInt32((Convert.ToDouble
  (Convert.ToDouble(dr[1].ToString()) * 20 / 100)));//y 坐标
18                  w = 24;// 宽度
19                  h = Convert.ToInt32(Convert.ToDouble(dr[1].ToString()) * 20 / 100);// 高度
20                  g.FillRectangle(new SolidBrush(Color.FromArgb(56, 129, 78)), x, y,
                                        w, h);// 开始绘制柱形图
21              }
22          }
23          this.panel1.BackgroundImage = bitM;// 显示绘制的柱形图
24      }
25  }
```

举一反三

根据本实例，读者可以实现以下功能。

◇ 分析商品销量走势。

实例 116 通过柱形图表分析商品走势

实例说明

在实现一个具有分析功能的软件时，经常使用图表显示分析结果，图表可以使用户更直观地了解所关注的信息。本实例通过柱形图表来动态地分析某商品每年的走势情况。实例运行结果如图 11.2 所示。

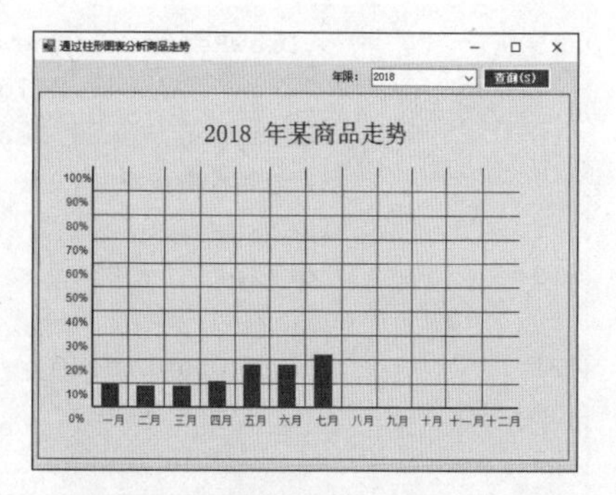

图 11.2 通过柱形图表分析商品走势

技术要点

在本实例中，设置 ComboBox 控件的 DataSource 属性，

将分析的年限信息绑定到 ComboBox 控件上，然后分别设置 ComboBox 控件的 DisplayMember 属性和 ValueMember 属性，显示绑定信息给用户。最后利用 FillRectangle 方法填充由坐标对、宽度和高度指定的矩形的内部。FillRectangle 方法已发生重载，具体说明如表 11.1 所示。

表 11.1　FillRectangle 方法

名称	说明
Graphics.FillRectangle (Brush,Rectangle)	填充由 Rectangle 结构指定的矩形的内部
Graphics.FillRectangle (Brush,RectangleF)	填充由 RectangleF 结构指定的矩形的内部
Graphics.FillRectangle(Brush,Int32,Int32,Int32,Int32)	填充由坐标对、宽度和高度指定的矩形的内部
Graphics.FillRectangle(Brush,Single,Single,Single,Single)	填充由坐标对、宽度和高度指定的矩形的内部

实现过程

01 新建一个项目，将其命名为“通过柱形图表分析商品走势”，默认主窗体为 Form1。

02 在 Form1 窗体中添加一个 Panel 控件、一个 ComboBox 控件和一个 Button 控件，分别用于显示绘图结果、统计年份和绘制图形。

03 主要代码。

自定义 CreateImage 方法，绘制柱形图来显示商品走势。代码如下：

```
01   private void CreateImage(int Year)
02   {
03       int height = 400, width = 600;          //设置画布的高度和宽度
04       System.Drawing.Bitmap image = new System.Drawing.Bitmap(width, height);
                                                 //创建一个新画布
05       Graphics g = Graphics.FromImage(image); //创建 Graphics 对象
06       try
07       {
08           g.Clear(Color.White);               //设置画布背景色
09           Font font = new System.Drawing.Font("Arial", 9, FontStyle.Regular);//设置字体
10           Font font1 = new System.Drawing.Font("宋体", 20, FontStyle.Regular);
                                                 //设置字体
11           System.Drawing.Drawing2D.LinearGradientBrush brush = new System.Drawing.
  Drawing2D.LinearGradientBrush(new Rectangle(0, 0, image.Width, image.Height), Color.
  Blue, Color.Blue, 1.2f, true); //创建 LinearGradientBrush 对象
12           g.FillRectangle(Brushes.WhiteSmoke, 0, 0, width, height); //绘制柱形图
13           Brush brush1 = new SolidBrush(Color.Blue); //创建 Brush 对象
14           g.DrawString("" + Year + " 年某商品走势", font1, brush1, new PointF
                     (180, 30));//绘制说明文字
15           g.DrawRectangle(new Pen(Color.Blue), 0, 0, image.Width - 4, image.
                       Height - 4); //画图形的边框线
16           Pen mypen = new Pen(brush, 1);               //实例化 Pen 对象
17           //绘制横向线条
18           int x = 100;
19           for(int i = 0; i < 11; i++)
20           {
21               g.DrawLine(mypen, x, 80, x, 340);  //绘制线条
22               x = x + 40;
23           }
```

```
24          Pen mypen1 = new Pen(Color.Blue, 2);    //创建Pen对象
25          g.DrawLine(mypen1, x - 480, 80, x - 480, 340);
26          //绘制纵向线条
27          int y = 106;
28          for(int i = 0; i < 9; i++)
29          {
30              g.DrawLine(mypen, 60, y, 540, y);   //绘制线条
31              y = y + 26;
32          }
33          g.DrawLine(mypen1, 60, y, 540, y);
34          //x轴
35          String[] n = {"  一月", "  二月", "  三月", "  四月", "  五月", "  六月",
  "  七月","  八月", "  九月", "  十月", "十一月", "十二月"};//绘制x轴的月份
36          x = 62;
37          for(int i = 0; i < 12; i++)
38          {
39              g.DrawString(n[i].ToString(), font, Brushes.Red, x, 348);
                                                         //设置文字内容及输出位置
40              x = x + 40;
41          }
42          //y轴
43          String[] m = {"100%", " 90%", " 80%", " 70%", " 60%", " 50%", " 40%",
  " 30%"," 20%", " 10%", "  0%"};      //绘制y轴的商品上升百分比
44          y = 85;
45          for(int i = 0; i < 11; i++)
46          {
47              g.DrawString(m[i].ToString(), font, Brushes.Red, 25, y);
                                                  //设置文字内容及输出位置
48              y = y + 26;
49          }
50          int[] Count = new int[12];
51          string cmdtxt2 = "SELECT * FROM tb_Stat WHERE ShowYear=" + Year + "";
52          SqlConnection Con = new SqlConnection("server=XIAOKE;uid=sa;pwd=;database=
                              db_Test");//建立数据库连接
53          Con.Open();                 //打开连接
54          SqlCommand Com = new SqlCommand(cmdtxt2, Con); //创建SqlCommand对象
55          SqlDataAdapter da = new SqlDataAdapter();//创建SqlDataAdapter对象
56          da.SelectCommand = Com;
57          DataSet ds = new DataSet();                //创建DataSet对象
58          da.Fill(ds);                               //调用Fill方法填充DataSet对象
59          int j = 0;
60          int number = SumYear(Year);
61          for(j = 0; j < 12; j++)
62          {
63              Count[j] = Convert.ToInt32(ds.Tables[0].Rows[0][j + 1].ToString()) *
                           100 / number;
64          }
65          //显示柱状效果
66          x = 70;
67          for(int i = 0; i < 12; i++)
68          {
```

```
69                 SolidBrush mybrush = new SolidBrush(Color.Red);
70                 g.FillRectangle(mybrush, x, 340 - Count[i] * 26 / 10, 20, Count[i] * 26 / 10);
71                 x = x + 40;
72             }
73             this.panel1.BackgroundImage = image;
74         }
75         catch (Exception ey)
76         {
77             MessageBox.Show(ey.Message);
78         }
79     }
```

举一反三

根据本实例，读者可以实现以下功能。

◇ 利用临时图表分析数据。

◇ 在多个数据库间完成统计并用图表显示。

实例 117 在柱形图的指定位置显示说明文字

实例说明

本实例通过绘制简单的柱形图让读者初步了解在柱形图的指定位置显示说明文字的技术。实例运行结果如图 11.3 所示。

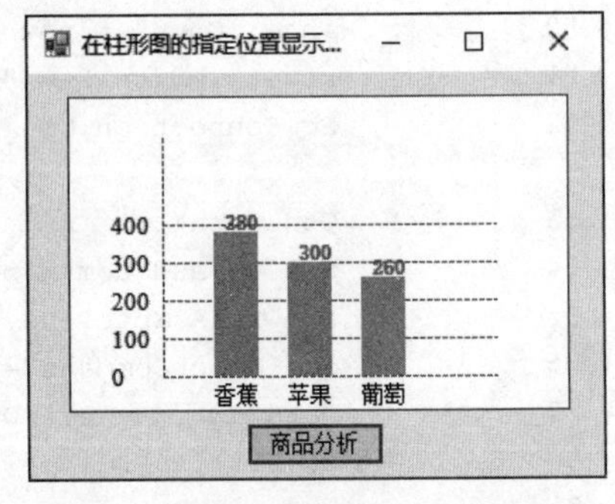

图 11.3 在柱形图的指定位置显示说明文字

技术要点

绘制柱形图及柱形图上的文字时，主要调用 Graphics 类的 FillRectangle 方法和 DrawString 方法。DrawString 方法主要用于在指定位置用指定的 Brush 和 Font 对象绘制文本字符串。其语法如下：

```
public void DrawString(string s,Font font,Brush brush,PointF point)
```

参数说明如下。

◇ s：要绘制的文本字符串。

◇ font：定义文本字符串的文本格式。

◇ brush：确定所绘制文本字符串的颜色和纹理。

◇ point：指定所绘制文本字符串的左上角。

实现过程

01 新建一个项目，将其命名为“在柱形图的指定位置显示说明文字”，默认主窗体为 Form1。

02 在 Form1 窗体中添加一个 Panel 控件，用于显示绘图结果。

03 主要代码。

```
01    private void ShowPic()
02    {
03        Conn();//打开数据库
04        using(cmd = new SqlCommand("SELECT TOP 3 * FROM tb_Rectangle order by
                  t_Num desc", con))
05        {
06            SqlDataReader dr = cmd.ExecuteReader();//创建 SqlDataReader 对象
07            Bitmap bitM = new Bitmap(this.panel1.Width, this.panel1.Height);//创建画布
08            Graphics g = Graphics.FromImage(bitM);//创建 Graphics 对象
09            Pen p = new Pen(new SolidBrush(Color.SlateGray), 1.0f);//创建 Pen 对象
10            p.DashStyle = System.Drawing.Drawing2D.DashStyle.Dash;//设置虚线
11            g.Clear(Color.White);//设置画布颜色
12            for(int i = 0; i < 5; i++)
13            {
14                //绘制水平线条
15                g.DrawLine(p, 50, this.panel1.Height - 20 - i * 20, this.panel1.
                      Width - 40, this.panel1.Height - 20 - i * 20);
16                g.DrawString(Convert.ToString(i * 100), new Font("Times New Roman",
                       10, FontStyle.Regular), new SolidBrush(Color.Black), 20,
                       this.panel1.Height - 27 - i * 20);//绘制商品的增长值
17            }
18            for(int j = 0; j < 4; j++)
19            {
20                g.DrawLine(p, 50, this.panel1.Height - 20, 50, 20);//绘制垂直线条
21                if(dr.Read())
22                {
23                    int x, y, w, h;//声明变量，存储坐标和宽度、高度
24                    g.DrawString(dr[0].ToString(), new Font("宋体", 9, FontStyle.Regular),
 new SolidBrush(Color.Black), 76 + 40 * j, this.panel1.Height - 16);//绘制商品名称
25                    x = 78 + 40 * j;//x 坐标
26                    y = this.panel1.Height - 20 - Convert.ToInt32((Convert.ToDouble
 (Convert.ToDouble(dr[1].ToString()) * 20 / 100)));//y 坐标
27                    w = 24;//宽度
28                    h = Convert.ToInt32(Convert.ToDouble(dr[1].ToString()) * 20 / 100);//高度
29                    g.FillRectangle(new SolidBrush(Color.Orange), x, y, w, h);//绘制柱形图
30                   g.DrawString((h * 100 / 20).ToString(), new Font("宋体", 8, FontStyle.
 Bold), new SolidBrush(Color.Tomato), new Point(x + 4, y - 10));//在柱形图指定的位置绘制说明文字
31                }
32            }
33            this.panel1.BackgroundImage = bitM;//显示绘制的图形
34        }
35    }
```

举一反三

根据本实例，读者可以实现以下功能。

◇ 制作投票系统。

实例 118 利用图表分析产品销售走势

实例说明

在产品销售企业中产品的销售额是决策者非常关心的，及时、清晰、准确地分析产品销售走势是必要的。本实例通过对某地区白金市场进行统计，分析近半年白金价格的走势。实例运行结果如图 11.4 所示。

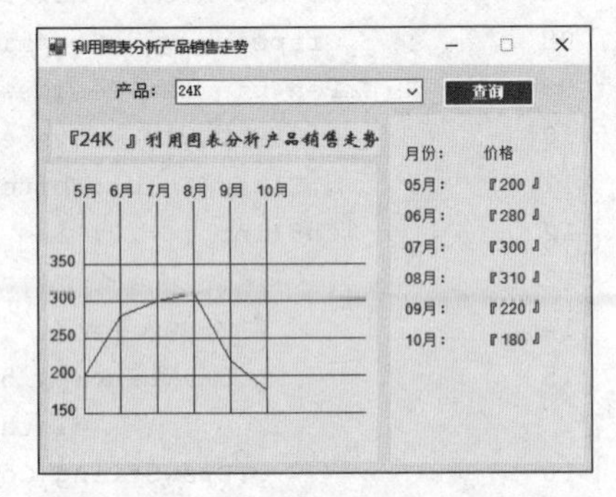

图 11.4 利用图表分析产品销售走势

技术要点

本实例主要利用 Graphics 类的 DrawLines 方法、DrawLine 方法和 DrawString 方法。DrawLines 方法用于绘制一系列连接一组 Point 结构的线段。其语法如下：

```
public void DrawLines(Pen pen,Point[] points)
```

参数说明如下。

◇ pen：Pen 对象，确定线段的颜色、宽度和样式。

◇ points：Point 结构数组，这些结构表示要连接的点。

DrawString 方法用于在指定位置并且用指定的 Brush 和 Font 对象绘制指定的文本字符串。

实现过程

01 新建一个 Windows 应用程序，将其命名为“利用图表分析产品销售走势”，默认主窗体为 Form1。

02 Form1 窗体主要用到的控件及说明如表 11.2 所示。

表 11.2 Form1 窗体主要用到的控件及说明

控件类型	控件名称	说明
ComboBox	comboBox1	显示白金型号
Button	button1	执行分析操作，绘制折线图
Panel	panel1	显示描绘图
GroupBox	groupBox1	显示分析图
	groupBox2	显示详细信息列表图

03 主要代码。

自定义 DrowPic 方法，绘制折线图来显示产品销售走势。代码如下：

```
01  private void DrowPic(string str)
02  {
03      int MaxValue, MinValue;// 声明变量，记录最大值和最小值
04      using(cmd = new SqlCommand("select Max(t_price) from tb_merchandise where
                t_name='" + str + "'", con))
05      {
06          con.Open();// 打开数据库连接
07          MaxValue = Convert.ToInt16(cmd.ExecuteScalar());// 获取最大值
08          con.Close();// 关闭数据库连接
09      }
10      using(cmd = new SqlCommand("select Min(t_price) from tb_merchandise where
                t_name='" + str + "'", con))
11      {
12          con.Open();// 打开数据库连接
13          MinValue = Convert.ToInt16(cmd.ExecuteScalar());// 获取最小值
14          con.Close();// 关闭数据库连接
15      }
16      Graphics g = this.groupBox1.CreateGraphics();// 创建 Graphics 对象
17      g.Clear(Color.SeaShell); // 设置背景
18      Brush b = new SolidBrush(Color.Blue);  // 创建 Brush 对象
19      Font f = new Font("Arial", 9, FontStyle.Regular);// 创建 Font 对象
20      Pen p = new Pen(b);// 创建 Pen 对象
21      using(sqlAda = new SqlDataAdapter("select * from tb_merchandise where
                  t_name='" + str + "' order by t_date", con))
22      {
23          ds = new DataSet();// 实例化 DataSet 对象
24          sqlAda.Fill(ds, "t_date");// 调用 Fill 方法填充对象
25          int M = MaxValue / 50 + 1;// 最大值
26          int N = MinValue / 50;// 最小值
27          int T = N;
28          for(int i = 0; i <= M - N; i++)
29          {
30              g.DrawString(Convert.ToString(T * 50), f, b, 0, 190 - 30 * i);
31              g.DrawLine(p, 30, 200 - 30 * i, 260, 200 - 30 * i);
32              T++;
33          }
34          int Num = ds.Tables[0].Rows.Count;
35          int[] Values = new int[Num];
36          for(int C = 0; C < Num; C++)
37          {
38              Values[C] = Convert.ToInt32(ds.Tables[0].Rows[C][3].ToString());
39              g.DrawString(Convert.ToDateTime(ds.Tables[0].Rows[C][2].
                ToString()).Month + "月", f, b, 30 * (C + 1) - 10, 15);
40              g.DrawLine(p, 30 * (C + 1), 200, 30 * (C + 1), 30);
41          }
42          Point[] P = new Point[Num];
43          for(int i = 0; i < Num; i++)
44          {
45              P[i].X = 30 * (i + 1);
```

```
46              P[i].Y = 290 - Convert.ToInt32(Values[i] / 50f * 30);
47          }
48          g.DrawLines(p, P);
49      }
50  }
```

自定义 DrowInfo 方法，绘制提示信息来显示产品的销售情况。代码如下：

```
01  private void DrowInfo(string str)
02  {
03      Graphics g = this.groupBox2.CreateGraphics();// 创建 Graphics 对象
04      g.Clear(Color.SeaShell);// 设置背景颜色
05      Brush b = new SolidBrush(Color.Blue);// 创建 Brush 对象
06      Font f = new Font("Arial", 9, FontStyle.Regular);  // 设置 Font 对象
07      using (sqlAda = new SqlDataAdapter("select * from tb_merchandise where
                    t_name='" + str + "' order by t_date", con))
08      {
09          DataSet ds = new DataSet();// 创建 DataSet 对象
10          sqlAda.Fill(ds);// 调用 Fill 方法填充对象
11          g.DrawString("月份:        " + "价格", f, b, 10.0f, 25.0f); // 绘制标题
12          for(int i = 0; i < ds.Tables[0].Rows.Count; i++)// 绘制月份及相应的产品价格
13          {
14              int month = Convert.ToDateTime(ds.Tables[0].Rows[i][2].ToString()).
                        Month;// 获取月份
15              if (month >= 10)
16              {
17                  // 绘制月份及价格
18                  g.DrawString(month + "月:  " + "『" + ds.Tables[0].Rows[i][3].
                        ToString() + " 』", f, b, 10.0f, (i + 2) * 25.0f);
19              }
20              else
21              {
22                  g.DrawString("0" + month + "月:  " + "『" + ds.Tables[0].Rows[i][3].
                        ToString() + " 』", f, b, 10.0f, (i + 2) * 25.0f);
23              }
24          }
25      }
26  }
```

举一反三

根据本实例，读者可以实现以下功能。

◇ 使用图表分析产品的进货情况。

◇ 使用图表分析产品的销售状况。

实例119 利用饼形图分析产品市场占有率

实例说明

开发商品销售管理系统过程中，为了清晰了解产品在市场上的占有率，使用饼形图进行分析是较好的选择。本实例实现利用饼形图分析某水果产品市场占有率。实例运行结果如图 11.5 所示。

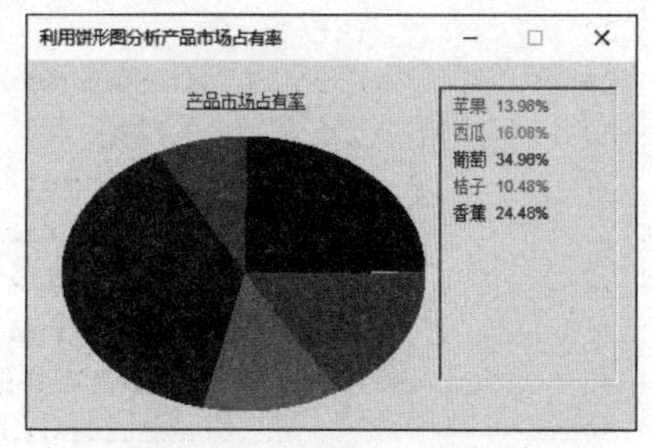

图 11.5 利用饼形图分析产品市场占有率

技术要点

首先，通过 SQL 语句统计产品在市场上的占有率，将其字段名与数量存放于 Hashtable 类的对象中，然后遍历哈希表（Hashtable）计算出每种产品所占的比例，最后通过 Graphics 类的 FillPie 方法绘制饼形图。FillPie 方法的详细说明请参见实例 170。

实现过程

01 新建一个 Windows 应用程序，将其命名为“利用饼形图分析产品市场占有率”，默认主窗体为 Form1。

02 在 Form1 窗体上主要添加两个 Panel 控件，用于显示绘制的图形。

03 主要代码。

```
01  private void showPic(float f, Brush B)
02  {
03      Graphics g = this.panel1.CreateGraphics();// 创建 Graphics 对象
04      if (TimeNum == 0.0f)
05      {
06          g.FillPie(B, 0, 0, this.panel1.Width, this.panel1.Height, 0, f * 360);// 绘制扇形
07      }
08      else
09      {
10          g.FillPie(B, 0, 0, this.panel1.Width, this.panel1.Height, TimeNum, f * 360);
11      }
12      TimeNum += f * 360;
13  }
14  private void Form1_Paint(object sender, PaintEventArgs e)// 在 Paint 事件中绘制窗体
15  {
16      ht.Clear();
17      Conn();// 连接数据库
18      Random rnd = new Random();// 生成随机数
19      using (cmd = new SqlCommand("select t_Name,sum(t_Num) as Num  from tb_P group
                by t_Name", con))
```

```
20          {
21              Graphics g2 = this.panel2.CreateGraphics();//创建 Graphics 对象
22              SqlDataReader dr = cmd.ExecuteReader();//创建 SqlDataReader 对象
23              while (dr.Read())//读取数据
24              {
25                  ht.Add(dr[0], Convert.ToInt32(dr[1]));//将数据添加到 Hashtable 中
26              }
27              float[] flo = new float[ht.Count];
28              int T = 0;
29              foreach (DictionaryEntry de in ht)//遍历 Hashtable
30              {
31                  flo[T] = Convert.ToSingle((Convert.ToDouble(de.Value) / SumNum).
                        ToString().Substring(0, 6));
32                  Brush Bru = new SolidBrush(Color.FromArgb(rnd.Next(255), rnd.Next(255),
                          rnd.Next(255)));
33                  //绘制产品及百分比
34                  g2.DrawString(de.Key + "  " + flo[T] * 100 + "%", new Font("Arial", 8,
                            FontStyle.Regular), Bru, 7, 5 + T * 18);
35                  showPic(flo[T], Bru);//调用 showPic 方法绘制饼形图
36                  T++;
37              }
38          }
39      }
```

举一反三

根据本实例，读者可以实现以下功能。

◇ 利用饼形图分析公司人员构成。

◇ 利用饼形图分析市场占有情况。

第 12 章

网络开发技术

实例 120　通过计算机名获取 IP 地址

实例说明

IP 地址能够唯一标识网络中的一台计算机，本案例的 IP 地址是 32 位的，被划分为 4 个段，段与段之间用“.”分割，每段为 8 位，通常用十进制来表示，例如 127.0.0.1。当网络中有相同 IP 地址的计算机时系统会提示冲突。每台计算机都有唯一的名称，计算机名和 IP 地址是对应的。本实例将通过计算机名来获取 IP 地址。实例运行结果如图 12.1 所示。

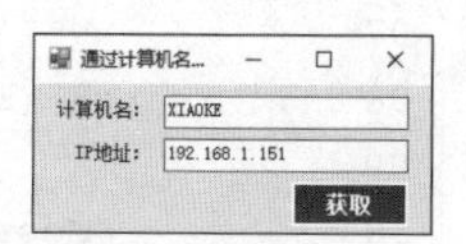

图 12.1　通过计算机名获取 IP 地址

技术要点

在 .Net 类库中内置了用于处理 IP 地址问题的相关类，这些类在 System.Net 命名空间下。本实例主要通过 Dns 类实现简单的域名解析功能。

Dns 类的常用方法及说明如表 12.1 所示。

表 12.1　Dns 类的常用方法及说明

方法	说明
BeginGetHostAddresses	异步返回指定主机的 IP 地址
BeginGetHostByName	开始异步请求关于指定 DNS 主机名的 IPHostEntry 信息
BeginGetHostEntry	将主机名或 IP 地址异步解析为 IPHostEntry 实例
BeginResolve	开始异步请求将 DNS 主机名或 IP 地址解析为 IPAddress 实例
GetHostAddresses	返回指定主机的 IP 地址
GetHostByAddress	已重载。获取 IP 地址的 DNS 主机信息

续表

方法	说明
GetHostByName	获取指定 DNS 主机名的 DNS 信息
GetHostName	获取本地计算机的主机名
GetType	获取当前实例的类型
GetHostEntry	已重载。将主机名或 IP 地址解析为 IPHostEntry 实例
Resolve	将 DNS 主机名或 IP 地址解析为 IPHostEntry 实例

注意：在编程前需要引入 System.Net 命名空间，因为在程序中使用 Dns 类来获得计算机名。

实现过程

01 新建一个项目，将其命名为“通过计算机名获取 IP 地址”，默认主窗体为 Form1。

02 在 Form1 窗体中主要添加一个 Button 控件和两个 TextBox 控件，分别用来获取 IP 地址、显示 IP 地址和计算机名。

03 主要代码。

```
01   private void button2_Click(object sender, EventArgs e)
02   {
03       IPAddress[] ips = null;// 声明一个 IPAddress 数组，用来存放 IP 地址
04       try
05       {
06           ips = Dns.GetHostAddresses(this.textBox1.Text);// 通过 Dns 解析计算机名
07       }
08       catch (Exception ey) // 如果出现异常
09       {
10           MessageBox.Show(ey.Message); // 显示异常信息
11           this.textBox1.Focus(); // 使输入计算机名的文本框获得焦点
12           this.textBox1.SelectAll();// 选择其中的内容
13           return;
14       }
15       foreach(IPAddress ip in ips)
16           if (ip.AddressFamily == System.Net.Sockets.AddressFamily.InterNetwork)
                                                              // 判断是否为 IPv4
17               this.textBox2.Text = ip.ToString();// 显示获取的 IP 地址
18   }
```

举一反三

根据本实例，读者可以实现以下功能。

◇ 通过计算机名获取 DNS 地址。

实例 121 获取本机 MAC 地址

实例说明

MAC 地址是网络适配器的物理地址，网络适配器又称网卡，它是计算机通信的主要设备，在出厂时 MAC 地址就写入网络适配器中，出现两块拥有相同 MAC 地址的网络适配器的概率非常小。因此用 MAC 地址几乎能够唯一标识网络中的一台计算机。本实例实现获取本地 MAC 地址的功能。实例运行结果如图 12.2 所示。

图 12.2 获取本机 MAC 地址

技术要点

添加 System.Management 组件的步骤如下。

（1）选择“解决方案资源管理器”，用鼠标右键单击“引用”，选择“添加引用”。

（2）弹出“添加引用”对话框，选择“.NET”选项卡。

（3）在组件列表中，选择名称为“System.Management”的选项，单击“确定”按钮即可添加 System.Management 组件。在程序中使用时通过关键字 using 将该组件引入（例如 using System.Management）。当引入完成后便可以使用 ManagementClass 类获取本机 MAC 地址。ManagementClass 类的常用方法及说明如表 12.2 所示。

表 12.2 ManagementClass 类的常用方法及说明

方法	说明
Clone	返回对象的一个副本
CreateInstance	初始化 WMI 类的新实例
Derive	从此类派生新类
GetInstances	返回该类的所有实例的集合
GetRelatedClasses	检索与 WMI 类相关的类
GetRelationshipClasses	检索使此类与其他类相关的关系类
GetStronglyTypedClassCode	为给定的 WMI 类生成强类型类
GetSubclasses	返回该类的所有派生类的集合

实现过程

01 新建一个项目，将其命名为“获取本机 MAC 地址”，默认主窗体为 Form1。

02 在 Form1 窗体中添加两个 Label 控件，用来显示信息，如 MAC 地址。

03 主要代码。

```
01    private void Form1_Load(object sender, EventArgs e)
02    {
03        //实例化一个 ManagementObjectSearcher 类的对象
04        ManagementObjectSearcher nisc = new ManagementObjectSearcher("select * from
                                        Win32_NetworkAdapterConfiguration");
```

```
05        foreach(ManagementObject nic in nisc.Get())//遍历返回的结果集合
06        {
07            if(Convert.ToBoolean(nic["ipEnabled"]) == true)//如果 nic["ipEnabled"] 值为 true
08            {
09                this.label2.Text = Convert.ToString(nic["MACAddress"]);//获取 MAC 地址
10            }
11        }
12    }
```

举一反三

根据本实例，读者可以实现以下功能。

◇ 利用网卡地址设计软件注册码。

实例 122 获取网络流量信息

实例说明

在网络日渐普及的今天，用户关注的不仅仅是有没有网络，还关注网络的运行速度。为了让读者更加直观地了解自己计算机的网络运行速度，本实例制作一个网络流量信息实时显示程序。运行本实例，可以在桌面右下角看到当前日期、时间及本地的网络流量信息。实例运行结果如图 12.3 所示。

技术要点

图 12.3 获取网络流量信息

本实例获取网络流量信息时主要用到 PerformanceCounterCategory 类和 PerformanceCounter 类。下面分别对它们进行详细讲解。

（1）PerformanceCounterCategory 类。该类表示性能对象，它定义性能计数器的类别，它的 GetInstanceNames 方法用来检索与此类别关联的性能对象实例列表，其语法如下：

```
public string[] GetInstanceNames()
```

返回值为字符串数组，这些字符串表示与此类别关联的性能对象实例名称；或者，如果该类别仅包含一个性能对象实例，则为包含空字符串的单项数组。

例如，本实例首先实例化一个 PerformanceCounterCategory 对象，然后调用该对象的 GetInstanceNames 方法获取网络对象列表，以便检查本地计算机是否存在网卡。实现代码如下：

```
01   PerformanceCounterCategory category = new PerformanceCounterCategory
                                                   ("Network Interface");
02   foreach (string name in category.GetInstanceNames())
```

```
03    {
04        if (name == "MS TCP Loopback interface")
05            continue;
06    }
```

（2）PerformanceCounter 类。PerformanceCounter 类表示 Windows NT 性能计数器组件，它的 NextSample 方法用来获取计数器样本，并为其返回原始值（未经过计算的值），其语法如下：

```
public CounterSample NextSample()
```

返回值为一个 CounterSample 对象，它代表系统为此计数器获取的下一个原始值。

使用 PerformanceCounter 类的 NextSample 方法可以返回一个 CounterSample 对象，该对象的 RawValue 属性用来获取或设置此计数器的原始值，其语法如下：

```
[BrowsableAttribute(false)]
public long RawValue { get; set; }
```

属性值表示计数器的原始值。

例如，本实例使用 PerformanceCounter 类的 NextSample 方法的 RawValue 属性来获取网络接收和发送速度。实现代码如下：

```
01    internal PerformanceCounter receiveCounter, sendCounter;
02    myNetStruct.receiveCounter = new PerformanceCounter("Network Interface", "Bytes
                                     Received/sec", name);
03    myNetStruct.sendCounter = new PerformanceCounter("Network Interface", "Bytes Sent/
                                  sec", name);
04    receiveOldValue = receiveCounter.NextSample().RawValue;
05    sendOldValue = sendCounter.NextSample().RawValue;
```

实现过程

01 新建一个 Windows 应用程序，将其命名为 NetInfoAndFlux，默认窗体为 Form1。

02 Form1 窗体主要用到的控件及说明如表 12.3 所示。

表 12.3　Form1 窗体主要用到的控件及说明

控件名称	属性设置	说　明
label2	无	显示当前日期、时间
label3	无	显示网络流量
contextMenuStrip1	Items 属性中添加一个退出 ToolStripMenuItem 菜单项	“退出”快捷菜单
timer1	Interval 属性设置为 1000，Enabled 属性设置为 true	时刻更新当前日期、时间和网络流量

03 主要代码。

自定义 GetInfo 方法，该方法用来初始化网络流量信息，并且启动计时器。GetInfo 方法实现代码如下：

```
01    public void GetInfo(NetStruct myNetStruct)
02    {
03        if (!listnets.Contains(myNetStruct))
04        {
05            listnets.Add(myNetStruct);
06            myNetStruct.BeInfo();
07        }
08        timer.Enabled = true;
09    }
```

在 GetInfo 方法中用到 BeInfo 方法和 timer 计时器对象，其中 BeInfo 方法用来初始化网络流量信息，timer 计时器对象用来实时更新网络流量信息。代码如下：

```
01    ///<summary>
02    ///初始化网络流量信息
03    ///</summary>
04    internal void BeInfo()
05    {
06        receiveOldValue = receiveCounter.NextSample().RawValue;
07        sendOldValue = sendCounter.NextSample().RawValue;
08    }
09    private Timer timer;            //计时器
10    public NetInfo()
11    {
12        timer = new Timer(1000);
13        timer.Elapsed += new ElapsedEventHandler(timer_Elapsed);
14    }
15    private void timer_Elapsed(object sender, ElapsedEventArgs e)
16    {
17        foreach (NetStruct myNetStruct in listnets)
18            myNetStruct.ReInfo();
19    }
```

timer 计时器对象的 Elapsed 自定义事件中用到 ReInfo 方法，该方法为自定义的无返回值类型方法，主要用来刷新网络流量信息。代码如下：

```
01    ///<summary>
02    ///刷新网络信息流量
03    ///</summary>
04    internal void ReInfo()
05    {
06        receiveValue = receiveCounter.NextSample().RawValue;  //接收的网络流量信息
07        sendValue = sendCounter.NextSample().RawValue;        //发送的网络流量信息
08        receive = receiveValue - receiveOldValue;             //新收到的网络流量信息
09        send = sendValue - sendOldValue;                      //新发送的网络流量信息
10        receiveOldValue = receiveValue;                       //记录前一次的接收流量
11        sendOldValue = sendValue;                             //记录前一次的发送流量
12    }
```

Form1 窗体中计时器启动时，将当前日期、时间和网络流量信息显示在相应的 Label 控件中。代码如下：

```
01    private void timer1_Tick(object sender, EventArgs e)
02    {
03        label2.Text = DateTime.Now.ToLongDateString() + " " + getWeek() + " " + DateTime.
                      Now.ToLongTimeString();
04        NetStruct NStruct = myNetStruct[0];
05        label3.Text = "网络 [ 接收 :" + NStruct.Receive + "B 发送 :" + NStruct.Send + "B]";
06    }
```

举一反三

根据本实例，读者可以实现以下功能。

◇ 获取当前日期、时间。

◇ 在系统桌面右下角显示窗体。

实例 123 远程服务控制

实例说明

远程控制是管理人员在异地通过计算机网络、异地拨号或双方接入 Internet 等手段连接远程计算机，并通过本地计算机对远程计算机进行管理或维护的行为。有许多的黑客软件就是使用这种技术攻击远程计算机。随着网络的迅速发展和不断壮大，对网络中计算机的管理控制已经越来越麻烦。例如，在一个大型的计算机机房中，需要对每台计算机的当前状态进行控制，这样就需要很多的管理人员。如果整个机房能够安装远程控制软件，则只需一个管理人员在主机上对这些计算机进行控制，就能够完成所有工作。本实例设计一个远程服务控制软件，并且介绍如何编写简单的远程控制软件。实例运行结果如图 12.4 所示。

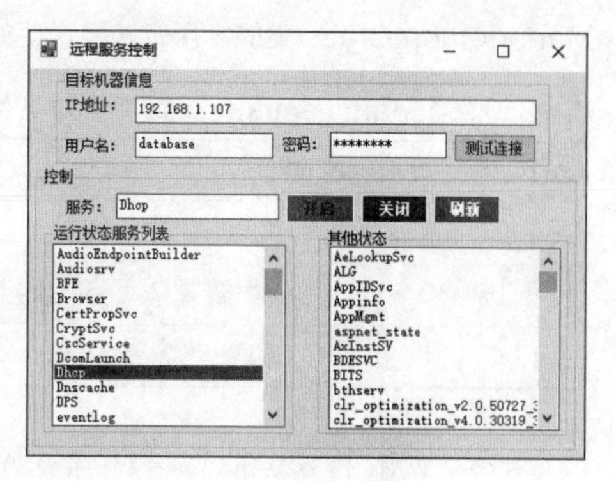

图 12.4　远程服务控制

技术要点

System.Management 组件提供对大量管理信息和管理事件集合的访问，这些信息和事件与根据 Windows 管理规范（Windows Management Instrumentation，WMI）结构对系统、设备和应用程序设置检测点有关的。下面介绍本实例中所用到的类。

（1）ConnectionOptions 类。该类指定生成 WMI 连接所需的所有设置，其常用属性及说明如表 12.4 所示。

表 12.4　ConnectionOptions 类的常用属性及说明

属性	说明
Authentication	获取或设置用于 WMI 连接中的操作的 COM 身份验证级别
Authority	获取或设置将用于验证指定用户的授权
Context	获取或设置一个 WMI 上下文对象。这是将传递给 WMI 提供程序的名称 - 值对列表，该提供程序支持自定义操作的上下文信息
EnablePrivileges	获取或设置一个值，该值指示是否需要为连接操作启用用户特权。只有在执行的操作需要启用某种用户特权（例如，重新启动计算机）时，才应使用此属性
Impersonation	获取或设置用于 WMI 连接中的操作的 COM 模拟级别
Locale	获取或设置将用于连接操作的区域设置
Password	设置指定用户的密码
Username	获取或设置将用于连接操作的用户名

（2）ManagementScope 类。该类表示管理操作的范围，其常用方法及说明如表 12.5 所示。

表 12.5　ManagementScope 类的常用方法及说明

方法	说明
Clone	返回对象的一个副本
Connect	将此 ManagementScope 连接到实际的 WMI 范围

（3）ManagementClass 类。该类为通用信息模型管理类。管理类是一个 WMI 类，如 Win32_LogicalDisk 和 Win32_Process，前者表示磁盘驱动器，后者表示进程（例如 Notepad.exe）。ManagementClass 类的常用方法及说明如表 12.6 所示。

表 12.6　当 ManagementClass 类作为 WMI 类的常用方法及说明

方法	说明
Derivation	获取一个数组，该数组包含继承层次结构中从该类到层次结构顶部的所有 WMI 类
Methods	获取或设置 MethodData 对象的集合，这些对象表示 WMI 类中定义的方法
Path	获取或设置 ManagementClass 对象绑定到的 WMI 类的路径

注意：WMI 作为 Windows 操作系统的一部分，提供了可伸缩的、可扩展的管理架构。通用信息模型（Common Information Model，CIM）是由分布式管理任务标准协会（Distributed Management Task Force，DMTF）设计的一种可扩展的、面向对象的架构，用于管理系统、网络、应用程序、数据库和设备。

实现过程

01　新建一个项目，将其命名为“远程服务控制”，默认主窗体为 Form1。

02　在 Form1 窗体上添加相应控件，具体控件请参照图 12.9。

03　主要代码。

自定义 ServiceManager 方法，用于建立远程连接。代码如下：

```
01   public void ServiceManager(string host, string userName, string password)
02   {
03       strPath = "\\\\" + host + "\\root\\cimv2:Win32_Service";// 设置路径
04       managementClass = new ManagementClass(strPath);// 实例化 ManagementClass 类
05       if (userName != null && userName.Length > 0)
06       {
07           ConnectionOptions connectionOptions = new ConnectionOptions();
                                                       // 实例化 ConnectionOptions 类
08           connectionOptions.Username = userName;// 连接操作的用户名
09           connectionOptions.Password = password;// 设置密码
10           // 实例化 ManagementScope 类
11           ManagementScope managementScope = new ManagementScope ("\\\\" + host +
                                                 "\\root\\cimv2", connectionOptions);
12           this.managementClass.Scope = managementScope;// 设置对象驻留的范围
13       }
14   }
```

自定义 GetServiceList 方法，用于获取所连接计算机的相关服务数据。代码如下：

```
01   public string[,] GetServiceList()
02   {
03       string[,] services = new string[this.managementClass.GetInstances().Count, 4];
                              // 定义二维数组
04       int i = 0;
05       foreach (ManagementObject mo in this.managementClass.GetInstances())// 遍历实例集合
06       {
07           services[i, 0] = (string)mo["Name"];// 服务名称
08           services[i, 1] = (string)mo["DisplayName"];// 服务类型
09           services[i, 2] = (string)mo["State"];// 服务状态
10           services[i, 3] = (string)mo["StartMode"];// 服务模式
11           i++;
12       }
13       return services;
14   }
```

自定义 StartService 方法，用于开启远程计算机上的指定服务。代码如下：

```
01   public string StartService(string serviceName)
02   {
03       string strRst = null;
04       ManagementObject mo = this.managementClass.CreateInstance();
                              // 实例化 ManagementObject 类
05       mo.Path = new ManagementPath(this.strPath + ".Name=\"" + serviceName + "\"");
                                                        // 设置对象的 WMI 路径
06       try
07       {
08           if ((string)mo["State"] == "Stopped")// 判断服务状态
09               mo.InvokeMethod("StartService", null);// 如果服务处于停止状态，则启动
10       }
11       catch (ManagementException e)// 如果存在异常
12       {
```

```
13          strRst = e.Message;// 获取异常信息
14      }
15      return strRst;// 并返回字符串 strRst
16  }
```

自定义 StopService 方法，用于停止远程计算机上的指定服务。代码如下：

```
01  public string StopService(string serviceName)
02  {
03      string strRst = null;
04      ManagementObject mo = this.managementClass.CreateInstance();// 实例化 ManagementObject 类
05      // 设置对象的 WMI 路径
06      mo.Path = new ManagementPath(this.strPath + ".Name=\"" + serviceName + "\"");
07      try
08      {
09          if ((bool)mo["AcceptStop"])// 判断是否可以停止
10              mo.InvokeMethod("StopService", null);// 停止服务
11      }
12      catch (ManagementException e)// 如果有异常
13      {
14          strRst = e.Message;// 获取异常信息
15      }
16      return strRst;// 返回字符串 strRst
17  }
```

注意：在编程前要引用 System.Management.Dll 程序集，用于实现远程控制。

举一反三

根据本实例，读者可以实现以下功能。

◇ 锁定网络中某台计算机的键盘和鼠标。

◇ 定时关闭网络中某台计算机。

实例 124 网络中的文件复制

实例说明

在网络程序设计中，计算机与计算机之间的通信比较复杂。两台计算机在通信过程中需要进行多次对话才能完成，如果要在两台计算机上传递大量数据则更加复杂。例如复制一个文件到另一台计算机中，这是一个复杂的过程。本实例将设计一个用于在网络中复制文件的软件。实例运行结果如图 12.5 所示。

图 12.5 网络中的文件复制

技术要点

网络中信息传递是一个比较复杂的过程，而复制文件是一个更加复杂的信息传递过程，如果通过编程实现则比较麻烦。然而应用程序是运行在系统上的，可以利用系统来完成一些复杂的过程。在 .NET 类库中包含 Microsoft.VisualBasic 组件，利用该组件可以实现网络中文件的传输。

添加 Microsoft.VisualBasic 组件的步骤如下。

（1）选择"解决方案资源管理器"，用鼠标右键单击"引用"，选择"添加引用"。

（2）弹出"添加引用"对话框，选择".NET"选项卡。

（3）在组件列表中，选择名称为"Microsoft.VisualBasic"的选项，单击"确定"按钮即可添加 Microsoft.VisualBasic 组件，在程序中使用时通过关键字 using 将该组件引入（例如 using Microsoft.VisualBasic.FileIO）。

本实例中用到 FileSystem.CopyFile 方法，用于将文件复制到新的位置。其语法如下：

```
public static void CopyFile(string sourceFileName,string destinationFileName)
```

参数说明如下。

◇ sourceFileName：string 型，要复制的文件，必选。

◇ destinationFileName：string 型，文件应复制到的位置，必选。

实现过程

01 新建一个项目，将其命名为"网络中的文件复制"，默认主窗体为 Form1。

02 Form1 窗体主要用到的控件及说明如表 12.7 所示。

表 12.7 Form1 窗体主要用到的控件及说明

控件类型	控件名称	说明
OpenFileDialog	openFileDialog11	显示"文件"对话框
FolderBrowserDialog	folderBrowserDialog1	显示"文件夹"对话框
Button	button1	复制文件
	button2	退出程序
	button3	选择源文件
	button4	选择目标文件夹
TextBox	textBox1	设置源文件路径
	textBox2	设置目标文件夹路径

03 主要代码。

```
01    private void button1_Click(object sender, EventArgs e)
02    {
03        try
04        {
05            //调用 CopyFile 方法复制文件
06            FileSystem.CopyFile(this.textBox1.Text, this.textBox2.Text);
07            MessageBox.Show("传输成功！！！");//弹出提示信息
```

```
08          }
09          catch (Exception ey)// 如果有异常
10          {
11              MessageBox.Show(ey.Message);// 显示异常信息
12          }
13      }
```

举一反三

根据本实例，读者可以实现以下功能。

◇ 网络中的文件删除。

◇ 对网络中的文件进行比较。

实例 125 局域网 IP 地址扫描

实例说明

局域网中，用户在设置 IP 地址时，为了避免 IP 地址冲突，通常需要快速找出局域网内已经使用的 IP 地址。本实例使用 C# 实现局域网 IP 地址扫描功能。运行本实例，输入开始 IP 地址和结束 IP 地址，单击“开始”按钮，即可扫描局域网中指定范围内的已用 IP 地址并显示；单击“停止”按钮，即可停止扫描。实例运行结果如图 12.6 所示。

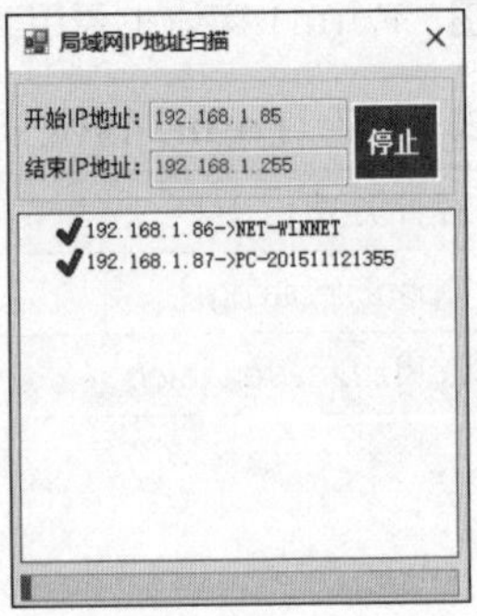

图 12.6 局域网 IP 地址扫描

技术要点

本实例在扫描局域网 IP 地址时主要用到 IPAddress 类和 IPHostEntry 类。下面对本实例中用到的关键技术进行详细讲解。

（1）IPAddress 类。IPAddress 类包含计算机在网络上的 IP 地址，它主要用来提供 IP 地址，该类位于 System.Net 命名空间下。

例如，本实例中将要扫描的 IP 地址段转换为 IPAddress 类对象的代码如下：

```
IPAddress myScanIP = IPAddress.Parse(strScanIP);          // 转换成 IP 地址
```

（2）IPHostEntry 类。IPHostEntry 类是为 Internet 主机 IP 地址信息提供的容器类，该类位于 System.Net 命名空间下。

说明：IPHostEntry 类作为 Helper 类和 Dns 类一起使用。

实现过程

01 新建一个 Windows 应用程序，将其命名为 ScanIP，默认窗体为 Form1。

02 Form1 窗体主要用到的控件及说明如表 12.8 所示。

表 12.8　Form1 窗体主要用到的控件及说明

控件名称	属性设置	说明
textBox1	无	输入开始 IP 地址
textBox2	无	输入结束 IP 地址
button1	Text 属性设置为“开始”	执行局域网 IP 地址扫描操作
listView1	View 属性设置为 List，StateImageList 属性设置为 imageList1	显示扫描到的已用 IP 地址
progressBar1	无	显示扫描进度
timer1	Interval 属性设置为 1000	时刻更新显示扫描到的已用 IP 地址
imageList1	Images 属性中添加一个 ip.ico 图标	已用端口号的图标

03 主要代码。

自定义 StartScan 方法，该方法为无返回值类型方法，它没有参数，主要用来根据用户输入的开始 IP 地址和结束 IP 地址执行局域网 IP 地址扫描操作。StartScan 方法实现代码如下：

```
01  private void StartScan()
02  {
03      //扫描的操作
04      for (int i = intStart; i <= intEnd; i++)
05      {
06          string strScanIP = StartIPAddress.Substring(0, StartIPAddress.LastIndexOf
                                (".") + 1) + i.ToString();
07          //转换成 IP 地址
08          IPAddress myScanIP = IPAddress.Parse(strScanIP);
09          strflag = strScanIP;
10          try
11          {
12              //获取 DNS 主机信息
13              IPHostEntry myScanHost = Dns.GetHostByAddress(myScanIP);
14              //获取主机名
15              string strHostName = myScanHost.HostName.ToString();
16              if (strIP == "")
17                  strIP += strScanIP + "->" + strHostName;
18              else
19                  strIP += "," + strScanIP + "->" + strHostName;
20          }
21          catch { }
22      }
23  }
```

执行 IP 地址扫描的过程中，需要启动 timer 计时器，以便实时显示扫描到的已用 IP 地址，而当扫描结束之后，则需要停止运行计时器。代码如下：

```
01  private void timer1_Tick(object sender, EventArgs e)
02  {
```

```
03      if (strIP != "")                                    // 判断是否有可用 IP 地址
04      {
05          if (strIP.IndexOf(',') == -1)
06          {
07              if (listView1.Items.Count > 0)
08              {
09                  for (int i = 0; i < listView1.Items.Count; i++)
10                  {
11                      // 判断扫描到的 IP 地址是否与列表中的重复
12                      if (listView1.Items[i].Text != strIP)
13                      {
14                          // 向列表中添加扫描到的已用 IP 地址
15                          listView1.Items.Add(strIP);
16                      }
17                  }
18              }
19              else
20                  // 向列表汇总添加扫描到的已用 IP 地址
21                  listView1.Items.Add(strIP);
22          }
23          else
24          {
25              string[] strIPS = strIP.Split(',');
26              for (int i = 0; i < strIPS.Length; i++)
27              {
28                  listView1.Items.Add(strIPS[i].ToString());
29              }
30          }
31          strIP = "";
32      }
33      for (int i = 0; i < listView1.Items.Count; i++)
34          listView1.Items[i].ImageIndex = 0;
35      if (progressBar1.Value < progressBar1.Maximum)// 判断进度条的当前值是否超出其最大值
36          progressBar1.Value = Int32.Parse(strflag.Substring(strflag.LastIndexOf
                                 (".") + 1)); // 将进度条的值加 1
37      if (strflag == textBox2.Text)  // 判断正在扫描的 IP 地址是否是结束 IP 地址
38      {
39          timer1.Stop();                                 // 停止运行计时器
40          textBox1.Enabled = textBox2.Enabled = true;
41          button1.Text = "开始";                          // 设置按钮文本为 "开始"
42          MessageBox.Show("IP 地址扫描结束！ ");
43      }
44  }
```

举一反三

根据本实例，读者可以实现以下功能。

◇ 使用单线程扫描局域网 IP 地址。

◇ 获取本地主机名。

实例 126 编程实现 Ping 操作

实例说明

Ping.exe 是 Windows 系统中一个测试网络连接和传输性能的工具，它能够返回当前计算机与目标计算机之间是否能够连通和传输速率等信息。由于应用简单、功能实用，因此 Ping.exe 是一个比较常用的工具。但是 Ping.exe 是一个控制台命令，使用不是特别方便。本实例将在应用程序中实现 Ping 操作，并返回传输延时等信息。实例运行结果如图 12.7 所示。

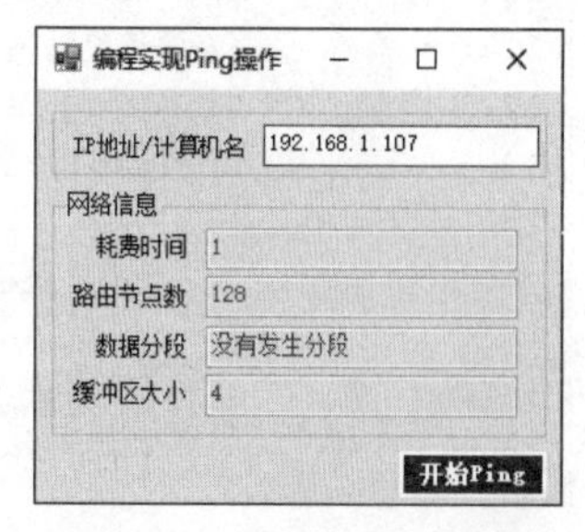

图 12.7 编程实现 Ping 操作

技术要点

在本实例中，使用 Ping 类的 Send 方法检测远程计算机，在 .NET 中 Ping 类允许应用程序确定是否可以通过网络访问远程计算机。Ping 类的常用方法及说明如表 12.9 所示。

表 12.9 Ping 类的常用方法及说明

方法	说明
Send	尝试将互联网控制报文协议（Internet Control Message Protocol，ICMP）回送消息发送到远程计算机并接收来自远程计算机的相应 ICMP 回送答复消息
SendAsync	尝试以异步方式将 ICMP 回送消息发送到指定的计算机，并接收来自该计算机的相应 ICMP 回送答复消息
SendAsyncCancel	取消所有挂起的发送 ICMP 回送消息并接收相应 ICMP 回送答复消息的异步请求

实现过程

01 新建一个项目，将其命名为“编程实现 Ping 操作”，默认主窗体为 Form1。

02 Form1 窗体主要用到的控件及说明如表 12.10 所示。

表 12.10 Form1 窗体主要用到的控件及说明

控件类型	控件名称	说明
Button	button1	Ping 对方计算机
TextBox	textBox1	输入 IP 地址 / 计算机名
	textBox2	显示耗费时间
	textBox3	显示路由节点数
	textBox4	显示数据分段
	textBox5	显示缓冲区大小

03 主要代码。

```
01  private void button1_Click(object sender, EventArgs e)
02  {
```

```
03        try
04        {
05            Ping PingInfo = new Ping();// 实例化 Ping 类
06            PingOptions PingOpt = new PingOptions();// 实例化 PingOptions 类
07            PingOpt.DontFragment = true;// 是否设置数据分段
08            string myInfo = "mrkj"; // 定义测试数据
09            byte[] bufferInfo = Encoding.ASCII.GetBytes(myInfo);// 获取测试数据的字节
10            int TimeOut = 120;// 超时时间
11            // 发送数据包
12            PingReply reply = PingInfo.Send(this.textBox1.Text, TimeOut, bufferInfo, PingOpt);
13            if (reply.Status == IPStatus.Success)// 如果成功
14            {
15                this.textBox2.Text = reply.RoundtripTime.ToString();// 耗费时间
16                this.textBox3.Text = reply.Options.Ttl.ToString();// 路由节点数
17                // 数据分段
18                this.textBox4.Text = (reply.Options.DontFragment ? " 发生分段 " :
                                       " 没有发生分段 ");
19                this.textBox5.Text = reply.Buffer.Length.ToString();// 缓冲区大小
20            }
21            else// 如果当前状态不成功
22            {
23                MessageBox.Show(" 无法 Ping 通 ");// 弹出提示信息
24            }
25        }
26        catch (Exception ey) // 如果发生异常
27        {
28            MessageBox.Show(ey.Message);// 显示异常信息
29        }
30    }
```

举一反三

根据本实例，读者可以实现以下功能。

◇ 通过 Ping 操作监控网络速度。

◇ 提取 Ping 操作到数据库。

实例 127 客户端 / 服务器的交互

实例说明

本实例使用 TCP 实现客户端 / 服务器的交互，首先运行服务器，然后运行客户端，运行客户端后的服务器效果如图 12.8 所示，客户端运行效果如图 12.9 所示。

图 12.8　运行客户端后的服务器效果

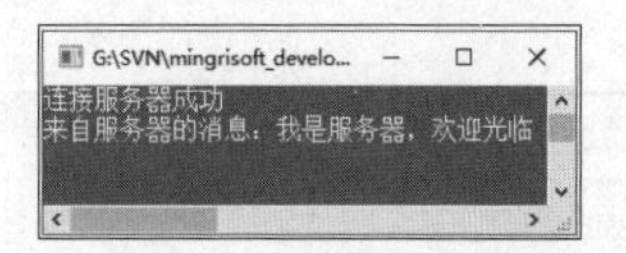

图 12.9　客户端运行效果

技术要点

本实例实现时用到 TcpClient 类和 TcpListener 类。下面分别进行详细讲解。

TcpClient 类用于在同步阻止模式下通过网络来连接、发送和接收流数据。为了使 TcpClient 连接并交换数据，TcpListener 实例或 Socket 实例必须侦听是否有传入的连接请求。可以使用下面两种方法之一连接到侦听器。

- 创建一个 TcpClient，并调用 Connect 方法连接。
- 使用远程主机的主机名和端口号创建 TcpClient，使用该方法将自动尝试一个连接。

TcpListener 类用于在阻止同步模式下侦听和接收传入的连接请求。可使用 TcpClient 类或 Socket 类来连接 TcpListener 类，并且可以使用 IPEndPoint、本地 IP 地址及端口号或者仅使用端口号来创建 TcpListener 实例对象。

TcpClient 类的常用属性或方法及说明如表 12.11 所示。

表 12.11　TcpClient 类的常用属性或方法及说明

属性或方法	说明
Available（属性）	获取已经从网络接收且可供读取的数据量
Client（属性）	获取或设置基础 Socket
Connected（属性）	获取一个值，该值指示 TcpClient 的基础 Socket 是否已连接到远程主机
ReceiveBufferSize（属性）	获取或设置接收缓冲区的大小
ReceiveTimeout（属性）	获取或设置在初始化一个读取操作后 TcpClient 等待接收数据的时间量
SendBufferSize（属性）	获取或设置发送缓冲区的大小
SendTimeout（属性）	获取或设置 TcpClient 等待发送操作成功完成的时间量
BeginConnect（方法）	开始一个对远程主机连接的异步请求
Close（方法）	释放此 TcpClient 实例，而不关闭基础连接
Connect（方法）	使用指定的主机名和端口号将客户端连接到 TCP 主机
EndConnect（方法）	异步接收传入的连接尝试
GetStream（方法）	返回用于发送和接收数据的 NetworkStream

TcpListener 类的常用属性或方法及说明如表 12.12 所示。

表 12.12　TcpListener 类的常用属性或方法及说明

属性或方法	说明
LocalEndpoint（属性）	获取当前 TcpListener 的基础 EndPoint
Server（属性）	获取基础网络 Socket
AcceptSocket/AcceptTcpClient（方法）	接收挂起的连接请求
BeginAcceptSocket/BeginAcceptTcp-Client（方法）	开始一个异步操作来接收一个传入的连接尝试
EndAcceptSocket（方法）	异步接收传入的连接尝试，并创建新的 Socket 来处理远程主机通信

续表

属性或方法	说明
EndAcceptTcpClient（方法）	异步接收传入的连接尝试，并创建新的 TcpClient 来处理远程主机通信
Start（方法）	开始侦听传入的连接请求
Stop（方法）	关闭侦听器

实现过程

01 服务器。创建服务器项目 Server，在 Main 方法中创建 TCP 连接对象；然后监听客户端接入，并读取接入的客户端 IP 地址和传入的消息；最后向接入的客户端发送一条消息。代码如下：

```
01   namespace Server
02   {
03       class Program
04       {
05           static void Main()
06           {
07               int port = 888;// 端口
08               TcpClient tcpClient;// 创建 TCP 连接对象
09               IPAddress[] serverIP = Dns.GetHostAddresses("127.0.0.1");// 定义 IP 地址
10               IPAddress localAddress = serverIP[0];//IP 地址
11               TcpListener tcpListener = new TcpListener(localAddress, port);// 监听 Socket
12               tcpListener.Start(); // 开始监听
13               Console.WriteLine(" 服务器启动成功，等待用户接入…");// 输出消息
14               while (true)
15               {
16                   try
17                   {
18                       tcpClient = tcpListener.AcceptTcpClient();
                                  // 每接收一个客户端则生成一个 TcpClient
19                       NetworkStream networkStream = tcpClient.GetStream();// 获取网络数据流
20                       BinaryReader reader = new BinaryReader(networkStream);
                                            // 定义流数据读取对象
21                       BinaryWriter writer = new BinaryWriter(networkStream);
                                            // 定义流数据写入对象
22                       while (true)
23                       {
24                           try
25                           {
26                               string strReader = reader.ReadString();// 接收消息
27                               string[] strReaders = strReader.Split(new char[]
                                             { ' ' });// 截取客户端消息
28                               Console.WriteLine(" 有客户端接入，客户 IP 地址：" + strReaders[0]);
                                           // 输出接收的客户端 IP 地址
29                               Console.WriteLine(" 来自客户端的消息：" + strReaders[1]);
                                             // 输出接收的消息
30                               string strWriter = " 我是服务器，欢迎光临 ";
                                             // 定义服务器要写入的消息
31                               writer.Write(strWriter);// 向对方发送消息
32                           }
```

```
33                      catch
34                      {
35                          break;
36                      }
37                  }
38              }
39              catch
40              {
41                  break;
42              }
43          }
44      }
45  }
46  }
```

02 客户端。创建客户端项目 Client，在 Main 方法中创建 TCP 连接对象，以指定的地址和端口连接服务器；然后向服务器发送消息和接收服务器发送的消息。代码如下：

```
01  namespace Client
02  {
03      class Program
04      {
05
06          static void Main(string[] args)
07          {
08              TcpClient tcpClient = new TcpClient(); // 创建一个 TcpClient 对象
09              tcpClient.Connect("127.0.0.1", 888); // 连接服务器
10              if (tcpClient != null)// 判断是否连接成功
11              {
12                  Console.WriteLine(" 连接服务器成功 ");
13                  NetworkStream networkStream = tcpClient.GetStream();// 获取数据流
14                  BinaryReader reader = new BinaryReader(networkStream);
                                                // 定义流数据读取对象
15                  BinaryWriter writer = new BinaryWriter(networkStream);
                                                // 定义流数据写入对象
16                  string localip="127.0.0.1";// 存储本机 IP 地址，默认值为 127.0.0.1
17                  IPAddress[] ips = Dns.GetHostAddresses(Dns.GetHostName());
                                            // 获取所有 IP 地址
18                  foreach (IPAddress ip in ips)
19                  {
20                      if (!ip.IsIPv6SiteLocal)// 如果不是 IPv6 地址
21                          localip = ip.ToString();// 获取本机 IP 地址
22                  }
23                  writer.Write(localip + " 你好服务器，我是客户端 ");// 向服务器发送消息
24                  while (true)
25                  {
26                      try
27                      {
28                          string strReader = reader.ReadString();// 接收服务器发送的消息
29                          if (strReader != null)
```

```
30                          {
31                              Console.WriteLine(" 来自服务器的消息: "+strReader);
                                                                   // 输出接收的服务器消息
32                          }
33                      }
34                      catch
35                      {
36                          break;// 接收过程中如果出现异常，则退出循环
37                      }
38                  }
39              }
40              Console.WriteLine(" 连接服务器失败 ");
41          }
42      }
43  }
```

举一反三

根据本实例，读者可以实现以下功能。

◇ 使用 Socket 实现客户端与服务器的交互。

实例 128 提取并保存网页源代码

实例说明

本实例实现提取并保存网页源代码的功能。运行本实例，在文本框中输入合法的网址并按 <Enter> 键，即可将当前网页的源代码提取出来，并显示在 TextBox 控件中，单击“保存”按钮，可以将这些信息保存到本地磁盘上。实例运行结果如图 12.10 所示。

图 12.10 提取并保存网页源代码

技术要点

实现本实例时主要用到 System.Net 命名空间下的 WebRequest 类的 Create 方法、GetResponse 方法，WebResponse 类的 GetResponseStream 方法，WebClient 类的 DownloadFile 方法，以及 System.Text. RegularExpressions 命名空间下的 Regex 类的 IsMatch 方法。下面分别进行介绍。

（1）System.Net 命名空间。System.Net 命名空间为当前网络上使用的多种协议提供了简单的编程接口。WebRequest 和 WebResponse 类形成了可插接式协议的基础。可插接式协议是网络服务的一种实现，使用户能够开发出使用 Internet 资源的应用程序，而不必考虑各种不同协议的具体细节。

（2）WebRequest 类。此类发出对统一资源标识符（Uniform Resource Identifier，URI）的请求。

（3）Create 方法。此方法用于为指定的 URI 方案初始化新的 WebRequest 实例。其语法如下：

```
public static WebRequest Create(Uri requestUri)
```

参数说明如下。

◇ requestUri：包含请求的资源的 URI 的 Uri。

◇ 返回值：指定的 URI 方案的 WebRequest 子代。

（4）GetResponse 方法。此方法用于返回对 Internet 请求的响应。其语法如下：

```
public virtual WebResponse GetResponse()
```

返回值为包含对 Internet 请求的响应的 WebResponse 类。

（5）WebResponse 类。此类提供来自 URI 的响应。

（6）GetResponseStream 方法。此方法用于从 Internet 资源返回数据流。其语法如下：

```
public virtual Stream GetResponseStream()
```

返回值为用于从 Internet 资源中读取数据的 Stream 类的实例。

（7）WebClient 类。此类提供向 URI 标识的资源发送数据和从 URI 标识的资源接收数据的公共方法。

（8）DownloadFile 方法。此方法用于将具有指定 URI 的资源下载到本地文件。其语法如下：

```
public void DownloadFile(Uri address,string fileName)
```

参数说明如下。

◇ address：以 string 形式指定的 URI，将从中下载数据。

◇ fileName：要接收数据的本地文件的名称。

（9）System.Text.RegularExpressions 命名空间。该命名空间包含一些类，这些类提供对 .NET Framework 正则表达式引擎的访问。

（10）Regex 类。此类表示不可变的正则表达式。

（11）IsMatch 方法。此方法用于在指定的输入字符串中搜索 Regex 构造函数中指定的正则表达式的匹配项。其语法如下：

```
public Match Is Match(string input)
```

参数说明如下。

◇ input：要搜索匹配项的字符串。

◇ 返回值：一个正则表达式的 Match 对象。

实现过程

01 新建一个 Windows 应用程序，将其命名为“提取并保存网页源代码”，默认窗体为 Form1。

02 在 Form1 窗体中主要添加两个 TextBox 控件，分别用于输入网址和显示网页源代码；添加一个 Button 控件，用来执行保存网页源代码操作。

03 主要代码。

提取网页源代码的实现代码如下：

```
01  public string GetSource(string webAddress)
02  {
03      StringBuilder strSource = new StringBuilder("");
04      try
05      {
06          WebRequest WReq = WebRequest.Create(webAddress);// 对 URL 发出请求
07          WebResponse WResp = WReq.GetResponse();// 返回服务器的响应
08          StreamReader sr = new StreamReader(WResp.GetResponseStream(), Encoding.
                          UTF8);// 从数据流中读取数据
09          string strTemp = "";
10          while ((strTemp = sr.ReadLine()) != null)// 循环读出数据
11          {
12              strSource.Append(strTemp + "\r\n");// 把数据添加到字符串中
13          }
14          sr.Close();
15      }
16      catch (WebException WebExcp)
17      {
18          MessageBox.Show(WebExcp.Message, "error", MessageBoxButtons.OK);
19      }
20      return strSource.ToString();
21  }
```

保存网页源代码的实现代码如下：

```
01  private void button1_Click(object sender, EventArgs e)
02  {
03      saveFileDialog1.Filter = " 文本文件 |*.txt";// 设置选择文件的格式
04      if (this.saveFileDialog1.ShowDialog() == DialogResult.OK)// 判断是否选择文件
05      {
06          textBox2.Text = saveFileDialog1.FileName;// 显示保存后文件路径
07          if (textBox1.Text.Trim().ToString() != "")// 判断是否输入网址
08          {
09              // 调用方法保存文件内容
10              saveInfo(this.textBox2.Text.Trim().ToString(), textBox1.Text.Trim().
                        ToString());
11              MessageBox.Show(" 保存成功 ");// 弹出提示信息
12          }
13          else
14          {
15              MessageBox.Show(" 请写入目标页的 URL");// 提示输入网址
16              this.textBox2.Text = string.Empty;
17          }
18      }
19  }
```

获取网页源代码的实现代码如下：

```
01  public string strS;// 存取网页内容
02  public void GetPageSource()
```

```
03    {
04        string strAddress = textBox1.Text.Trim();// 输入网址
05        if (ValidateDate1(strAddress))// 检查输入网址是否合法
06        {
07            strAddress = strAddress.ToLower();
08            strS = GetSource(strAddress);// 调用方法提取网页内容
09            if (strS.Length > 1)
10            {
11                showSource();  // 设置窗体样式
12            }
13        }
14        else
15        {
16            MessageBox.Show(" 输入网址不正确请重新输入 ");
17        }
18    }
```

举一反三

根据本实例，读者可以实现以下功能。

◇ 定时获取指定网页内容。

◇ 获取网页中的指定内容。

第 13 章

加密、安全与软件注册

实例 129 MD5 数据加密技术

实例说明

本实例实现对文件的机密数据进行加密的功能。运行本实例，在文本框中输入要加密的数据，单击“加密”按钮，对数据进行加密，并将加密后的数据显示在“加密后的字符”文本框中。实例运行结果如图 13.1 所示。

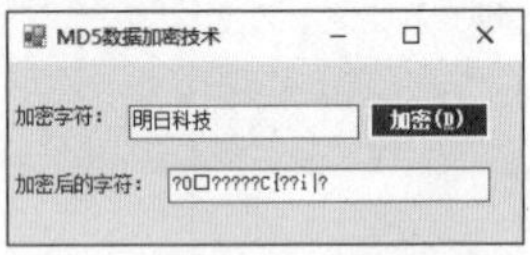

图 13.1　MD5 数据加密技术

技术要点

实现本实例主要用到 System.Security.Cryptography 命名空间下的 MD5Crypto ServiceProvider 类的 ComputeHash 方法，System.Text 命名空间下的 ASCIIEncoding 类的 ASCII 属性、GetBytes 方法和 GetString 方法。下面分别进行介绍。

（1）System.Security.Cryptography 命名空间。该命名空间提供加密服务（包括安全的数据编码和解码）以及许多其他操作，例如哈希法、随机数字生成和消息身份验证。

（2）MD5CryptoServiceProvider 类。此类使用加密服务提供程序（Cryptographic Service Provider，CSP）来实现，计算输入数据的 MD5 哈希值。其语法如下：

```
public sealed class MD5CryptoServiceProvider : MD5
```

注意：MD5CryptoServiceProvider 类的哈希值大小为 128 位。

（3）ComputeHash 方法。此方法用于计算指定字节数组的哈希值。其语法如下：

```
public byte[] ComputeHash(byte[] buffer)
```

参数说明如下。

◇ buffer：要计算其哈希值的字节数组。

◇ 返回值：计算所得的哈希值。

（4）System.Text 命名空间。这包含表示 ASCII、Unicode、UTF-7 和 UTF-8 字符编码的类，是用于将字符块转换为字节块和将字节块转换为字符块的抽象基类。

（5）ASCIIEncoding 类。此类表示 Unicode 字符的 ASCII 字符编码。其语法如下：

```
public class ASCIIEncoding : Encoding
```

（6）ASCII 属性。此属性用于获取 ASCII（7 位）字符集的编码。其语法如下：

```
public static Encoding ASCII { get; }
```

（7）GetBytes 方法。此方法用于将指定的字符串中的所有字符编码为一个字节序列。其语法如下：

```
public virtual byte[] GetBytes(string s)
```

参数说明如下。

◇ s：包含要编码的字符的字符串。

◇ 返回值：将 s 字符串编码后的字节数组

（8）GetString 方法。此方法用于将指定字节数组中的所有字节解码为一个字符串。其语法如下：

```
public virtual string GetString(byte[] bytes)
```

参数说明如下。

◇ bytes：包含要解码的字节序列的字节数组。

◇ 返回值：包含指定字节序列解码结果的字符串。

注意：使用 MD5CryptoServiceProvider 类必须引用 System.Security.Cryptography 命名空间。

实现过程

01 新建一个 Windows 应用程序，将其命名为“MD5 数据加密技术”，默认窗体为 Form1。

02 在 Form1 窗体中主要添加两个 TextBox 控件，分别用来输入字符串和显示字符串；添加一个 Button 控件，用来执行加密操作。

03 主要代码。

```
01  private void button1_Click(object sender, EventArgs e)
02  {
03      if (textBox1.Text == "")// 判断是否输入加密数据
04      {
05          MessageBox.Show(" 请输入加密数据 ");// 如果没有输入，则弹出提示信息
06          return;
07      }
08      MD5CryptoServiceProvider M5 = new MD5CryptoServiceProvider();// 实例化一个 MD5 加密类
09      // 数据加密并显示
```

```
10        textBox2.Text = ASCIIEncoding.ASCII.GetString(M5.ComputeHash(ASCIIEncoding.
                          ASCII.GetBytes(textBox1.Text)));
11    }
```

举一反三

根据本实例，读者可以实现以下功能。

◇ 对机密的文件夹进行加密与解密。

◇ 在数据传输中使用加密技术，以便保证传输信息不被泄露。

实例 130 修复 Access 数据库

实例说明

Access 数据库操作简单、使用方便，是中小型企业经常采用的数据库，但 Access 数据库容易遭到破坏，并且随着时间的增加，数据库文件会变得非常大，该如何解决这些问题呢？本实例通过压缩数据库的方法修复 Access 数据库，减少数据库占用的空间。运行本实例，单击“打开”按钮，找到要修复的数据库，单击“开始修复”按钮，即可完成修复数据库操作。实例运行结果如图 13.2 所示。

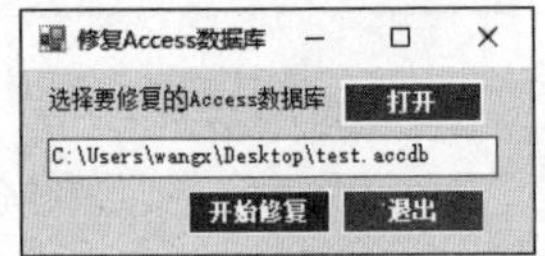

图 13.2　修复 Access 数据库

技术要点

实现本实例时主要用到 JRO 命名空间下的 JetEngineClass 对象的 CompactDatabase 方法、System.IO 命名空间下的 File 类的 Copy 方法和 Delete 方法。下面分别进行介绍。

（1）CompactDatabase 方法。CompactDatabase 方法用于压缩并回收本地数据库中的浪费空间。其语法如下：

```
CompactDatabase(strng SourceConnection, string DestConnection)
```

参数说明如下。

◇ SourceConnection：字符串值，指定与要压缩的源数据库的连接。

◇ DestConnection：字符串值，指定与要通过压缩创建的目标数据库的连接。

注意：必须引用 C:\Program Files\Common Files\System\ado\msjro.dll，该 DLL 包含 JRO 命名空间。

（2）Copy 方法。此方法用于将现有文件复制到新文件，不允许改写同名的文件。其语法如下：

```
public static void Copy(string sourceFileName,string destFileName)
```

参数说明如下。

◇ sourceFileName：要复制的文件。

◇ destFileName：目标文件的名称，不能是一个目录或现有文件。

（3）Delete 方法。此方法用于删除指定的文件。其语法如下：

```
public static void Delete(string path)
```

参数说明如下。

◇ path：要删除的文件的名称。

实现过程

01 新建一个 Windows 应用程序，将其命名为“修复 Access 数据库”，默认窗体为 Form1。

02 在 Form1 窗体中主要添加 1 个 TextBox 控件，用来显示要修复的数据库的路径；添加 1 个 OpenFileDialog 控件，用来选择要修复的数据库；添加 3 个 Button 控件，分别用来执行修复、退出程序和打开数据库操作。

03 主要代码。

```
01  private void button2_Click(object sender, EventArgs e)
02  {
03      if (!File.Exists(strPathMdb)) //检查数据库是否已存在
04      {
05          MessageBox.Show("目标数据库不存在，无法压缩","操作提示");
06          return;
07      }
08      //声明临时数据库的名称
09      string temp = DateTime.Now.Year.ToString();
10      temp += DateTime.Now.Month.ToString();
11      temp += DateTime.Now.Day.ToString();
12      temp += DateTime.Now.Hour.ToString();
13      temp += DateTime.Now.Minute.ToString();
14      temp += DateTime.Now.Second.ToString() + ".bak";
15      temp = strPathMdb.Substring(0, strPathMdb.LastIndexOf("\\") + 1) + temp;
16      //定义临时数据库的连接字符串
17      string temp2 = "Provider=Microsoft.ACE.OLEDB.12.0;Data Source=" + temp;
18      //定义目标数据库的连接字符串
19      string strPathMdb2 = "Provider=Microsoft.ACE.OLEDB.12.0;Data Source=" + strPathMdb;
20      //创建一个 JetEngineClass 对象的实例
21      JRO.JetEngineClass jt = new JRO.JetEngineClass();
22      //使用 JetEngineClass 对象的 CompactDatabase 方法压缩修复数据库
23      jt.CompactDatabase(strPathMdb2, temp2);
24      //复制临时数据库到目标数据库（覆盖）
25      File.Copy(temp, strPathMdb, true);
26      //删除临时数据库
27      File.Delete(temp);
28      MessageBox.Show("修复完成");
29  }
```

举一反三

根据本实例，读者可以实现以下功能。

◇ 定时数据库压缩。

◇ 定时数据库备份。

实例 131 利用注册表设计软件注册程序

实例说明

大多数应用软件会将用户输入的注册信息写进注册表中，程序运行过程中，可以将这些信息从注册表中读出。本实例主要实现在程序中对注册表进行操作的功能。运行本实例，单击“注册”按钮，即可将用户输入的信息写入注册表中。实例运行结果如图 13.3 所示。

图 13.3 利用注册表设计软件注册程序

技术要点

实现本实例时主要用到 Microsoft.Win32 命名空间下的 Registry 类的 CurrentUser 属性，RegistryKey 类的 OpenSubKey 方法、GetSubKeyNames 方法、SetValue 方法和 CreateSubKey 方法。下面分别进行介绍。

（1）Microsoft.Win32 命名空间。该命名空间提供两种类型的类：处理由操作系统引发的事件的类和操作系统注册表的类。

（2）RegistryKey 类。此类表示 Windows 注册表中的顶级节点，此类是注册表封装。其语法如下：

```
public sealed class RegistryKey : MarshalByRefObject, IDisposable
```

注意：要获取 RegistryKey 实例，需要使用 Registry 类的静态成员之一。

（3）Registry 类。此类提供表示 Windows 注册表中的根项的 RegistryKey 对象，并提供访问项 / 值对的 static 方法。其语法如下：

```
public static class Registry
```

（4）CurrentUser 属性。此属性包含有关当前用户首选项的信息，该字段读取 Windows 注册表中的 HKEY_ CURRENT_USER 注册表项。其语法如下：

```
public static readonly RegistryKey CurrentUser
```

注意：存储在此项（使用 CurrentUser 获取到的项）中的信息包括环境变量的设置和有关程序组、颜色、打印机、网络连接和应用程序首选项的数据，此项使建立当前用户的设置更容易。在此项中，软件供应商存储要在其应用程序中使用的当前用户特定的首选项。

（5）OpenSubKey 方法。此方法用于检索指定的子项。其语法如下：

```
public RegistryKey OpenSubKey(string name,bool writable)
```

参数说明如下。

◇ name：要打开的子项的名称或路径。

◇ writable：如果需要子项的写访问权限，则设置为 true。

◇ 返回值：请求的子项；如果操作失败，则为空引用。

（6）CreateSubKey 方法。此方法用于创建一个新子项或打开一个现有子项以进行写访问。字符串 subkey 不区分大小写。其语法如下：

```
public RegistryKey CreateSubKey(string subkey)
```

参数说明如下。

◇ subkey：要创建或打开的子项的名称或路径。

◇ 返回值：RegistryKey 对象，表示新建的子项或空引用。如果为 subkey 指定了空字符串，则返回当前的 RegistryKey 对象。

（7）GetSubKeyNames 方法。此方法用于检索包含所有子项名称的字符串数组。其语法如下：

```
public string[] GetSubKeyNames()
```

返回值为包含当前项的子项名称的字符串数组。

（8）SetValue 方法。此方法用于设置指定的名称 / 值对。其语法如下：

```
public void SetValue(string name,Object value)
```

参数说明如下。

◇ name：要存储的值的名称。

◇ value：要存储的数据。

注意：使用 RegistryKey 类和 Registry 类时必须引用 Microsoft.Win32 命名空间。

实现过程

01 新建一个 Windows 应用程序，将其命名为“利用注册表设计软件注册程序”，默认窗体为 Form1。

02 在 Form1 窗体中主要添加 3 个 TextBox 控件，用来输入注册信息；添加 2 个 Button 控件，分别用来执行注册和退出操作。

03 主要代码。

```
01   private void button1_Click(object sender, EventArgs e)
02   {
03       if (textBox1.Text == "")// 判断是否输入公司名称
04       {
05           MessageBox.Show(" 公司名称不能为空 "); return;// 如果没有输入则弹出提示信息
06       }
07       if (textBox2.Text == "")// 判断是否输入用户名称
```

```
08        { MessageBox.Show(" 用户名称不能为空 "); return; }// 如果没有输入则弹出提示信息
09        if (textBox3.Text == "")// 判断是否输入注册码
10        { MessageBox.Show(" 注册码不能为空 "); return; }// 如果没有输入则弹出提示信息
11        // 实例化 RegistryKey 对象
12        RegistryKey retkey1 = Registry.CurrentUser.OpenSubKey("software").OpenSubKey
                                ("MR").OpenSubKey("MR.INI", true);
13        foreach (string strName in retkey1.GetSubKeyNames())// 判断注册码是否过期
14        {
15            if (strName == textBox3.Text)// 判断注册码是否过期
16            {
17                MessageBox.Show(" 此注册码已经过期 ");// 如果过期则弹出提示信息
18                return;
19            }
20        }// 开始注册信息
21        Microsoft.Win32.RegistryKey retkey = Microsoft.Win32.Registry.CurrentUser.
                  OpenSubKey("software", true).CreateSubKey("MR").CreateSubKey
                  ("MR.INI").CreateSubKey(textBox3.Text.TrimEnd());
22        retkey.SetValue("UserName", textBox2.Text);// 设置 UserName 的值
23        retkey.SetValue("capataz", textBox1.Text);// 设置分支下 capataz 的值
24        retkey.SetValue("Code", textBox3.Text);// 设置 Code 的值
25        MessageBox.Show(" 注册成功，您可以使用本软件 ");// 弹出提示信息
26        Application.Exit();// 退出应用程序
27    }
```

举一反三

根据本实例，读者可以实现以下功能。

◇ 将注册信息加密后存入注册表。

◇ 设计记录用户使用次数的注册程序。

实例 132 人民币金额大小写转换

实例说明

在设计报表时，经常会将小写金额数字转换为大写金额数字进行输出。本实例设计一个程序，用于将小写金额转换为大写金额。实例运行结果如图 13.4 所示。

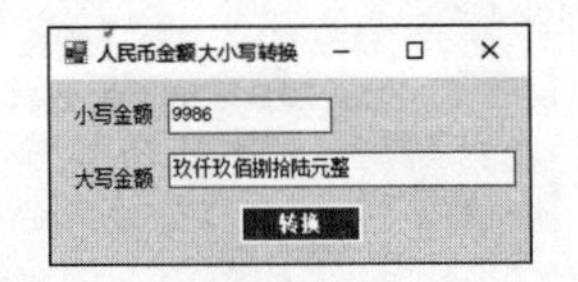

图 13.4 人民币金额大小写转换

技术要点

本实例中为了将小写金额转换为大写金额，自定义了一个 UpMoney 方法。其语法如下：

```
public string UpMoney(decimal D_Mstr_theMoney)
```

参数说明如下。

◇ D_Mstr_theMoney：要转换的小写金额。

◇ 返回值：转换后的大写金额格式，以字符串格式返回。

在 UpMoney 方法中，首先将输入金额取绝对值并四舍五入取两位小数，然后将输入金额乘 100 并转换成字符串形式，取出其最高位数并根据其数值设置相应的大写字母，同时根据其位置设置相应的权位（个、十、佰、仟等）。

实现过程

01 新建一个 Windows 应用程序，将其命名为 DemoticCurrency，默认窗体为 Form1。

02 在 Form1 窗体中主要添加两个 TextBox 控件，分别用来输入小写金额和显示转化后的大写金额；添加一个 Button 控件，用来执行金额大小写转换操作。

03 主要代码。

```
01    public string UpMoney(decimal D_Mstr_theMoney)
02    {
03        string G_str_Money = "零壹贰叁肆伍陆柒捌玖"; //0 ~ 9 所对应的汉字
04        string G_str_MoneyString = "万仟佰拾亿仟佰拾万仟佰拾元角分";//数字位所对应的汉字
05        string G_str_Timoney = "";    //从原 D_Mstr_theMoney 值中取出的值
06        string G_str_NumberString = "";   //数字的字符串形式
07        string G_str_UpMoney = ""; //人民币大写金额形式
08        int i;           //循环变量
09        int j;           //D_Mstr_theMoney 的值乘 100 的字符串长度
10        string G_ch_Chine = "";  //数字的汉字读法
11        string G_ch_Chineses = ""; //数字位的汉字读法
12        int G_int_ZeroCount = 0;//用来计算连续的零值是几个
13        int G_int_G_int_temp; //从原 D_Mstr_theMoney 值中取出的值
14        D_Mstr_theMoney = Math.Round(Math.Abs(D_Mstr_theMoney), 2);//将D_Mstr_theMoney
                                                              取绝对值并四舍五入取两位小数
15        G_str_NumberString = ((long)(D_Mstr_theMoney * 100)).ToString();//将D_Mstr_theMoney
                                                              乘 100 并转换成字符串形式
16        j = G_str_NumberString.Length;//找出最高位
17        if (j > 15) { return "溢出"; }
18        G_str_MoneyString = G_str_MoneyString.Substring(15 - j); //取出对应位数的G_str_
                     MoneyString 的值。如 200.55,j 为 5，所以 G_str_MoneyString=佰拾元角分
19        //循环取出每一位需要转换的值
20        for (i = 0; i < j; i++)
21        {
22            G_str_Timoney = G_str_NumberString.Substring(i, 1);//取出需转换的某一位值
23            G_int_G_int_temp = Convert.ToInt32(G_str_Timoney); //转换为数字
24            if (i != (j - 3) && i != (j - 7) && i != (j - 11) && i != (j - 15))
25            {
26                //当所取位数不为元、万、亿、万亿上的数字时
27                if (G_str_Timoney == "0")
28                {
29                    G_ch_Chine = "";
```

```
30                  G_ch_Chineses = "";
31                  G_int_ZeroCount = G_int_ZeroCount + 1;
32              }
33              else
34              {
35                  if (G_str_Timoney != "0" && G_int_ZeroCount != 0)
36                  {
37                      G_ch_Chine = "零" + G_str_Money.Substring(G_int_G_int_
                            temp * 1, 1);
38                      G_ch_Chineses = G_str_MoneyString.Substring(i, 1);
39                      G_int_ZeroCount = 0;
40                  }
41                  else
42                  {
43                      G_ch_Chine = G_str_Money.Substring(G_int_G_int_temp * 1, 1);
44                      G_ch_Chineses = G_str_MoneyString.Substring(i, 1);
45                      G_int_ZeroCount = 0;
46                  }
47              }
48          }
49          else
50          {
51              //该位是万亿、亿、万、元位等关键位
52              if (G_str_Timoney != "0" && G_int_ZeroCount != 0)
53              {
54                  G_ch_Chine = "零" + G_str_Money.Substring(G_int_G_int_temp * 1, 1);
55                  G_ch_Chineses = G_str_MoneyString.Substring(i, 1);
56                  G_int_ZeroCount = 0;
57              }
58              else
59              {
60                  if (G_str_Timoney != "0" && G_int_ZeroCount == 0)
61                  {
62                      G_ch_Chine = G_str_Money.Substring(G_int_G_int_temp * 1, 1);
63                      G_ch_Chineses = G_str_MoneyString.Substring(i, 1);
64                      G_int_ZeroCount = 0;
65                  }
66                  else
67                  {
68                      if (G_str_Timoney == "0" && G_int_ZeroCount >= 3)
69                      {
70                          G_ch_Chine = "";
71                          G_ch_Chineses = "";
72                          G_int_ZeroCount = G_int_ZeroCount + 1;
73                      }
74                      else
75                      {
76                          if (j >= 11)
77                          {
78                              G_ch_Chine = "";
79                              G_int_ZeroCount = G_int_ZeroCount + 1;
```

```
80                          }
81                          else
82                          {
83                              G_ch_Chine = "";
84                              G_ch_Chineses = G_str_MoneyString.Substring(i, 1);
85                              G_int_ZeroCount = G_int_ZeroCount + 1;
86                          }
87                      }
88                  }
89              }
90          }
91          if (i == (j - 11) || i == (j - 3))
92          {
93              //如果该位是亿位或元位，则必须写上
94              G_ch_Chineses = G_str_MoneyString.Substring(i, 1);
95          }
96          G_str_UpMoney = G_str_UpMoney + G_ch_Chine + G_ch_Chineses;
97          if (i == j - 1 && G_str_Timoney == "0")
98          {
99              //最后一位（分）为 0 时，加上"整"
100             G_str_UpMoney = G_str_UpMoney + '整';
101         }
102     }
103     if (D_Mstr_theMoney == 0)
104     {
105         G_str_UpMoney = "零元整";
106     }
107     return G_str_UpMoney;
108 }
```

举一反三

根据本实例，读者可以实现以下功能。

◇ 将金额大小写转换函数放置在 DLL 文件中，供其他应用程序调用。

◇ 将文章中的小写字母转化为大写字母。

实例 133 判断身份证是否合法

实例说明

在开发应用程序时，为了防止用户进行错误操作，程序需要对数据进行判断，如果是非法数据，将提示用户并停止操作。本实例主要实现的是判断身份证的合法性，其中包括对 15 位及 18 位身份证号的

判断。判断的主要依据是出生日期和性别。在窗体的“身份证”文本框中输入身份证号，在“性别”下拉列表中选择性别，单击“判断”按钮，即可在窗体下方显示判断结果。实例运行结果如图 13.5 所示。

图 13.5　判断身份证是否合法

技术要点

本实例主要使用 Substring 方法和 ComboBox 控件的 SelectedItem 属性。

ComboBox 控件的 SelectedItem 属性用于获取或设置 ComboBox 控件中当前选定的项。其语法如下：

```
public Object SelectedItem { get; set; }
```

属性值为作为当前选定项的对象；如果当前没有选定项，则为空引用。

注意：15 位身份证号以最后一位来判断性别，单数为男，双数为女；而 18 位身份证号则以倒数第 2 位来判断。

实现过程

01 新建一个项目，将其命名为 IDCardLegality，默认窗体为 Form1。

02 在 Form1 窗体中添加一个 TextBox 控件，用来输入信息；添加一个 Button 控件，用来判断身份证是否合法；添加一个 ComboBox 控件，用来显示性别。

03 主要代码。

```
01    private void button1_Click(object sender, EventArgs e)
02    {
03        if (textBox1.Text.Length == 15)// 判断 15 位
04        {
05            if ((Convert.ToInt32(textBox1.Text.Substring(14, 1))%2==1 && comboBox1.
   SelectedItem.ToString() == "男") || (Convert.ToInt32(textBox1.Text.Substring(14, 1)) %
   2==0 && comboBox1.SelectedItem.ToString() == "女"))// 在相应位置上是否正确
06            {
07                label3.Text = "合法";
08            }
09            else
10            {
11                label3.Text = "不合法";
12            }
13        }
14        else if (textBox1.Text.Length == 18)// 判断 18 位
15        {
16            if ((Convert.ToInt32(textBox1.Text.Substring(16, 1)) % 2 == 1 && comboBox1.
   SelectedItem.ToString() == "男") || (Convert.ToInt32(textBox1.Text.Substring(16, 1)) %
   2 == 0 && comboBox1.SelectedItem.ToString() == "女"))// 在相应位置上是否正确
17            {
18                label3.Text = "合法";
```

```
19            }
20            else
21            {
22                label3.Text = "不合法";
23            }
24        }
25    }
```

举一反三

根据本实例，读者可以实现以下功能。

◇ 判断日期是否合法。

◇ 判断一段英文中是否有数字。

◇ 找出一段英文中有多少个大写字母。

实例 134 按要求生成指定位数编号

实例说明

在许多的报表和账目中都指定了数字的格式，如果格式错误，填写的信息将会作废。本实例实现按要求生成数字格式的功能，从而有效地避免以上情况的发生。运行本实例，在窗体的文本框中输入数字（本实例中输入数字 12），然后按 <Enter> 键，输入的数字将会按指定的格式显示在文本框中（数字按规定显示为 00000012）。实例运行结果如图 13.6 所示。

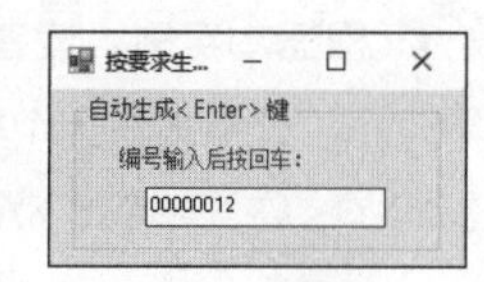

图 13.6 按要求生成指定位数编号

技术要点

本实例用到 TextBox 控件的 KeyPress 事件。下面将详细介绍该事件。

（1）KeyPress 事件。该事件在控件有焦点的情况下按键时发生。其语法如下：

```
public event KeyPressEventHandler KeyPress
```

（2）KeyPressEventArgs 用来为 KeyPress 事件提供数据，其 KeyChar 属性主要用来获取或设置与按的键对应的字符。其语法如下：

```
public char KeyChar { get; set; }
```

属性值为 ASCII 字符。例如，如果用户按 <Shift + K> 组合键，则该属性返回一个大写的 K。

实现过程

01 新建一个项目，将其命名为 BuildNumber，默认窗体为 Form1。

02 在 Form1 窗体上添加一个 TextBox 控件，用来输入信息。

03 主要代码。

```
01   private void textBox1_KeyPress(object sender, KeyPressEventArgs e)
02   {
03       if (e.KeyChar == (Char)Keys.Return)// 如果按 <Enter> 键
04       {
05           if (textBox1.Text.Length > 8)// 如果位数大于 8
06           {
07               textBox1.Text = textBox1.Text.Substring(0, 8);// 获取前 8 位数
08           }
09           else
10           {
11               int j = 8 - textBox1.Text.Length;// 确定增加的位数
12               for (int i = 0; i < j; i++)
13               {
14                   textBox1.Text = "0" + textBox1.Text;
15               }
16           }
17       }
18   }
```

举一反三

根据本实例，读者可以实现以下功能。

◇ 自动生成一个给日期加指定位数的编号。

◇ 编写一个自动生成学号的程序。

第 14 章

C# 操作硬件

实例 135 通过串口发送数据

实例说明

现在大多数硬件设备均采用串口技术与计算机相连，因此与串口相关的应用程序开发越来越普遍。例如，在计算机没有安装网卡的情况下，如果需要将本机上的一些数据传输到另一台计算机上，那么利用串口通信就可以实现。运行本实例，在“通过 COMI 串口发送数据”文本框中输入要传输的数据，单击“发送”按钮，将传输的数据发送到所选择的端口号中；单击“接收”按钮，传输的数据被接收到“接收数据”文本框中。实例运行结果如图 14.1 所示。

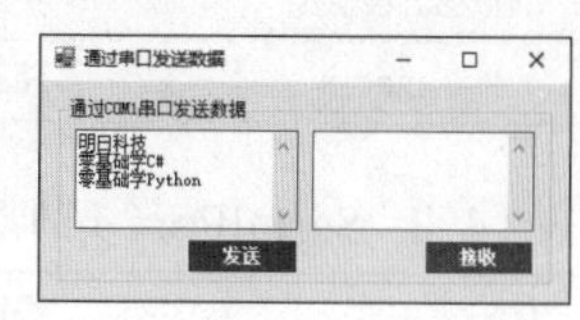

图 14.1　通过串口发送数据

说明：运行本实例时，为了能够自己收发数据，可以把串口的 2、3 脚短接，这样就可以把收发端连起来，另外，也可以尝试使用 VSPM 来虚拟串口。

技术要点

在 .NET Framework 中提供了 SerialPort 类，该类主要实现串口数据通信等。该类的常用属性、方法及说明分别如表 14.1 和表 14.2 所示。

表 14.1　SerialPort 类的常用属性及说明

属性	说明
BaseStream	获取 SerialPort 对象的基础 Stream 对象
BaudRate	获取或设置串行波特率
BreakState	获取或设置中断信号状态
BytesToRead	获取接收缓冲区中数据的字节数

续表

属性	说明
BytesToWrite	获取发送缓冲区中数据的字节数
CDHolding	获取端口的载波检测行的状态
CtsHolding	获取“可以发送”行的状态
DataBits	获取或设置每个字节的标准数据位长度
DiscardNull	获取或设置一个值，该值指示 null 字节在端口和接收缓冲区之间传输时是否被忽略
DsrHolding	获取数据设置就绪（Data Set Ready，DSR）信号的状态
DtrEnable	获取或设置一个值，该值在串行通信过程中启用数据终端就绪（Data Terminal Ready，DTR）信号
Encoding	获取或设置传输前后文本转换的字节编码
Handshake	获取或设置串口数据传输的握手协议
IsOpen	获取一个值，该值指示 SerialPort 对象的打开或关闭状态
NewLine	获取或设置用于解释 ReadLine 和 WriteLine 方法调用结束的值
Parity	获取或设置奇偶校验检查协议
ParityReplace	获取或设置一个字节，该字节在发生奇偶校验错误时替换数据流中的无效字节
PortName	获取或设置通信端口，包括但不限于所有可用的 COM 端口
ReadBufferSize	获取或设置 SerialPort 输入缓冲区的大小
ReadTimeout	获取或设置读取操作未完成时发生超时之前的毫秒数
ReceivedBytesThreshold	获取或设置 DataReceived 事件发生前内部输入缓冲区中的字节数
RtsEnable	获取或设置一个值，该值指示在串行通信中是否启用请求发送（Request To Send，RTS）信号
StopBits	获取或设置每个字节的标准停止位数
WriteBufferSize	获取或设置串口输出缓冲区的大小
WriteTimeout	获取或设置写入操作未完成时发生超时之前的毫秒数

表 14.2　SerialPort 类的常用方法及说明

方法	说明
Close	关闭端口连接，将 IsOpen 属性设置为 false，并释放内部 Stream 对象
Open	打开一个新的串口连接
Read	从 SerialPort 输入缓冲区中读取
ReadByte	从 SerialPort 输入缓冲区中同步读取一个字节
ReadChar	从 SerialPort 输入缓冲区中同步读取一个字符
ReadLine	一直读取到输入缓冲区中的 NewLine 值
ReadTo	一直读取到输入缓冲区中指定 value 的字符串
Write	已重载。将数据写入串口输出缓冲区
WriteLine	将指定的字符串和 NewLine 值写入输出缓冲区

注意：用跳线将串口的第 2、3 脚连接，可以在本地计算机上实现串口通信，因此通过串口的第 2、3 脚的连接可以对程序进行检测。串口截面如图 14.2 所示。

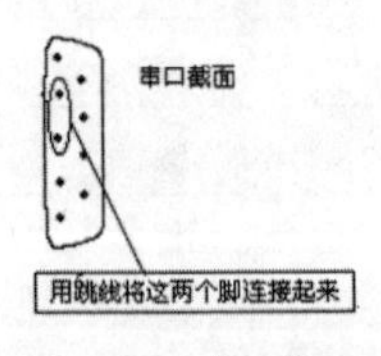

图 14.2　串口截面

实现过程

01 新建一个项目，将其命名为“通过串口发送数据”，默认窗体为 Form1。

02 在 Form1 窗体中添加两个 Button 控件，分别用于执行发送数据和接收数据操作；添加两个 TextBox 控件，分别用于输入要发送的数据和显示接收的数据。

03 主要代码。

```
01  private void button1_Click(object sender, EventArgs e)
02  {
03      if (!serialPort1.IsOpen)
04      {
05          serialPort1.Open();// 打开串口
06      }
07      byte[] data = Encoding.Unicode.GetBytes(textBox1.Text);// 编码
08      string str = Convert.ToBase64String(data);
09      serialPort1.WriteLine(str);// 写入输出缓冲区
10      MessageBox.Show(" 数据发送成功！ ", " 系统提示 ");// 弹出提示信息
11  }
12  private void button2_Click(object sender, EventArgs e)
13  {
14      if (serialPort1.BytesToRead > 0)
15      {
16          byte[] data = Convert.FromBase64String(serialPort1.ReadLine());// 读取输入缓冲区
17          textBox2.Text = Encoding.Unicode.GetString(data);// 解码
18          serialPort1.Close();// 关闭串口
19          MessageBox.Show(" 数据接收成功！ ", " 系统提示 ");// 弹出提示信息
20      }
21  }
```

举一反三

根据本实例，读者可以实现以下功能。

◇ 远程监控对方计算机屏幕。

实例 136 企业员工 IC 卡开发

实例说明

IC 卡在各个领域中得到广泛应用。特别是中大型企业，需要使用 IC 卡对员工实行统一管理。本实例通过 IC 卡，实现企业员工考勤的功能。实例运行结果如图 14.3 和图 14.4 所示。

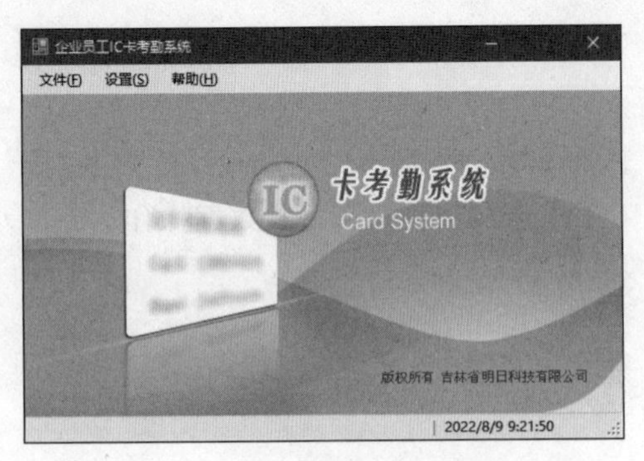

图 14.3　企业员工 IC 卡考勤系统

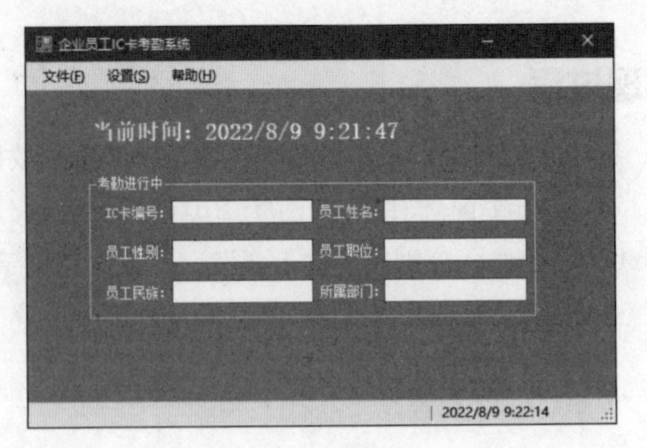

图 14.4　考勤界面

技术要点

本实例使用的是明华 IC 卡读卡器，用户将驱动程序安装完毕后，即可正常使用本实例。本实例通过调用 Mwic_32.dll 动态连接库，进行 IC 卡的读写工作。下面介绍与 IC 卡操作相关的几个函数。

（1）auto_init 函数。该函数用于初始化 IC 卡读卡器。其语法如下：

```
public static extern int auto_init(int port, int baud);
```

参数说明如下。

◇ port：标识端口号，COM1 对应的端口号为 0，COM2 对应的端口号为 1，以此类推。

◇ baud：标识波特率。

◇ 返回值：如果初始化成功，返回值是 IC 卡设备句柄；如果初始化失败，返回值小于 0。

例如，实例中通过 auto_init 函数初始化 IC 卡读卡器，代码如下：

```
01    int icdev = IC.auto_init(0, 9600);
02    if (icdev < 0)
03        MessageBox.Show("端口初始化失败，请检查端口线是否连接正确。", "错误提示", MessageBoxButtons.
                        OK, MessageBoxIcon.Information);
```

（2）setsc_md 函数。该函数用于设置设备密码模式。其语法如下：

```
public static extern int setsc_md(int icdev, int mode);
```

参数说明如下。

◇ icdev：标识设备句柄，通常是 auto_init 函数的返回值。

◇ mode：标识设备密码模式，如果为 0，设备密码有效；如果为 1，设备密码无效。设备在加电时必须验证设备密码才能对设备进行操作。

◇ 返回值：如果函数执行成功则返回值为 0，否则小于 0。

例如，本实例中通过 setsc_md 函数设置设备密码模式，代码如下：

```
int md = IC.setsc_md(icdev, 1);        //设备密码模式
```

（3）get_status 函数。该函数用于获取设备的当前状态。其语法如下：

```
public static extern Int16 get_status(int icdev, Int16* state);
```

参数说明如下。

◇ icdev：标识设备句柄，通常是 auto_init 函数的返回值。

◇ state：用于接收函数返回的结果。如果为 0 则表示读卡器中无卡，如果为 1 则表示读卡器中有卡。

◇ 返回值：如果函数执行成功则返回值为 0，否则小于 0。

例如，本实例中通过 get_status 函数获取设备的当前状态，代码如下：

```
01  Int16 status = 0;
02  Int16 result = 0;
03  result = IC.get_status(icdev, &status);
04  if (result != 0)
05  {
06      MessageBox.Show("设备当前状态错误！");
07      int d1 = IC.ic_exit(icdev);                          //关闭设备
08  }
```

（4）Csc_4442 函数。该函数用于核对 IC 卡密码。其语法如下：

```
public static extern Int16 Csc_4442(int icdev, int len, [MarshalAs(UnmanagedType.
LPArray)] byte[] p_string);
```

参数说明如下。

◇ icdev：标识设备句柄，通常是 auto_init 函数的返回值。

◇ len：标识密码长度，其值为 3。

◇ p_string：标识设置的密码。

◇ 返回值：如果函数执行成功则返回值为 0，否则小于 0。

例如，本实例中通过 Csc_4442 函数核对 IC 卡密码是否正确，代码如下：

```
01  byte[] pwd = new byte[3] { 0xff, 0xff, 0xff };
02  Int16 checkIC_pwd = IC.Csc_4442(icdev, 3, pwd); //核对 IC 卡密码
03  if (checkIC_pwd < 0)
04  {
05      MessageBox.Show("IC 卡密码错误！"); //如果密码错误则弹出提示信息
06  }
```

（5）swr_4442 函数。该函数用于向 IC 卡中写入数据。其语法如下：

```
public static extern int swr_4442(int icdev, int offset, int len, char* w_string);
```

参数说明如下。

◇ icdev：标识设备句柄，通常是 auto_init 函数的返回值。

◇ offset：标识地址的偏移量，范围是 0 ~ 255。

◇ len：标识字符串长度。

◇ w_string：标识写入的数据。

例如，本实例中通过 swr_4442 函数将变量 id 存储的值写入 IC 卡中，代码如下：

```
01  for (int j = 0; j < id.Length; j++)
02  {
03      str = Convert.ToChar(id.Substring(j, 1));
04      write = IC.swr_4442(icdev, 33 + j, id.Length, &str); //写入数据
05  }
```

（6）ic_exit 函数。该函数用于关闭设备端口。其语法如下：

```
public static extern int ic_exit(int icdev);
```

参数说明如下。

◇ icdev：标识设备句柄，通常是 auto_init 函数的返回值。

例如，本实例中通过 ic_exit 函数关闭设备端口，代码如下：

```
int d = IC.ic_exit(icdev);            //关闭设备端口
```

（7）dv_beep 函数。该函数使读卡器嗡鸣。其语法如下：

```
public static extern int dv_beep(int icdev, int time);
```

参数说明如下。

◇ icdev：标识设备句柄，通常是 auto_init 函数的返回值。

◇ time：标识嗡鸣持续的时间，单位是 10ms。

例如，本实例中当写入数据成功后，通过 dv_beep 函数使读卡器嗡鸣，代码如下：

```
01  if (write == 0)
02  {
03      flag = write;
04      int beep = IC.dv_beep(icdev, 20);  //发出嗡鸣声
05  }
```

（8）srd_4442 函数。该函数用于读取 IC 卡中的数据。其语法如下：

```
public static extern int srd_4442(int icdev, int offset, int len, char* r_string);
```

参数说明如下。

◇ icdev：标识设备句柄，通常是 auto_init 函数的返回值。

◇ offset：标识地址的偏移量，范围是 0 ~ 255。

◇ len：标识字符串长度。

◇ r_string：用于存储返回的数据。

例如，本实例中通过 srd_4442 函数读取 IC 卡中的数据，代码如下：

```
01  char str;
02  int read = -1;
03  string ic = "";
04  for (int j = 0; j < 6; j++)
05  {
06      read = IC.srd_4442(icdev, 33 + j, 1, &str); //读取 IC 卡中的数据
07      ic = ic + Convert.ToString(str);
08  }
```

实现过程

01 新建一个 Windows 应用程序，将其命名为 CorporationEmployeeICCard，默认窗体为 Form1。

02 Form1 窗体主要用到的控件及说明如表 14.3 所示。

表 14.3 Form1 窗体主要用到的控件及说明

控件名称	属性设置	说明
menuStrip1	无	菜单栏
statusStrip1	无	状态栏
timer1	Interval 属性设为 1000	读取 IC 卡设备
timer2	Interval 属性设为 1000	显示当前时间
timer3	Interval 属性设为 1000	显示当前时间
txtICCard	ReadOnly 属性设为 true	考勤员工的 IC 卡编号
txtName	ReadOnly 属性设为 true	考勤员工的姓名
txtSex	ReadOnly 属性设为 true	考勤员工的性别
txtJob	ReadOnly 属性设为 true	考勤员工的职位
txtFolk	ReadOnly 属性设为 true	考勤员工的民族
txtDept	ReadOnly 属性设为 true	考勤员工所属部门

03 主要代码。

创建一个 baseClass 公共类文件，用于封装程序中用到的函数，公共类中首先要声明操作 IC 卡的函数，其中包括用于初始化设备、获取设备当前状态、关闭设备端口、向 IC 卡中写入数据和读取 IC 卡中的数据等的函数。代码如下：

```
01  [StructLayout(LayoutKind.Sequential)]
02  public unsafe class IC
03  {
04      //对设备进行初始化
05      [DllImport("Mwic_32.dll", EntryPoint = "auto_init", SetLastError = true, CharSet =
              CharSet.Ansi, ExactSpelling = true, CallingConvention =
              CallingConvention.StdCall)]
06      public static extern int auto_init(int port, int baud);
07      //设备密码模式
08      [DllImport("Mwic_32.dll", EntryPoint = "setsc_md", SetLastError = true, CharSet =
              CharSet.Ansi, ExactSpelling = true, CallingConvention =
              CallingConvention.StdCall)]
09      public static extern int setsc_md(int icdev, int mode);
10      //获取设备当前状态
11      [DllImport("Mwic_32.dll", EntryPoint = "get_status", SetLastError = true, CharSet =
              CharSet.Ansi, ExactSpelling = true, CallingConvention =
              CallingConvention.StdCall)]
12      public static extern Int16 get_status(int icdev, Int16* state);
13      //关闭设备端口
14      [DllImport("Mwic_32.dll", EntryPoint = "ic_exit", SetLastError = true, CharSet =
              CharSet.Ansi, ExactSpelling = true, CallingConvention =
              CallingConvention.StdCall)]
```

```
15        public static extern int ic_exit(int icdev);
16        //使设备发出嗡鸣声
17        [DllImport("Mwic_32.dll", EntryPoint = "dv_beep", SetLastError = true, CharSet =
                  CharSet.Ansi, ExactSpelling = true, CallingConvention =
                  CallingConvention.StdCall)]
18        public static extern int dv_beep(int icdev, int time);
19        //向 IC 卡中写入数据
20        [DllImport("Mwic_32.dll", EntryPoint = "swr_4442", SetLastError = true, CharSet =
                  CharSet.Ansi, ExactSpelling = true, CallingConvention =
                  CallingConvention.StdCall)]
21        public static extern int swr_4442(int icdev, int offset, int len, char* w_string);
22        //读取 IC 卡中的数据
23        [DllImport("Mwic_32.dll", EntryPoint = "srd_4442", SetLastError = true, CharSet =
                  CharSet.Ansi, ExactSpelling = true, CallingConvention =
                  CallingConvention.StdCall)]
24        public static extern int srd_4442(int icdev, int offset, int len, char* r_string);
25        //核对 IC 卡密码
26        [DllImport("Mwic_32.dll", EntryPoint = "csc_4442", SetLastError = true, CharSet =
                  CharSet.Auto, ExactSpelling = true, CallingConvention =
                  CallingConvention.Winapi)]
27        public static extern Int16 Csc_4442(int icdev, int len, [MarshalAs(UnmanagedType.
                  LPArray)] byte[] p_string);
28    }
```

自定义一个 WriteIC 方法，用于将指定的数据写入 IC 卡中。此方法首先初始化设备，设置设备密码模式，然后通过 Csc_4442 函数核对 IC 卡密码，最后调用 swr_4442 函数向 IC 卡中写入数据。代码如下：

```
01    public static int WriteIC(string id)    //写入 IC 卡的方法
02    {
03        int flag = -1;
04        int icdev = IC.auto_init(0, 9600); //初始化设备
05        if (icdev < 0)                      //小于 0 说明连接失败，弹出提示信息
06            MessageBox.Show("端口初始化失败，请检查端口线是否连接正确。", "错误提示", MessageBoxButtons.
                          OK, MessageBoxIcon.Information);
07        int md = IC.setsc_md(icdev, 1);     //设备密码模式
08        unsafe
09        {
10            Int16 status = 0;
11            Int16 result = 0;
12            result = IC.get_status(icdev, &status); //获取设备当前状态
13            if (result != 0)
14            {
15                MessageBox.Show("设备当前状态错误！");
16                int d1 = IC.ic_exit(icdev);         //关闭设备
17            }
18            if (status != 1)
19            {
20                MessageBox.Show("请插入 IC 卡");
```

```
21              int d2 = IC.ic_exit(icdev);                    // 关闭设备
22          }
23      }
24      unsafe
25      {
26          //IC 卡的密码默认为 6 个 F（FFFFFF），1 个 F 的十六进制是 15，2 个 F 的十六进制是 255
27          byte[] pwd = new byte[3] { 0xff, 0xff, 0xff };
28          Int16 checkIC_pwd = IC.Csc_4442(icdev, 3, pwd); // 核对 IC 卡密码
29          if (checkIC_pwd < 0)
30          {
31              MessageBox.Show("IC 卡密码错误！");               // 弹出提示信息
32          }
33          char str = 'a';
34          int write = -1;                                     // 标记操作是否成功
35          for (int j = 0; j < id.Length; j++)
36          {
37              str = Convert.ToChar(id.Substring(j, 1));        // 获取数据
38              write = IC.swr_4442(icdev, 33 + j, id.Length, &str);// 写入数据
39          }
40          if (write == 0)
41          {
42              flag = write;
43              int beep = IC.dv_beep(icdev, 20);  // 发出嗡鸣声
44          }
45          else
46              MessageBox.Show("数据写入 IC 卡失败！");
47      }
48      int d = IC.ic_exit(icdev);       // 关闭设备
49      return flag;
50  }
```

自定义一个 ReadIC 方法，用于读取 IC 卡中的数据。此方法首先初始化设备，设置设备密码模式，然后调用 srd_4442 函数读取 IC 卡中的数据。代码如下：

```
01  public static int ff = -1;
02  public static int ReadIC(TextBox tb)          // 读取 IC 卡
03  {
04      int flag = -1;
05      int icdev = IC.auto_init(0, 9600);          // 初始化设备
06      if (icdev < 0)                              // 小于 0 说明连接失败，弹出提示信息
07          MessageBox.Show("端口初始化失败，请检查端口线是否连接正确。", "错误提示", MessageBoxButtons.
                    OK, MessageBoxIcon.Information);
08      sint md = IC.setsc_md(icdev, 1);            // 设备密码模式
09      unsafe
10      {
11          Int16 status = 0;
12          Int16 result = 0;
13          result = IC.get_status(icdev, &status); // 获取设备当前状态
14          if (result != 0)
15          {
16              MessageBox.Show("设备当前状态错误！");
```

```
17              int d1 = IC.ic_exit(icdev);                               //关闭设备
18          }
19          if (status != 1)
20          {
21              ff = -1;
22              int d2 = IC.ic_exit(icdev);                               //关闭设备
23          }
24      }
25      unsafe
26      {
27          char str;
28          int read = -1;                                                //判断是否成功读取数据
29          string ic = "";                                               //记录读取的数据
30          for (int j = 0; j < 6; j++)
31          {
32              read = IC.srd_4442(icdev, 33 + j, 1, &str); //开始读取数据
33              ic = ic + Convert.ToString(str);
34          }
35          tb.Text = ic;                                                 //显示读取的数据
36          if (ff == -1)
37          {
38              int i = IC.dv_beep(icdev, 10);                            //发出嗡鸣声
39          }
40          if (read == 0)
41          {
42              ff = 0;
43              flag = read;
44          }
45      }
46      int d = IC.ic_exit(icdev);                                        //关闭设备
47      return flag;
48  }
```

在 timer1 组件的 Tick 事件中，首先调用公共类中的 ReadIC 方法读取 IC 卡，判断 IC 卡读卡器中是否有 IC 卡。如果有 IC 卡，则获取 IC 卡中的数据，然后通过 isCheck 方法判断是否参加过考勤。如果参加过考勤则弹出提示信息，禁止重复考勤。如果没有参加过考勤，则调用 GetInfo 方法获取 IC 卡对应的员工信息。代码如下：

```
01  int flag = -1;//设置的一个变量，用于控制一张 IC 卡只读取一次以及向数据库中只添加一次内容
02  int flag2 = -1;//设置的一个变量，用于控制当某张 IC 卡已经参加考勤后，弹出一次错误提示
03  private void timer1_Tick(object sender, EventArgs e)
04  {
05      int i = baseClass.ReadIC(txtICCard);//调用公共类中的 ReadIC 方法开始循环读取 IC 卡
06      if (i == -1)//如果返回值是 -1 则说明没有 IC 卡
07      {
08          //清空显示员工信息的文本框
09          txtDept.Text = "";
10          txtFolk.Text = "";
11          txtICCard.Text = "";
12          txtJob.Text = "";
```

```
13            txtName.Text = "";
14            txtSex.Text = "";
15            groupBox1.Text = "考勤进行中";
16            flag = -1;//初始化标记
17            flag2 = -1;//初始化标记
18        }
19        else//如果有 IC 卡则进行考勤
20        {
21            if (flag ==-1)//只有当 flag 为 -1 的时候执行
22            {
23                string icID = txtICCard.Text.Trim();//获取读取的 IC 卡编号
24                if (baseClass.isCheck(icID))//调用 isCheck 方法判断是否参加过考勤
25                {
26                    if (flag2 == -1)//只有当 flag2 为 -1 的时候执行
27                    {
28                        flag2 = 0;//改变标记的值从而实现只弹出一次警告对话框
29                        MessageBox.Show("已经参加过考勤！", "警告", MessageBoxButtons.
                                  OK, MessageBoxIcon.Error);
30                        //清空文本框
31                        txtDept.Text = "";
32                        txtFolk.Text = "";
33                        txtICCard.Text = "";
34                        txtJob.Text = "";
35                        txtName.Text = "";
36                        txtSex.Text = "";
37                        txtICCard.Text = "";
38                        groupBox1.Text = "考勤进行中";
39                    }
40                }
41                else//如果没有参加过考勤
42                {
43                    //调用 GetInfo 方法获取 IC 卡对应的员工信息
44                    baseClass.GetInfo(txtICCard.Text.Trim(), txtName, txtSex, txtJob,
                              txtFolk, txtDept, groupBox1);
45                    string name = txtName.Text.Trim();//员工姓名
46                    string sex = txtSex.Text.Trim(); //员工性别
47                    string job = txtJob.Text.Trim();  //员工职位
48                    string folk = this.txtFolk.Text.Trim();//员工民族
49                    string dept = txtDept.Text.Trim();//所属部门
50                    //声明一个字符串，用于存储一条插入语句，实现将考勤信息插入数据表中
51                    string str = "insert into CheckNote(C_CardID,C_Name,C_Sex,C_Job,
                          C_Folk,C_Dept,C_Time) values('" + icID + "','" + name + "',
                          '" + sex + "','" + job + "','" + folk + "','" + dept + "',
                          '" + DateTime.Now.ToShortDateString() + "')";
52                    baseClass.ExecuteSQL(str);//调用 ExecuteSQL 方法执行 SQL 语句
53                    tsslEinfo.Text = "已经有"+baseClass.GetNum(DateTime.Now.
                              ToShortDateString())+"人参加考勤";
54                }
55            }
56            flag = 0;//改变 flag 的值，实现一张 IC 卡只存储一次信息
57        }
58    }
```

注意：在本实例中，在向 IC 卡中写入数据时，如果错误提示超过 3 次，则 IC 卡可能会损坏。所以要及时通过厂商提供的 DEMO 程序恢复 IC 卡的默认值。

举一反三

根据本实例，读者可以实现以下功能。

◇ 将编号写入 IC 卡。

◇ 从 IC 卡中读取编号。

实例 137 简易视频程序

实例说明

利用普通的简易摄像头，通过 C# 即可开发出简易视频程序。本实例利用市场上购买的普通摄像头，利用 VFW 技术，实现单路视频监控系统。运行本实例，窗体中将显示简易摄像头采集的视频信息。实例运行结果如图 14.5 所示。

图 14.5　简易视频程序

技术要点

本实例主要使用 VFW 技术。VFW 是微软公司为开发 Windows 平台下的视频应用程序提供的软件工具包，提供了一系列 API，用户通过这些 API 可以很方便地实现视频捕获、视频编辑及视频播放等通用功能，还可利用回调函数开发比较复杂的视频应用程序。该技术的特点是播放视频时不需要专用的硬件设备，而且应用灵活，可以满足视频应用程序开发的需要。Windows 操作系统自身携带了 VFW 技术，系统安装时会自动安装 VFW 的相关组件。

VFW 技术主要由 6 个功能模块组成，下面进行简单说明。

◇ avicap32.dll：包含执行视频捕获的函数，给 AVI 文件的 I/O 处理、视频和音频设备驱动程序提供一个高级接口。

◇ msvideo.dll：包含一套特殊的 DrawDib 函数，用来处理程序上的视频操作。

◇ mciavi.drv：包括对 VFW 的 MCI 命令解释器的驱动程序。

◇ avifile.dll：包含由标准多媒体 I/O（mmio）函数提供的更高级的命令，用来访问 AVI 文件。

◇ ICM：压缩管理器，用于管理的视频压缩 / 解压缩的编译码器。

◇ ACM：音频压缩管理器，提供与 ICM 相似的服务，适用于波形音频。

本节所有的实例主要使用的是 avicap32.dll 中的函数和 user32.dll 中的函数，具体函数如下。

（1）capCreateCaptureWindow 函数。该函数用于创建一个视频捕获窗体。其语法如下：

```
[DllImport("avicap32.dll")]
public static extern IntPtr capCreateCaptureWindowA(byte[] lpszWindowName, int dwStyle,
int x, int y, int nWidth, int nHeight, IntPtr hWndParent, int nID);
```

参数说明如下。

◇ lpszWindowName：标识窗体的名称。

◇ dwStyle：标识窗体风格。

◇ x、y：标识窗体的左上角坐标。

◇ nWidth、nHeight：标识窗体的宽度和高度。

◇ hWndParent：标识父窗体句柄。

◇ nID：标识窗体 ID。

◇ 返回值：视频捕获窗体句柄。

（2）SendMessage 函数。该函数用于向 Windows 系统发送消息。其语法如下：

```
[DllImport("User32.dll")]
public static extern bool SendMessage(IntPtr hWnd, int wMsg, bool wParam, int lParam);
[DllImport("User32.dll")]
public static extern bool SendMessage(IntPtr hWnd, int wMsg, short wParam, int lParam);
```

参数说明如下。

◇ hWnd：窗体句柄。

◇ wMsg：将要发送的消息。

◇ wParam、lParam：消息的参数，每个消息都有两个参数，参数设置由发送的消息而定。

实现过程

01 新建一个项目，将其命名为“简易视频程序”，默认窗体为 Form1。添加一个类文件（.cs），用于编写视频类。

02 在 Form1 窗体中添加一个 PictureBox 控件，用于显示视频；添加 4 个 Button 控件，用于打开视频、关闭视频、拍摄照片和退出程序。

03 主要代码。

视频类中主要实现打开视频、关闭视频以及通过视频拍摄照片的功能。代码如下：

```
01  public class VideoAPI  //视频 API 类
02  {
03      //视频 API 调用
04      [DllImport("avicap32.dll")]
05      public static extern IntPtr capCreateCaptureWindowA(byte[] lpszWindowName, int
            dwStyle, int x, int y, int nWidth, int nHeight, IntPtr hWndParent, int nID);
06      [DllImport("avicap32.dll")]
07      public static extern bool capGetDriverDescriptionA(short wDriver, byte[] lpszName,
            int cbName, byte[] lpszVer, int cbVer);
08      [DllImport("User32.dll")]
09      public static extern bool SendMessage(IntPtr hWnd, int wMsg, bool wParam, int lParam);
10      [DllImport("User32.dll")]
```

```
11        public static extern bool SendMessage(IntPtr hWnd, int wMsg, short wParam,
                                             int lParam);
12        //常量
13        public const int WM_USER = 0x400;
14        public const int WS_CHILD = 0x40000000;
15        public const int WS_VISIBLE = 0x10000000;
16        public const int SWP_NOMOVE = 0x2;
17        public const int SWP_NOZORDER = 0x4;
18        public const int WM_CAP_DRIVER_CONNECT = WM_USER + 10;
19        public const int WM_CAP_DRIVER_DISCONNECT = WM_USER + 11;
20        public const int WM_CAP_SET_CALLBACK_FRAME = WM_USER + 5;
21        public const int WM_CAP_SET_PREVIEW = WM_USER + 50;
22        public const int WM_CAP_SET_PREVIEWRATE = WM_USER + 52;
23        public const int WM_CAP_SET_VIDEOFORMAT = WM_USER + 45;
24        public const int WM_CAP_START = WM_USER;
25        public const int WM_CAP_SAVEDIB = WM_CAP_START + 25;
26    }
27    public class cVideo                //视频类
28    {
29        private IntPtr lwndC;          //保存无符号句柄
30        private IntPtr mControlPtr; //保存管理指示器
31        private int mWidth;
32        private int mHeight;
33        public cVideo(IntPtr handle, int width, int height)
34        {
35            mControlPtr = handle;  //显示视频控件的句柄
36            mWidth = width;        //视频宽度
37            mHeight = height;      //视频高度
38        }
39        /// <summary>
40        /// 打开视频设备
41        /// </summary>
42        public void StartWebCam()
43        {
44            byte[] lpszName = new byte[100];
45            byte[] lpszVer = new byte[100];
46            VideoAPI.capGetDriverDescriptionA(0, lpszName, 100, lpszVer, 100);
47            this.lwndC = VideoAPI.capCreateCaptureWindowA(lpszName, VideoAPI. WS_CHILD |
                    VideoAPI.WS_VISIBLE, 0, 0, mWidth, mHeight, mControlPtr, 0);
48            if (VideoAPI.SendMessage(lwndC, VideoAPI.WM_CAP_DRIVER_CONNECT, 0, 0))
49            {
50                VideoAPI.SendMessage(lwndC, VideoAPI.WM_CAP_SET_PREVIEWRATE, 100, 0);
51                VideoAPI.SendMessage(lwndC, VideoAPI.WM_CAP_SET_PREVIEW, true, 0);
52            }
53        }
54        /// <summary>
55        /// 关闭视频设备
56        /// </summary>
57        public void CloseWebcam()
58        {
59            VideoAPI.SendMessage(lwndC, VideoAPI.WM_CAP_DRIVER_DISCONNECT, 0, 0);
60        }
```

```
61        ///    <summary>
62        ///  拍照
63        ///    </summary>
64        ///    <param    name="path">要保存 BMP 文件的路径</param>
65        public void GrabImage(IntPtr hWndC, string path)
66        {
67            IntPtr hBmp = Marshal.StringToHGlobalAnsi(path);
68            VideoAPI.SendMessage(lwndC, VideoAPI.WM_CAP_SAVEDIB, 0, hBmp.ToInt32());
69        }
70    }
```

Form1 窗体中通过调用视频类中的方法来实现相应的功能。

举一反三

根据本实例，读者可以开发以下系统。

◇ 无人值班视频实时监控系统。

◇ 车库安全实时监控系统。

实例 138 将指纹数据存入数据库中

实例说明

通过本实例可以获取员工的指纹图像，并且将指纹图像转换成字符串，存储到数据库中，如果要比对两张指纹图像是否接近，只需要比对指纹图像转换后的字符串即可。实例运行结果如图 14.6 所示。

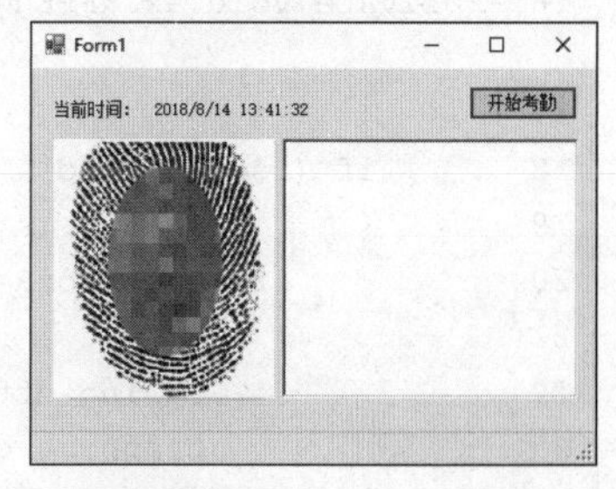

图 14.6 将指纹数据存入数据库中

技术要点

在开发本实例过程中，首先要获取指纹，将指纹保存成图像的格式；其次，将获得的指纹图像转换成字符串并存储到数据库中。本实例主要通过厂商附带的 Biokey.ocx 控件中的 PrintImageAt 方法获取指纹图像。其语法如下：

```
public void  PrintImageAt(int  HDC,int X,int  Y,int  aWidth,int  aHeight)
```

参数说明如下。

◇ HDC：要显示指纹的设备句柄。

◇ X：*x* 坐标。

◇ Y：*y* 坐标。

◇ aWidth：指纹图像的宽度。

◇ aHeight：指纹图像的高度。

而将指纹图像转换为字符串是通过 GetTemplateAsString 方法实现的。其语法如下：

```
public  string  GetTemplateAsString()
```

返回值为转换为 base64 格式的模板字符串。

实现过程

01 新建一个项目，将其命名为“将指纹数据存入数据库中”，默认窗体为 Form1。

02 在 Form1 窗体中添加一个 Panel 控件和一个 RichTextBox 控件，分别用于显示指纹图像以及与设备相关的信息；添加一个 Button 控件，用于开始考勤。

03 主要代码。

```
01    bool isConnected=false;// 判断是否已经连接
02    private void button1_Click(object sender, EventArgs e)
03    {
04        if (axZKFPEngX1.InitEngine() == 0)// 初始化指纹识别器
05        {
06            toolStripStatusLabel1.Text= " 指纹识别器连接成功 ";// 显示指纹识别器连接成功
07            this.Text =" 注册码: "+ axZKFPEngX1.SensorSN;// 获取指纹识别器的注册码
08            isConnected = true;// 标识，指纹识别器连接成功
09        }
10        else
11        {
12            toolStripStatusLabel1.Text = " 指纹识别器连接失败 ";// 显示指纹识别器连接失败
13            isConnected = false;// 标识，指纹识别器连接失败
14        }
15    }
16    private void axZKFPEngX1_OnCapture(object sender, AxZKFPEngXControl.
                                      IZKFPEngXEvents_OnCaptureEvent e)
17    {
18        if (isConnected)
19        {
20            if (e.actionResult)// 如果成功取到指纹模板
21            {
22                string dtt = "";
23                Graphics g = panel1.CreateGraphics();// 获取 panel1 控件的 Graphics 类
24                string tp = "";// 记录是比对成功还是比对失败
25                string Ntemp = axZKFPEngX1.GetTemplateAsString();// 获取当前指纹图像的字符串
26                SqlConnection conn = new SqlConnection("server=.;database=db_Finger;
                                       uid=sa;pwd=");// 设置要连接的数据库
27                conn.Open();// 连接数据库
28                dtt = DateTime.Now.ToString();
29                // 向数据表中插入当前员工的信息
30                SqlCommand cmd1 = new SqlCommand("insert into tb_finger(Ufinger,dt) values
                                  ('" + Ntemp + "','" + dtt + "')", conn);
31                 int i = cmd1.ExecuteNonQuery();// 获取 SQL 语句影响的行数
32                 if (i > 0)// 插入成功
33                 {
```

```
34                  tp = " 指纹录入成功！ ";
35              }
36              conn.Close();// 断开数据库的连接
37              toolStripStatusLabel1.Text = tp;
38              richTextBox1.Clear();
39              richTextBox1.AppendText(tp);
40              richTextBox1.AppendText(" 指纹模板: " + Ntemp);
41              richTextBox1.AppendText(" 考勤日期: " + dtt);
42              //在 panel1 控件的指定位置显示是否考勤成功
43              g.DrawString(tp, new Font(" 黑体 ",20, FontStyle.Bold), new SolidBrush
                         (Color.Red), new PointF(18, 120));
44          }
45      }
46  }
47  [DllImport("kernel32")]
48  public static extern int Beep(int dwFreg, int dwDuration);
49  private void axZKFPEngX1_OnImageReceived(object sender, AxZKFPEngXControl.
            IZKFPEngXEvents_OnImageReceivedEvent e)
50  {
51      Graphics canvas = panel1.CreateGraphics();// 获取 panel1 控件的 Graphics 类
52      axZKFPEngX1.PrintImageAt(canvas.GetHdc().ToInt32(), 0, 0, panel1.Width,
                        panel1.Height);// 在 panel1 控件上绘制指纹图像
53      canvas.Dispose();// 释放
54      axZKFPEngX1.SaveBitmap("c:\\ls_lb.bmp");// 存储指纹图像
55      Beep(3000, 100);// 发出声音
56  }
```

举一反三

根据本实例，读者可以实现以下功能。

◇ 比对指纹图像。

人工智能应用

实例 139 语音合成

实例说明

语音合成主要是将文本框中输入的文字转换为语音文件。运行本实例，在文本框中输入文字，选择相应的声音之后，单击“语音合成”按钮，即可将文本框中的文字合成 WAV 语音文件，并自动打开播放。实例运行结果如图 15.1 所示，合成的 WAV 语音文件如图 15.2 所示。

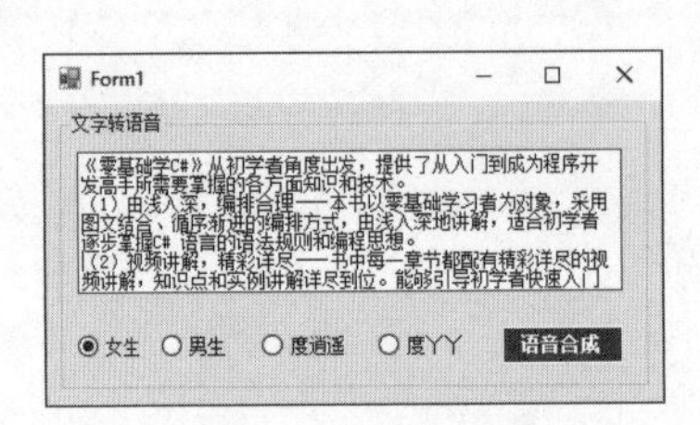

图 15.1　语音合成

图 15.2　合成的 WAV 语音文件

技术要点

本章的所有人工智能应用实例都是以百度 AI 开放平台的 API 为例进行讲解的，因此实现的关键是申请百度云 AI 开放平台的 API 使用权限，以及在 C# 程序中调用百度云 AI 开放平台的 SDK（Software Development Kit，软件开发工具包）。下面按步骤进行详细说明。

（1）在网页浏览器的地址栏中输入 ai.baidu.com 并按 <Enter> 键，进入百度云 AI 开放平台官网，如图 15.3 所示，在该页面中单击右上角的“控制台”按钮。

（2）进入百度 AI 开放平台官网的登录页面，如图 15.4 所示，在该页面中需要输入你自己的百度账号和密码，如果没有，请单击“立即注册”超链接进行申请。

图 15.3　百度云 AI 开放平台官网

图 15.4　百度云 AI 开放平台官网的登录页面

（3）登录成功后，进入百度 AI 开放平台官网的控制台页面，单击左侧导航栏中的“全部产品”，展开列表，在列表的最右侧下方可以看到“人工智能”的分类，在该分类中选择“百度语音”，如图 15.5 所示。

图 15.5　在服务列表中选择“百度语音”

（4）进入“百度语音 – 概览”页面，要使用百度 AI 开放平台的 API，首先需要申请权限，申请权限之前需要先创建自己的应用，因此单击“创建应用”按钮，如图 15.6 所示。

（5）进入“创建应用”页面，在该页面中需要输入应用名称，选择应用类型，并选择接口（这里的接口可以多选择一些，把后期可能用到的接口全部选择上，这样在开发本章后面的实例时就可以直接使用），选择完接口后，选择文字识别包名和语音包名，这里均选择“不需要”，然后输入应用描述，单击“立即创建”按钮，如图 15.7 所示。

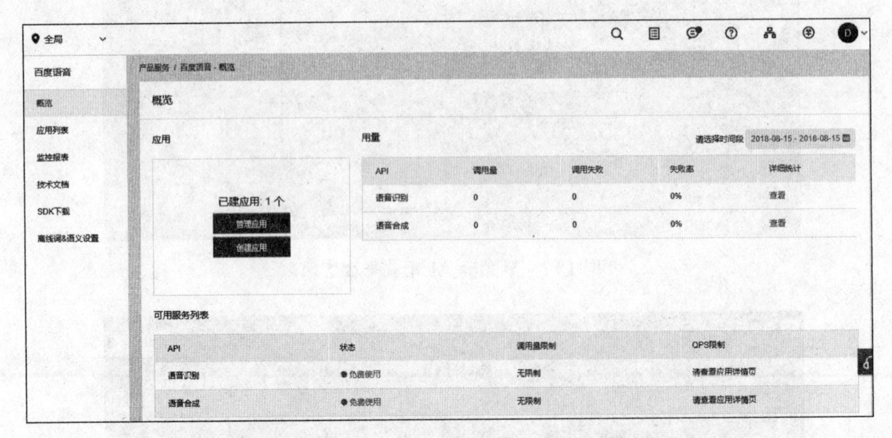

图 15.6 在“百度语音 - 概览”页面中单击“创建应用”按钮

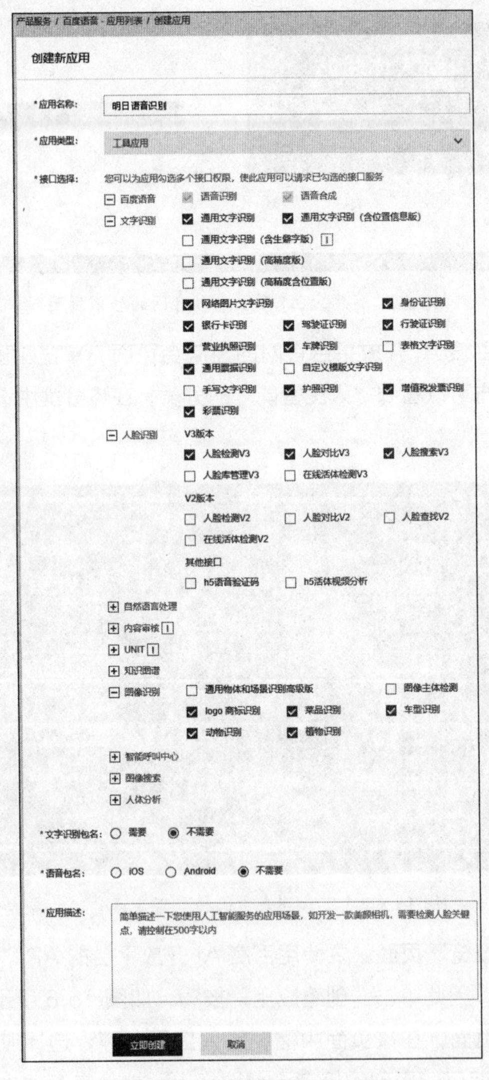

图 15.7 “创建应用”页面

（6）页面跳转到“百度语音 - 应用列表”页面，在该页面中即可查看创建的应用，以及百度云自动分配的 AppID、API Key、Secret Key，这些值根据应用的不同而不同，因此一定要保存好，以便开发时使用。

（7）在图 15.8 中单击左侧导航栏中的“SDK 下载”，进入“SDK 资源”页面，如图 15.9 所示，在该页面中可以根据自己程序的需要下载相应语言或者类别的 SDK 资源包，这里下载 C# 的 SDK 资源包即可。

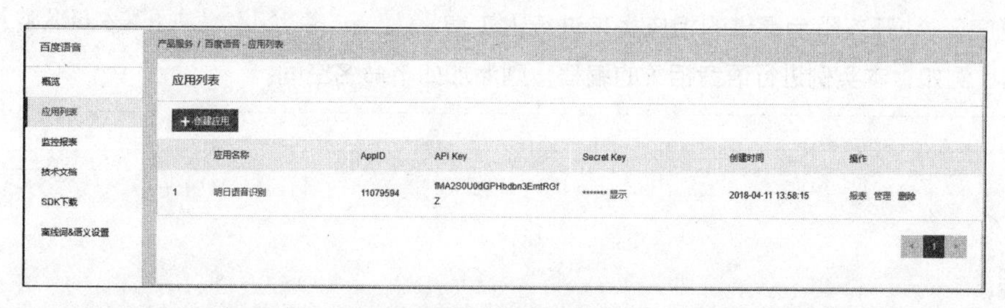

图 15.8 在“百度语音 - 应用列表”页面查看 AppID、API Key、Secret Key

图 15.9 下载 C# 的 SDK 资源包

（8）下载后的百度云 SDK 资源包是一个压缩文件，解压该文件，可以看到图 15.10 所示的 4 个文件夹，这 4 个文件夹对应不同的 .NET 版本。双击打开任意一个文件夹，可以看到里面有 3 个文件，如图 15.11 所示，其中扩展名为 .dll 的两个文件就是开发 C# 程序时需要引用的文件。

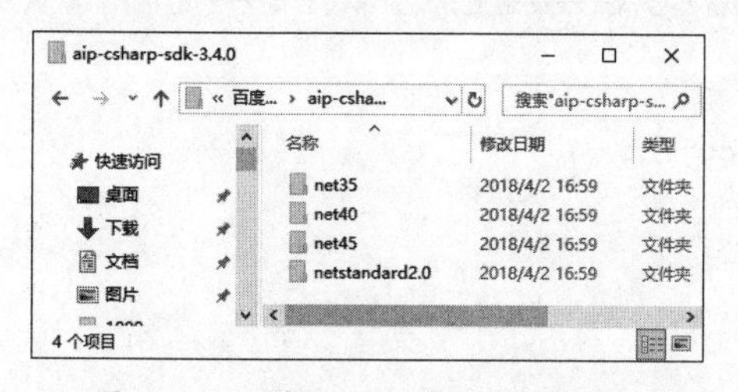

图 15.10 百度云 SDK 资源包中的文件夹

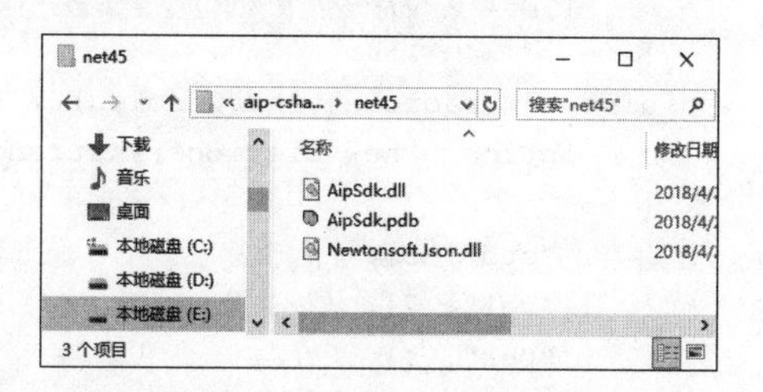

图 15.11 百度云 SDK 的文件列表

说明：本章所有实例使用的百度云的 SDK 版本都是 aip-csharp-sdk-3.5.1，该版本发布于 2018 年 5 月 10 日，由于百度云的 SDK 版本是不断更新的，读者使用时，使用最新的版本即可。

（9）打开 C# 项目，在“解决方案资源管理器”中选中“引用”文件夹，单击鼠标右键，选择“添加引用”，弹出“选择要引用的文件”对话框，在该对话框中找到百度云 SDK 的指定版本下的 AipSdk.dll 文件和 Newtonsoft.Json.dll 文件，单击“添加”按钮，即可引入项目中，如图 15.12 所示。

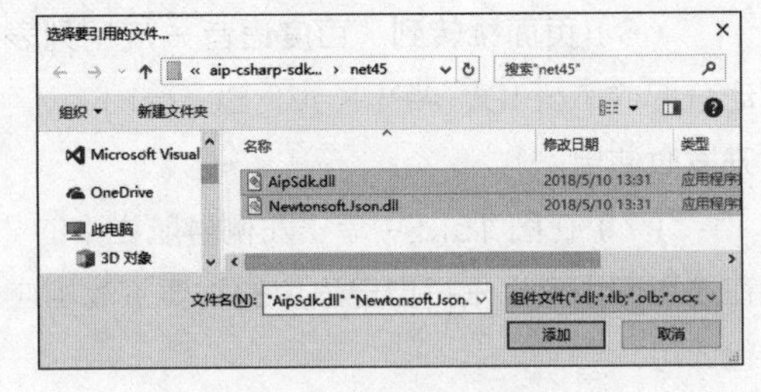

图 15.12 添加百度云 SDK 的引用

（10）打开要使用百度云 AI 开放平台的代码文件，在命名空间区域添加相应的命名空间，接下来就可以在程序中使用百度云 AI 开放平台提供的相应类来进行人工智能应用编程。例如，本实例进行语音相关的编程，则添加如下命名空间：

```
using Baidu.Aip.Speech;
```

实现过程

01 新建一个项目，将其命名为“语音合成”，默认窗体为 Form1。

02 在 Form1 窗体中添加 1 个 TextBox 控件，用来输入要合成语音的文字；添加 4 个 RadioButton 控件，用来设置语音合成的声音；添加 1 个 Button 控件，用来执行合成语音操作。

03 主要代码。

```
01  private readonly Tts _ttsClient;// 声明 Tts 对象，该对象用来对语音进行操作
02  string API_KEY = "ba24IVjzsKjQEBu6IRLKt9n8";// 设置自己申请百度云账号时的 API Key
03  string SECRET_KEY = "S6Mhiw6Ttmg8PsZls9D94B6iVvXPM4G0";// 设置百度云账号的 Secret Key
04  public Form1()
05  {
06      _ttsClient = new Tts(API_KEY, SECRET_KEY);// 初始化 Tts 对象
07      InitializeComponent();
08  }
09  private void button2_Click(object sender, EventArgs e)
10  {
11      var option = new Dictionary<string, object>();
12      int i = 0;
13      if (radioButton1.Checked)// 0 为女声
14          option = new Dictionary<string, object>()
15      {
16          {"spd", 5}, // 语速
17          {"vol", 7}, // 音量
18          {"per", 0}  // 0 为女声，1 为男声，3 为情感合成——度逍遥，4 为情感合成——度丫丫，默认为女声
19      };
20      else if (radioButton2.Checked)// 1 为男声
21          option = new Dictionary<string, object>()
22      {
23          {"spd", 5}, // 语速
24          {"vol", 7}, // 音量
25          {"per", 1}
26      };
27      else if (radioButton3.Checked)// 3 为情感合成——度逍遥
28          option = new Dictionary<string, object>()
```

```
29          {
30              {"spd", 5}, // 语速
31              {"vol", 7}, // 音量
32              {"per", 3}
33          };
34          else if (radioButton4.Checked)// 4 为情感合成——度丫丫
35              option = new Dictionary<string, object>()
36          {
37              {"spd", 5}, // 语速
38              {"vol", 7}, // 音量
39              {"per", 4}
40          };
41          var result = _ttsClient.Synthesis(textBox1.Text, option);// 根据设置合成文字
42          // 设置要保存的文件名
43          string fileName = DateTime.Now.ToLongDateString() + DateTime.Now.Millisecond +
                                 ".wav";
44          if (result.Success)
45          {
46              File.WriteAllBytes(fileName, result.Data);// 保存为语音文件
47          }
48          System.Diagnostics.Process.Start(fileName);// 打开并播放语音文件
49      }
```

举一反三

根据本实例，读者可以实现以下功能。

◇ 开发录音软件。

实例 140 语音识别

实例说明

本实例主要实现语音识别的功能，具体来说，就是将语音文件中的文字识别出来。运行本实例，单击“选择”按钮，选择语音文件，同时将语音文件中的文字识别出来，并显示在文本框中。实例运行结果如图 15.13 所示。

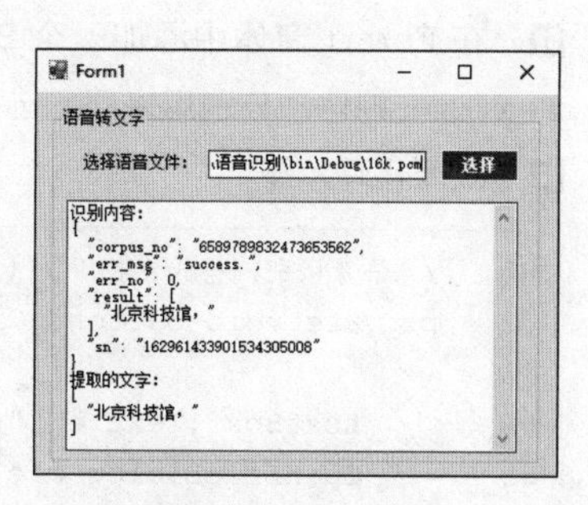

图 15.13 语音识别

说明：本实例支持的语音格式要求原始 PCM 的录音参数必须符合 8k/16k 采样率、16 位位深、单声道，支持的语音格式有 PCM（不压缩）、WAV（不压缩，PCM 编码）、AMR（压缩）。

技术要点

本实例主要使用百度云 API 中的 Asr 类，该类是语音识别的交互类，为使用语音识别的开发人员提供了一系列的交互方法。

Asr 类中提供了一个 Recognize 方法，用来向远程服务上传整段语音以进行识别，其使用方法如下：

```
var result = client.Recognize(data, "pcm", 16000);
```

Recognize 方法参数说明如表 15.1 所示。

表 15.1 Recognize 方法参数说明

参数	类型	说明
data	byte[]	语音二进制数据，语音文件的格式为 PCM、WAV 或者 AMR。不区分大小写
format	string	语音文件的格式，为 PCM、WAV 或者 AMR。不区分大小写。推荐 PCM 文件
rate	int	采样率，16 000Hz，固定值
cuid	string	用户唯一标识，用来区分用户，填写机器 MAC 地址或 IMEI 码，长度为 60 以内
dev_pid	int	不填写 lan 参数生效，都不填写，默认为 1537（普通话输入法模型）

Recognize 方法返回参数说明如表 15.2 所示。

表 15.2 Recognize 方法返回参数说明

参数	类型	是否一定输出	说明
err_no	int	是	错误码
err_msg	int	是	错误码描述
sn	int	是	语音数据唯一标识，由系统内部产生，用于 debug
result	int	是	识别结果数组，提供 1 ~ 5 个候选结果，string 型为识别的字符串，UTF-8 编码

实现过程

01 新建一个项目，将其命名为“语音识别”，默认窗体为 Form1。

02 在 Form1 窗体中添加一个 Button 控件，用来选择语音文件，并执行语音转文字操作；添加两个 TextBox 控件，分别用来显示选择的语音文件和识别的语音文字内容。

03 主要代码。

```
01    //语音识别，格式支持 PCM（不压缩）、WAV（不压缩，PCM 编码）、AMR（压缩）；固定 16k 采样率
02    private void button3_Click(object sender, EventArgs e)
03    {
04        textBox3.Text = "";
05        OpenFileDialog file = new OpenFileDialog();//创建"打开"对话框
06        file.Filter = "音频文件|*.pcm;*.wav;*.amr";//设置可以打开的文件
07        if (file.ShowDialog() == DialogResult.OK)//判断是否选中文件
08        {
```

```
09          textBox2.Text = file.FileName;// 记录选中的文件
10          System.Threading.ThreadPool.QueueUserWorkItem(// 使用线程池
11              (P_temp) =>
12              {
13                  var data = File.ReadAllBytes(file.FileName);// 将文件内容保存为字节数组
14                  var result = _asrClient.Recognize(data, "pcm", 16000);
                                    // 按指定码率识别字节数组内容
15                  textBox3.Text = " 识别内容: " + Environment.NewLine + result +
                                    Environment.NewLine + "\n\n 提取的文字: " +
                                    Environment.NewLine;
16                  if (result["err_msg"].ToString() == "success.")
17                      textBox3.Text += result["result"];// 显示读取的内容
18              }
19          );
20      }
21  }
```

举一反三

根据本实例，读者可以实现以下功能。

◇ 开发声控系统。

实例 141 图片文字识别

实例说明

本实例使用百度云 API 实现识别图片中的文字的功能。运行本实例，单击“选择”按钮，选择一张本地的图片，程序即可自动将图片中的文字识别出来，并显示在文本框中。实例运行结果如图 15.14 所示。

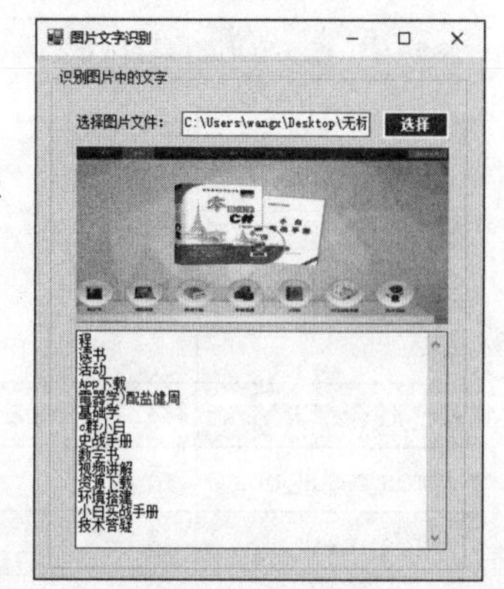

图 15.14　图片文字识别

技术要点

本实例主要使用百度云 API 中的 Ocr 类，该类是文字识别的交互类，为使用文字识别的开发人员提供了一系列的交互方法。

Ocr 类中提供了一个 GeneralBasic 方法，用来向服务请求识别某张图片中的所有文字，其使用方法如下：

```
// 带参数调用通用文字识别，图片参数为本地图片
result = client.GeneralBasic(image, options);
```

GeneralBasic 方法参数说明如表 15.3 所示，表 15.3 中 image 下的参数为 options 的内容。

表 15.3　GeneralBasic 方法参数说明

参数	是否必选	类型	可选值范围	默认值	说明
image	是	byte[]			二进制图像数据
url	是	string			图片完整 URL，URL 长度不超过 1024 字节，URL 对应的图片经 base64 编码后大小不超过 4MB，最短边至少为 15px，最长边最大为 4096px，支持 JPG/PNG/BMP 格式。当 image 字段存在时 url 字段失效
language_type	否	string	CHN_ENG、ENG、POR、FRE、GER、ITA、SPA、RUS、JAP、KOR	CHN_ENG	识别语言类型，默认为 CHN_ENG。可选值如下。 CHN_ENG：中英文混合。 ENG：英文。 POR：葡萄牙语。 FRE：法语。 GER：德语。 ITA：意大利语。 SPA：西班牙语。 RUS：俄语。 JAP：日语。 KOR：韩语
detect_direction	否	string	true、false	false	是否检测图像朝向，默认不检测，即 false。朝向是指输入图像是正常方向、逆时针旋转 90°/180°/270°。可选值如下。 true：检测朝向。 false：不检测朝向
detect_language	否	string	true、false	false	是否检测语言，默认不检测。当前支持中文、英语、日语、韩语
probability	否	string	true、false		是否返回识别结果中每一行的置信度

GeneralBasic 方法返回参数说明如表 15.4 所示。

表 15.4　GeneralBasic 方法返回参数说明

参数	是否必选	类型	说明
direction	否	number	图片方向，当 detect_direction=true 时存在。可选值如下。 -1：未定义。 0：正向。 1：逆时针 90°。 2：逆时针 180°。 3：逆时针 270°
log_id	是	number	唯一的 log ID，用于问题定位
words_result_num	是	number	识别结果数，表示 words_result 的元素个数
words_result	是	array	定位和识别结果数组
+words	否	string	识别结果字符串
probability	否	object	行置信度信息。如果输入参数 probability = true 则输出
+average	否	number	行置信度平均值
+variance	否	number	行置信度方差
+min	否	number	行置信度最小值

实现过程

01 新建一个项目，将其命名为“图片文字识别”，默认窗体为 Form1。

02 在 Form1 窗体中添加一个 Button 控件，用来选择图片文件，并执行图片文字识别操作；添加两个 TextBox 控件，分别用来显示选择的图片文件路径和识别的图片文字内容；添加一个 PictureBox 控件，用来预览选择的图片。

03 主要代码。

```
01  private readonly Ocr _imgclient;// 创建百度云 SDK 中的图片识别对象
02  string API_KEY = "ba24IVjzsKjQEBu6IRLKt9n8";// 设置百度云 API Key
03  string SECRET_KEY = "S6Mhiw6Ttmg8PsZls9D94B6iVvXPM4G0";// 设置百度云 Secret Key
04  public Form1()
05  {
06      _imgclient = new Ocr(API_KEY, SECRET_KEY);// 实例化百度云 SDK 中的图片识别对象
07      CheckForIllegalCrossThreadCalls = false;
08      InitializeComponent();
09  }
10  private void button1_Click(object sender, EventArgs e)
11  {
12      textBox2.Text = "";
13      OpenFileDialog file = new OpenFileDialog();
14      file.Filter = " 图片文件 |*.png;*.jpg;*.jpeg;*.bmp";
15      if (file.ShowDialog() == DialogResult.OK)
16      {
17          textBox1.Text = file.FileName;
18          pictureBox1.Image = Image.FromFile(file.FileName);
19          System.Threading.ThreadPool.QueueUserWorkItem(// 使用线程池
20              (P_temp) =>
21              {
22                  byte[] image = File.ReadAllBytes(file.FileName);
23                  var result = _imgclient.GeneralBasic(image);// 通用文字识别
24                  foreach(var v in result["words_result"])
25                  {
26                      textBox2.Text += v["words"] + Environment.NewLine;
27                  }
28              }
29          );
30      }
31  }
```

举一反三

根据本实例，读者可以实现以下功能。

◇ 识别 PDF 文件中的图片上的文字。

◇ 快速提取图片上的文字。

实例 142 银行卡识别

实例说明

本实例使用百度云 API 实现识别银行卡的功能。运行本实例，单击“选择”按钮，选择一张银行卡图片，程序即可自动识别银行卡图片中包含的卡号、类型和银行名称等信息，并将识别结果显示在文本框中。实例运行结果如图 15.15 所示。

图 15.15　银行卡识别

技术要点

本实例主要使用百度云 API 中的 Ocr 类的 Bankcard 方法，该方法用来识别银行卡并返回卡号、类型和发卡行，其使用方法如下：

```
//调用银行卡识别，可能会抛出网络等异常，请使用 try/catch 捕获
var result = client.Bankcard(image);
```

Bankcard 方法参数说明如表 15.5 所示。

表 15.5　Bankcard 方法参数说明

参数	是否必选	类型	说明
image	是	byte[]	二进制图像数据

Bankcard 方法返回参数说明如表 15.6 所示。

表 15.6　Bankcard 方法返回参数说明

参数	是否必选	类型	说明
log_id	是	number	请求标识码，随机数，唯一
result	是	object	返回结果
+bank_card_number	是	string	银行卡卡号
+bank_name	是	string	银行名称，不能识别时为空
+bank_card_type	是	number	银行卡类型，0 表示不能识别，1 表示借记卡，2 表示信用卡

实现过程

01 新建一个项目，将其命名为“银行卡识别”，默认窗体为 Form1。

02 在 Form1 窗体中添加一个 Button 控件，用来选择银行卡图片，并执行识别操作；添加两个 TextBox 控件，分别用来显示选择的银行卡图片路径和识别的银行卡内容；添加一个 PictureBox 控件，用来预览选择的银行卡图片。

03 主要代码。

```
01    private void button1_Click(object sender, EventArgs e)
02    {
03        OpenFileDialog file = new OpenFileDialog();
04        file.Filter = "图片文件|*.png;*.jpg;*.jpeg;*.bmp";
05        if (file.ShowDialog() == DialogResult.OK)
06        {
07            textBox1.Text = file.FileName;
08            pictureBox1.Image = Image.FromFile(file.FileName);
09            System.Threading.ThreadPool.QueueUserWorkItem(//使用线程池
10                (P_temp) =>
11                {
12                    byte[] image = File.ReadAllBytes(file.FileName);
13                    var result = _imgclient.Bankcard(image)["result"];// 银行卡识别
14                    if (result != null)
15                    {
16                        string bankCardType = result["bank_card_type"].ToString() ==
                              "1" ? "借记卡" : "信用卡";
17                        textBox2.Text = "银行卡卡号: " + result["bank_card_number"] +
                                          Environment.NewLine + "银行卡类型: " +
                                          bankCardType + Environment.NewLine +
                                          "银行名称: " + result["bank_name"];
18                    }
19                }
20            );
21        }
22    }
```

举一反三

根据本实例，读者可以实现以下功能。

◇ 支付类软件中绑定银行卡时自动识别。

实例 143 商标识别

实例说明

本实例使用百度云 API 实现识别商标（Logo）的功能。运行本实例，单击“选择”按钮，选择一个公司的商标图片，程序即可自动识别该图片，并将公司名称显示出来。实例运行结果如图 15.16 所示。

图 15.16 商标识别

技术要点

本实例主要使用百度云 API 中的 ImageClassify 类的 LogoSearch

方法。ImageClassify 类是图像识别的交互类，为使用图像识别的开发人员提供了一系列的交互方法，其 LogoSearch 方法用来检测和识别图片中的品牌商标信息，即对于输入的一张图片（可正常解码，且长宽比适宜），输出图片中商标的名称、位置和置信度。当识别效果欠佳时，可以建立子库（在控制台创建应用并申请创建库）并通过调用 logo 入口接口完成自定义 logo 入库，提高识别效果。LogoSearch 方法使用方法如下：

```
//带参数调用商标识别
result = client.LogoSearch(image, options);
```

LogoSearch 方法参数说明如表 15.7 所示。

表 15.7　LogoSearch 方法参数说明

参数	是否必选	类型	可选值范围	默认值	说明
image	是	byte[]			二进制图像数据
custom_lib	否	string	true false	false	是否只使用自定义 logo 库的结果，默认为 false，表示返回自定义库和默认库的识别结果

LogoSearch 方法返回参数说明如表 15.8 所示。

表 15.8　LogoSearch 方法返回参数说明

参数	是否必选	类型	说明	示例
log_id	是	number	请求标识码，随机数，唯一	507499361
result_num	是	number	返回结果数目，即 result 数组中的元素个数	2
result	是	array	返回结果数组，每一项为识别出的商标	-
+location	是	object	位置信息（左起像素位置、上起像素位置、像素宽、像素高）	{"left": 100,"top":100,"width":10, "height":10}
++left	是	number	左起像素位置	100
++top	是	number	上起像素位置	100
++width	是	number	像素宽	100
++height	是	number	像素高	100
+name	是	string	识别的品牌名称	京东
+probability	是	number	分类结果置信度（0 ~ 1.0）	0.8
+type	是	number	type=0 表示 1000 种高优商标识别结果；type=1 表示 20 000 类 logo 库的结果；其他 type 值表示自定义 logo 库结果	1（20 000 类的结果）

实现过程

01 新建一个项目，将其命名为“Logo 识别”，默认窗体为 Form1。

02 在 Form1 窗体中添加一个 Button 控件，用来选择商标图片，并执行商标识别操作；添加一个 TextBox 控件，用来显示选择的商标图片路径；添加一个 PictureBox 控件，用来预览选择的商标图片；添加一个 Label 控件，用来显示识别出的公司名称。

03 主要代码。

```
01  private readonly ImageClassify client;//创建百度云 SDK 中的图片识别对象
02  string API_KEY = "ba24IVjzsKjQEBu6IRLKt9n8";//设置百度云 API Key
```

```
03    string SECRET_KEY = "S6Mhiw6Ttmg8PsZls9D94B6iVvXPM4G0";// 设置百度云 Secret Key
04    public Form1()
05    {
06        client = new ImageClassify(API_KEY, SECRET_KEY);
07        client.Timeout = 60000;  // 修改超时时间
08        CheckForIllegalCrossThreadCalls = false;
09        InitializeComponent();
10    }
11    private void button1_Click(object sender, EventArgs e)
12    {
13        OpenFileDialog file = new OpenFileDialog();
14        file.Filter = " 图片文件 |*.png;*.jpg;*.jpeg;*.bmp";
15        if (file.ShowDialog() == DialogResult.OK)
16        {
17            textBox1.Text = file.FileName;
18            pictureBox1.Image = Image.FromFile(file.FileName);
19            System.Threading.ThreadPool.QueueUserWorkItem(// 使用线程池
20                (P_temp) =>
21                {
22                    var image = File.ReadAllBytes(file.FileName);
23                    // 调用商标识别，可能会抛出网络等异常，请使用 try/catch 捕获
24                    var result = client.LogoSearch(image);
25                    double score;
26                    foreach (var v in result["result"])
27                    {
28                        score = Convert.ToDouble(v["probability"]);
29                        if (score > 0.9)
30                            label1.Text = v["name"].ToString();
31                        else
32                            label1.Text = " 无法识别！ ";
33                    }
34                }
35            );
36        }
37    }
```

举一反三

根据本实例，读者可以实现以下功能。

◇ 从很多图片中快速找出指定公司的 Logo。

实例 144 植物识别

实例说明

本实例使用百度云 API 实现识别植物的功能。运行本实例，单击“选择”按钮，选择一张植物图片，

程序即可自动识别该图片可能对应的植物及相似度。实例运行结果如图 15.17 所示。

图 15.17　植物识别

技术要点

本实例主要使用百度云 API 中的 ImageClassify 类的 PlantDetect 方法，该方法用来识别植物，即对于输入的一张图片（可正常解码，且长宽比适宜），输出植物识别结果，其使用方法如下：

```
// 带参数调用植物识别，可能会抛出网络等异常，请使用 try/catch 捕获
result = client.PlantDetect(image, options);
```

PlantDetect 方法参数说明如表 15.9 所示。

表 15.9　PlantDetect 方法参数说明

参数	是否必选	类型	默认值	说明
image	是	byte[]		二进制图像数据
baike_num	否	string	0	返回百科信息的结果数，默认不返回

PlantDetect 方法返回参数说明如表 15.10 所示。

表 15.10　PlantDetect 方法返回参数说明

参数	是否必选	类型	说明
log_id	是	uint64	唯一的 log ID，用于问题定位
result	是	arrry	植物识别结果数组
+name	是	string	植物名称
+score	是	uint32	置信度
+baike_info	否	object	对应识别结果的百科词条名称
++baike_url	否	string	对应识别结果的百科页面链接
++image_url	否	string	对应识别结果的百科图片链接
++description	否	string	对应识别结果的百科内容描述

实现过程

01 新建一个项目，将其命名为“植物识别”，默认窗体为 Form1。

02 在 Form1 窗体中添加一个 Button 控件，用来选择植物图片，并执行植物识别操作；添加一个 TextBox 控件，用来显示选择的植物图片路径；添加一个 PictureBox 控件，用来预览选择的植物图片；添加一个 Label 控件，用来显示识别出的植物名称及相似度。

03 主要代码。

```
01    private void button1_Click(object sender, EventArgs e)
02    {
03        OpenFileDialog file = new OpenFileDialog();
04        file.Filter = "图片文件|*.png;*.jpg;*.jpeg;*.bmp";
```

```
05        if (file.ShowDialog() == DialogResult.OK)
06        {
07            textBox1.Text = file.FileName;
08            pictureBox1.Image = Image.FromFile(file.FileName);
09            System.Threading.ThreadPool.QueueUserWorkItem(//使用线程池
10                (P_temp) =>
11                {
12                    var image = File.ReadAllBytes(file.FileName);
13                    //调用植物识别
14                    var result = client.PlantDetect(image);
15                    double score;
16                    foreach (var v in result["result"])
17                    {
18                        score = Convert.ToDouble(v["score"]);
19                        label1.Text += Environment.NewLine + "   " + v["name"] +
                                       "     相似度: " + score.ToString("F2");
20                    }
21                }
22            );
23        }
24    }
```

举一反三

根据本实例，读者可以实现以下功能。

◇ 儿童绘本识别。

第 16 章

游戏开发

实例 145 贪吃蛇大作战

实例说明

贪吃蛇是一款特别流行的小游戏，深受大家的喜爱，在很多不同平台上都有支持的版本，手机、计算机、平板等。本实例介绍如何在计算机上设计一款好玩的贪吃蛇大作战游戏。

贪吃蛇大作战的游戏规则也很简单：一条蛇出现在封闭的空间（场地）中，同时此空间里会随机出现一个食物，通过键盘上的上、下、左、右方向键来控制蛇的前进方向；蛇头撞到食物，则食物消失，表示被蛇吃掉了，蛇身增加一节，累计得分；接着又出现食物，等待蛇来吃；如果在前进过程中蛇头碰到场地的四周或蛇头撞到自己的身体，那么游戏结束。游戏效果如图 16.1 所示，游戏结束效果如图 16.2 所示。

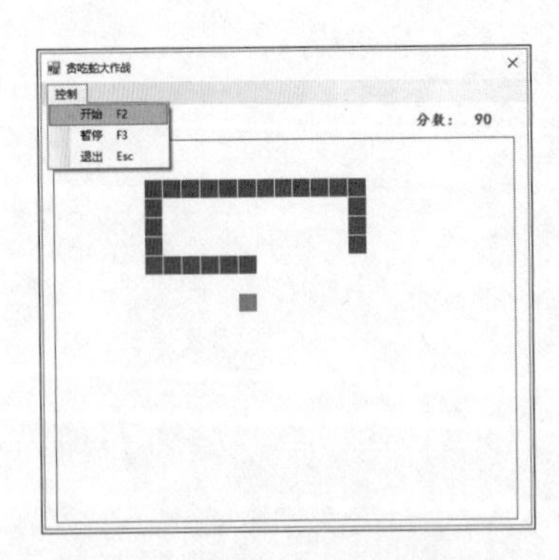

图 16.1 贪吃蛇大作战游戏效果

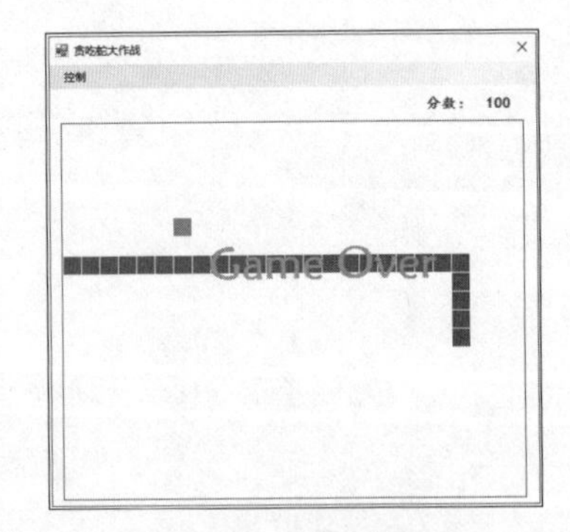

图 16.2 游戏结束效果

设计思路

贪吃蛇大作战的设计思路如下。

（1）明确贪吃蛇大作战的游戏规则，例如，蛇头不能碰到场地的四周；蛇头不能撞到自己的身体；蛇每吃掉一个食物，蛇身就增加一节；当吃到食物后，应随机产生另一个新的食物。

（2）将 Panel 控件设为游戏背景。

（3）场地、贪吃蛇及食物都是在 Panel 控件的重绘事件中绘制的。

（4）蛇身中的各个方块都是在场景中单元格内绘制的，这样绘制蛇身的好处是在贪吃蛇移动时，不需要重新绘制背景。

（5）用 Timer 组件来实现贪吃蛇的移动，并用该组件的 Interval 属性来控制移动速度。

技术要点

本实例主要使用 Graphics 类在 Panel 控件中绘制游戏场地及贪吃蛇。下面主要介绍蛇身的移动。

蛇身的移动主要是用 ArrayList 类来实现的，该类的主要功能是使用大小可按需动态增加的数组实现 List 接口。本实例主要是用 ArrayList 类的 Insert 和 RemoveAt 方法实现的。

（1）Insert 方法。该方法的主要功能是将元素插入 ArrayList 的指定索引处。其常用语法如下：

```
public virtual void Insert(int index,  Object value)
```

参数说明如下。

◇ index：从 0 开始的索引，应在该位置插入 value。

◇ value：要插入的对象值。该值可以为空引用。

例如，在数组的开始位置插入一个值。代码如下：

```
01   Point[] Place = { new Point(-1, -1), new Point(-1, -1) }
02   ArrayList List = new ArrayList(Place);
03   Point Ep = new Point(0, 0);
04   List.Insert(0, Ep);
```

（2）RemoveAt 方法。该方法用于移除 ArrayList 类中指定索引处的元素。其常用语法如下：

```
public virtual void RemoveAt(int index)
```

参数说明如下。

◇ index：要移除的元素的从 0 开始的索引。

例如，删除数组中的尾部元素。代码如下：

```
01   Point[] Place = { new Point(-1, -1), new Point(-1, -1) }
02   ArrayList List = new ArrayList(Place);
03   List.RemoveAt(List.count - 1);
```

实现过程

01 新建一个 Windows 应用程序，将其命名为“贪吃蛇大作战”，默认窗体为 Form1。

02 在当前项目中添加一个类，将其命名为 Snake。

03 Form1 窗体主要用到的控件及说明如表 16.1 所示。

表 16.1　Form1 窗体主要用到的控件及说明

控件名称	属性设置	说明
menuStrip1	在 Items 属性中添加命令项	对游戏进行控制
panel1	BorderStyle 属性设为 None	游戏场地
timer1	无	控制贪吃蛇的移动
label2	无	显示当前分数
textBox1	无	用于获得焦点，实现键盘的操作

说明：在使用 MenuStrip 控件对游戏进行控制时，为了减少代码量，所有命令项的单击操作可以在一个命令项的单击事件中执行，主要是在 Tag 属性中根据不同命令项的功能设置相应的标识（int 型）。

04 主要代码。

在 Form1 窗体类的内部，定义一个无返回值类型的 ProtractTable 方法，用来绘制游戏场景，该方法有一个 Graphics 型的参数，用来指定绘图对象。ProtractTable 方法实现代码如下：

```
01    /// <summary>
02    /// 绘制游戏场景
03    /// </summary>
04    /// <param g="Graphics">封装一个 GDI+ 绘图对象 </param>
05    public void ProtractTable(Graphics g)
06    {
07        for (int i = 0; i <= panel1.Width / snake_W; i++)    //绘制单元格的纵向线
08        {
09            g.DrawLine(new Pen(Color.White, 1), new Point(i * snake_W, 0), new Point
                      (i * snake_W, panel1.Height));
10        }
11        for (int i = 0; i <= panel1.Height / snake_H; i++)   //绘制单元格的横向线
12        {
13            g.DrawLine(new Pen(Color.White, 1), new Point(0, i * snake_H), new Point
                      (panel1.Width, i * snake_H));
14        }
15    }
```

切换到 Form1 窗体的设计界面，双击 panel1 控件，会自动触发其 Paint 事件。该事件中，首先调用 ProtractTable 方法绘制游戏场景；然后调用 Snake 公共类中的 Ophidian 方法初始化场地及贪吃蛇信息；最后使用 Graphics 对象的 FillRectangle 方法绘制蛇身及食物；如果游戏结束，则使用 Graphics 对象的 DrawString 方法绘制“Game Over”提示文本。代码如下：

```
01    private void panel1_Paint(object sender, PaintEventArgs e)
02    {
03        Graphics g = panel1.CreateGraphics();              //创建 panel1 控件的 Graphics 类
04        ProtractTable(g);                                  //绘制游戏场景
05        if (!ifStart)                                      //如果没有开始游戏
06        {
07            Snake.timer = timer1;
08            Snake.label = label2;
09            Snake.Ophidian(panel1, snake_W);               //初始化场地及贪吃蛇信息
```

```
10          }
11          else
12          {
13              for (int i = 0; i < Snake.List.Count; i++)          //绘制蛇身
14              {
15                  e.Graphics.FillRectangle(Snake.SolidB, ((Point)Snake.List[i]).X + 1,
                        ((Point)Snake.List[i]).Y + 1, snake_W - 1, snake_H - 1);
16              }
17              e.Graphics.FillRectangle(Snake.SolidF, Snake.Food.X + 1, Snake.Food.
                    Y + 1, snake_W - 1, snake_H - 1); //绘制食物
18              if (Snake.ifGame)                                   //如果游戏结束
19                  e.Graphics.DrawString("Game Over", new Font("华文新魏", 35, FontStyle.
                      Bold), new SolidBrush(Color.Orange), new PointF(150, 130)); //绘制提示文本
20          }
21      }
```

切换到 Form1 窗体的代码界面，在 Form1 窗体类的内部，定义一个无返回值类型的 NoviceControl 方法，用来通过标识控制游戏的开始、暂停和结束，该方法有一个 int 型的参数，用来作为标识。NoviceControl 方法实现代码如下：

```
01      /// <summary>
02      /// 控制游戏的开始、暂停和结束
03      /// </summary>
04      /// <param n="int">标识</param>
05      public void NoviceControl(int n)
06      {
07          switch (n)
08          {
09              case 1:                                                 //开始游戏
10                  {
11                      ifStart = false;
12                      Graphics g = panel1.CreateGraphics();//创建panel1控件的Graphics类
13                      //刷新游戏场地
14                      g.FillRectangle(Snake.SolidD, 0, 0, panel1.Width, panel1.Height);
15                      ProtractTable(g);                               //绘制游戏场景
16                      ifStart = true;                                 //开始游戏
17                      Snake.Ophidian(panel1, snake_W);                //初始化场地及贪吃蛇信息
18                      timer1.Interval = career;                       //设置贪吃蛇移动的速度
19                      timer1.Start();                                 //启动计时器
20                      pause = true;                                   //是否暂停游戏
21                      label2.Text = "0";                              //显示当前分数
22                      break;
23                  }
24              case 2:                                                 //暂停游戏
25                  {
26                      if (pause)                                      //如果游戏正在运行
27                      {
28                          ifStart = true;                             //游戏正在开始
29                          timer1.Stop();                              //停止计时器
30                          pause = false;                              //当前已暂停游戏
31                      }
```

```
32                else
33                {
34                    ifStart = true;                        // 游戏正在开始
35                    timer1.Start();                        // 启动计时器
36                    pause = true;                          // 开始游戏
37                }
38                break;
39            }
40        case 3:                                            // 退出游戏
41            {
42                timer1.Stop();                             // 停止计时器
43                Application.Exit();                        // 关闭工程
44                break;
45            }
46        }
47    }
```

触发 Form1 窗体的 KeyDown 事件。该事件中，首先使用键盘控制贪吃蛇的上、下、左、右移动，以及游戏的开始、暂停和结束的功能，然后根据移动方向来移动贪吃蛇。代码如下：

```
01    private void Form1_KeyDown(object sender, KeyEventArgs e)
02    {
03        int tem_n = -1;                                    // 记录移动键值
04        if (e.KeyCode == Keys.Right)                       // 如果按 <→> 键
05            tem_n = 0;                                     // 向右移
06        if (e.KeyCode == Keys.Left)                        // 如果按 <←> 键
07            tem_n = 1;                                     // 向左移
08        if (e.KeyCode == Keys.Up)                          // 如果按 <↑> 键
09            tem_n = 2;                                     // 向上移
10        if (e.KeyCode == Keys.Down)                        // 如果按 <↓> 键
11            tem_n = 3;                                     // 向下移
12        if (tem_n != -1 && tem_n != Snake.Aspect)          // 如果移动的方向不是相同方向
13        {
14            if (Snake.ifGame == false)
15            {
16                // 如果移动的方向不是相反的方向
17                if (!((tem_n == 0 && Snake.Aspect == 1 || tem_n == 1 && Snake.
  Aspect == 0) || (tem_n == 2 && Snake.Aspect == 3 || tem_n == 3 && Snake.Aspect == 2)))
18                {
19                    Snake.Aspect = tem_n;                  // 记录移动的方向
20                    Snake.SnakeMove(tem_n);                // 移动贪吃蛇
21                }
22            }
23        }
24        int tem_p = -1;                                    // 记录控制键值
25        if (e.KeyCode == Keys.F2)                          // 如果按 <F2> 键
26            tem_p = 1;                                     // 开始游戏
27        if (e.KeyCode == Keys.F3)                          // 如果按 <F3> 键
28            tem_p = 2;                                     // 暂停或继续游戏
29        if (e.KeyCode == Keys.Escape)                      // 如果按 <Esc> 键
30            tem_p = 3;                                     // 退出游戏
```

```
31        if (tem_p != -1)                              // 如果当前是操作标识
32            NoviceControl(tem_p);                     // 控制游戏的开始、暂停和结束
33    }
```

切换到 Form1 窗体的设计界面，双击 timer1 组件，会自动触发其 Tick 事件。该事件中，调用 Snake 公共类中的 SnakeMove 方法来移动贪吃蛇。代码如下：

```
01    private void timer1_Tick(object sender, EventArgs e)
02    {
03        Snake.SnakeMove(Snake.Aspect);                // 移动贪吃蛇
04    }
```

举一反三

根据本实例，读者可以实现以下功能。

◇ 制作可加速的贪吃蛇大作战游戏。

◇ 为贪吃蛇大作战游戏添加设置级别的菜单，比如初级、中级、高级。

实例 146 俄罗斯方块

实例说明

俄罗斯方块游戏是一款经典益智类游戏，该游戏的趣味性是很多游戏无法比拟的。俄罗斯方块的游戏规则很简单，堆积各种形状的方块，满行即消除该行，当方块堆积到屏幕最上方时游戏结束。本实例将讲解如何使用 C# 开发俄罗斯方块游戏。实例运行结果如图 16.3 所示。

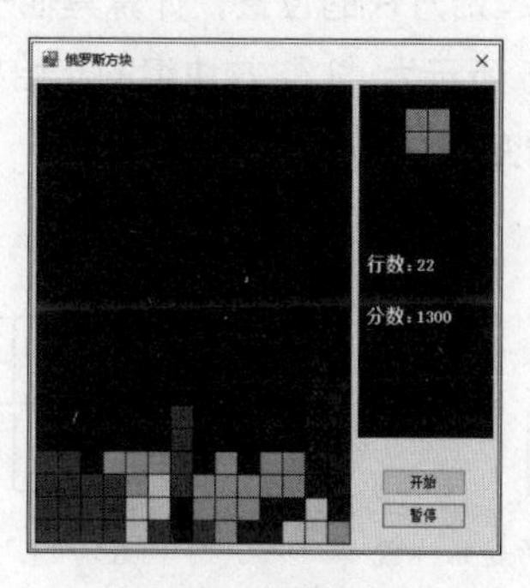

图 16.3　俄罗斯方块

设计思路

要开发俄罗斯方块游戏，首先需要了解方块组常见的几种样式。俄罗斯方块游戏中常见的 5 种方块组样式如图 16.4 所示。

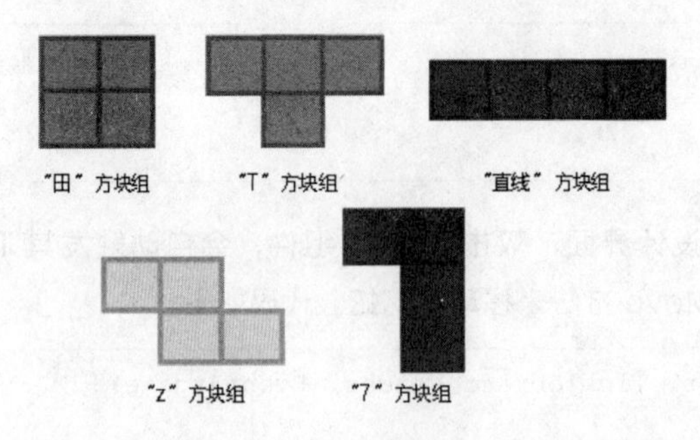

图 16.4　俄罗斯方块游戏中常见的 5 种方块组样式

俄罗斯方块的设计思路如下。

（1）明确俄罗斯方块的游戏规则，例如，方块在移动时不能超出边界；方块与方块要罗列在一起；当某行方块填满时，要消除该行，并使该行以上的行下移。

（2）计算各方块组的显示位置，如“L”“T”“田”等方块组。

（3）计算各方块组的变换样式。

（4）因为俄罗斯方块是用一个个方块组合而成的，所以要根据背景的行数和列数定义多维数组，主要根据方块的行数和列数记录其是否存在，以及当前方块的颜色。

（5）用 Timer 组件实现方块组的下移。

（6）当方块组下移或变换样式时，判断其是否超出边界、是否与已下移的方块重叠，如果超出边界或与方块重叠，则停止下移或变换样式。

（7）当方块组下移完成后，根据方块组所在的最大行和最小行，判断其是否有填满的行，如果有，则消除该行，并将该行以上的行下移。

（8）在消除指定的行后，随机生成方块组的样式。

技术要点

在制作俄罗斯方块时，主要是制作方块组和方块组的变换过程。下面对方块组的制作过程进行详细说明。

在俄罗斯方块中，所有方块组都是由 4 个子方块组成的。在计算各方块组时，首先要明确方块组中哪一个子方块是起始方块，然后通过起始方块的位置，计算其他子方块。下面通过 4 张图，对“L”方块组的组合及变换进行说明。图 16.5 所示为“L”方块组的起始样式，图 16.6、图 16.7、图 16.8 所示为“L”方块组以起始方块为中心的变换过程。

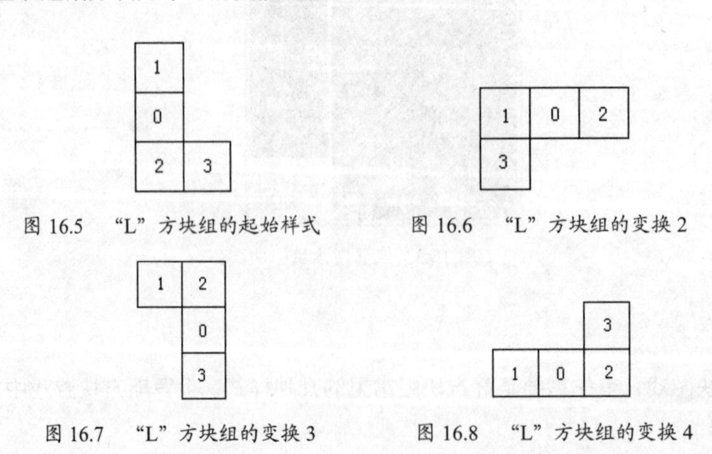

图 16.5　“L”方块组的起始样式　　图 16.6　“L”方块组的变换 2

图 16.7　“L”方块组的变换 3　　图 16.8　“L”方块组的变换 4

其他方块组的设计思路与其相同，这里不进行讲解。

实现过程

01 新建一个 Windows 应用程序，将其命名为“俄罗斯方块”，默认窗体为 Form1，将 Form1 窗体的 MaximizeBox 属性设置为 false，使窗体的最大化按钮无效。

02 在当前项目中添加一个类，将其命名为 Russia。

03 Form1 窗体主要用到的控件及说明如表 16.2 所示。

表 16.2 Form1 窗体主要用到的控件及说明

控件名称	属性设置	说明
panel1	Size 属性设置为 281,401；BackColor 属性设置为 Black	设置游戏背景
panel2	BackColor 属性设置为 Black	显示行数和分数
panel3	BackColor 属性设置为 Black	显示下一个方块组
button1	Text 属性设置为“开始”	开始游戏
button2	Text 属性设置为“暂停”	暂停 / 继续游戏
timer1	Interval 属性设置为 300	控制方块组的下移
label3	无	显示消除的行数
label4	无	显示当前分数
textBox1	无	获取键盘的操作

04 主要代码。

在 Form1 窗体类的内部，定义一个无返回值类型的 beforehand 方法，用来生成下一个方块组的样式。beforehand 方法实现代码如下：

```
01    /// <summary>
02    /// 生成下一个方块组的样式
03    /// </summary>
04    public void beforehand()
05    {
06        Graphics P3 = panel3.CreateGraphics();
07        P3.FillRectangle(new SolidBrush(Color.Black), 0, 0, panel3.Width, panel3.Height);
08        Random rand = new Random();                      //实例化 Random 类
09        CakeNO = rand.Next(1, 8);                        //获取随机数
10        TemRussia.firstPoi = new Point(50, 30);          //设置方块的起始位置
11        TemRussia.CakeMode(CakeNO);                      //设置方块组的样式
12        TemRussia.Protract(panel3);                      //绘制组合方块
13    }
```

切换到 Form1 窗体的设计界面，双击 button1 控件，会自动触发其 Click 事件。该事件中，主要使用 Russia 公共类中的相关方法初始化游戏场景及绘制初始的方块组。代码如下：

```
01    private void button1_Click(object sender, EventArgs e)
02    {
03        MyRussia.ConvertorClear();                       //清空整个控件
```

```
04        MyRussia.firstPoi = new Point(140, 20);      // 设置方块的起始位置
05        label3.Text = "0";                           // 显示消除的行数
06        label4.Text = "0";                           // 显示分数
07        MyRussia.Label_Linage = label3;              // 将 label3 控件加载到 Russia 类中
08        MyRussia.Label_Fraction = label4;            // 将 label4 控件加载到 Russia 类中
09        timer1.Interval = 500;                       // 下移的速度
10        MyRussia.Add_degree = 1;
11        MyRussia.UpCareer = timer1.Interval;
12        timer1.Enabled = false;                      // 停止计时
13        timer1.Enabled = true;                       // 开始计时
14        Random rand = new Random();                  // 实例化 Random 类
15        CakeNO = rand.Next(1, 8);                    // 获取随机数
16        MyRussia.CakeMode(CakeNO);                   // 设置方块组的样式
17        MyRussia.Protract(panel1);                   // 绘制组合方块
18        beforehand();                                // 生成下一个方块组的样式
19        MyRussia.PlaceInitialization();              // 初始化 Random 类中的信息
20        isbegin = true;                              // 判断是否开始
21        ispause = true;
22        MyRussia.timer = timer1;
23        button2.Text = "暂停";
24        ispause = true;
25        textBox1.Focus();                            // 获取焦点
26    }
```

切换到 Form1 窗体的设计界面，触发其 KeyDown 事件。该事件中，使用键盘控制方块组的向下、向左和向右移动速度，以及方块组样式的变换。代码如下：

```
01    private void Form1_KeyDown(object sender, KeyEventArgs e)
02    {
03        if (!isbegin)                                        // 如果没有开始游戏
04            return;
05        if (!ispause)                                        // 如果游戏暂停
06            return;
07        if (e.KeyCode == Keys.Up)                            // 如果当前按的是 <↑> 键
08            MyRussia.MyConvertorMode();                      // 变换当前方块组的样式
09        if (e.KeyCode == Keys.Down)                          // 如果当前按的是 <↓> 键
10        {
11            timer1.Interval = MyRussia.UpCareer - 50;        // 增加下移的速度
12            MyRussia.ConvertorMove(0);                       // 方块组下移
13        }
14        if (e.KeyCode == Keys.Left)                          // 如果当前按的是 <←> 键
15            MyRussia.ConvertorMove(1);                       // 方块组左移
16        if (e.KeyCode == Keys.Right)                         // 如果当前按的是 <→> 键
17            MyRussia.ConvertorMove(2);                       // 方块组右移
18    }
```

切换到 Form1 窗体的设计界面，触发其 KeyUp 事件。该事件中，首先判断游戏的当前状态，如果是未开始或者暂停状态，则返回；否则，判断当前松开的是否 < ↓ > 键，如果是则恢复方块组的下移速度，并切换鼠标指针焦点。代码如下：

```
01    private void Form1_KeyUp(object sender, KeyEventArgs e)
02    {
03        if (!isbegin)                                    //如果游戏没有开始
04            return;
05        if (!ispause)                                    //如果暂停游戏
06            return;
07        if (e.KeyCode == Keys.Down)                      //如果当前松开的是<↓>键
08        {
09            timer1.Interval = MyRussia.UpCareer;         //恢复下移的速度
10        }
11        textBox1.Focus();                                //获取焦点
12    }
```

切换到 Form1 窗体的设计界面，双击 timer1 组件，会自动触发其 Tick 事件。该事件中，首先使用自定义的 beforehand 方法生成下一个方块组，然后控制用户未按键盘上的<↓>键时，方块组自动向下移动。代码如下：

```
01    private void timer1_Tick(object sender, EventArgs e)
02    {
03        if (MyRussia.Add_n != 5)
04        {
05            MyRussia.ConvertorMove(0);                   //方块组下移
06            if (become)                                  //如果显示新的方块组
07            {
08                beforehand();                            //生成下一个方块组
09                become = false;
10            }
11            textBox1.Focus();                            //获取焦点
12        }
13        else
14        {
15            MyRussia.panel = panel1;
16            MyRussia.ConvertorClear();                   //清空整个控件
17            MyRussia.firstPoi = new Point(140, 20);      //设置方块组的起始位置
18            timer1.Interval = 500;                       //下移的速度
19            MyRussia.UpCareer = timer1.Interval;
20            timer1.Enabled = false;                      //停止计时
21            timer1.Enabled = true;                       //开始计时
22            Random rand = new Random();                  //实例化 Random 类
23            CakeNO = rand.Next(1, 8);                    //获取随机数
24            MyRussia.CakeMode(CakeNO);                   //设置方块组的样式
25            MyRussia.Protract(panel1);                   //绘制组合方块
26            beforehand();                                //生成下一个方块组的样式
27            MyRussia.PlaceInitialization();              //初始化 Random 类中的信息
28            textBox1.Focus();                            //获取焦点
29            isbegin = true;                              //判断是否开始
30            MyRussia.timer = timer1;
31        }
32    }
```

切换到 Form1 窗体的设计界面，双击 button2 控件，会自动触发其 Click 事件。该事件中，主要

通过计时器的可用状态，控制游戏的暂停和继续。代码如下：

```
01    private void button2_Click(object sender, EventArgs e)
02    {
03        if (timer1.Enabled == true)
04        {
05            timer1.Stop();                    //暂停
06            button2.Text = "继续";
07            ispause = false;
08            textBox1.Focus();                 //获取焦点
09        }
10        else
11        {
12            timer1.Start();                   //继续
13            button2.Text = "暂停";
14            ispause = true;
15        }
16    }
```

举一反三

根据本实例，读者可以实现以下功能。

◇ 制作可能晋级的俄罗斯方块。